MANAGEMENT TOOLS

Bettina Rudert · Bernd Kiefer
Qualitätsmanagement
Mit Mind Maps® einfach und effektiv

mit 133 Abbildungen

VINCENTZ NETWORK

Bibliografische Information der Deutschen Nationalbibliothek

Die Deutsche Bibliothek verzeichnet diese Publikation in der Deutschen Nationalbibliografie; detaillierte bibliografische Daten sind im Internet über http://dnb.d-nb.de abrufbar.

Sämtliche Angaben und Darstellungen in diesem Buch entsprechen dem aktuellen Stand des Wissens und sind bestmöglich aufbereitet.

Der Verlag und der Autor können jedoch trotzdem keine Haftung für Schäden übernehmen, die im Zusammenhang mit Inhalten dieses Buches entstehen.

© VINCENTZ NETWORK, Hannover 2013

Besuchen Sie uns im Internet: www.altenheim.net

Das Werk ist urheberrechtlich geschützt. Jede Verwendung außerhalb der engen Grenzen des Urheberrechtsgesetzes ist ohne Zustimmung des Verlages unzulässig und strafbar. Dies gilt insbesondere für die Vervielfältigungen, Übersetzungen, Mikroverfilmungen und Einspeicherung und Verarbeitung in elektronischen Systemen.

Die Wiedergabe von Gebrauchsnamen, Warenbezeichnungen und Handelsnamen in diesem Buch berechtigt nicht zu der Annahme, dass solche Namen ohne weiteres von jedermann benutzt werden dürfen. Vielmehr handelt es sich häufig um geschützte, eingetragene Warenzeichen.

Druck: Kessler Druck, Bobingen
Satz: Jürgen Rohrssen, Hannover
Grafiken, Fotos und Mind Maps®:Bettina Rudert, Bernd Kiefer
Die Erstellung der Mind Maps® erfolgte mit dem Programm iMindMap®, www.ThinkBuzan.com

Mind Map® is a registered trademark of the Buzan Organisation Limited 1990, www.thinkbuzan.com.

ISBN 978-3-86630-232-7

Bettina Rudert · Bernd Kiefer
Qualitätsmanagement
Mit Mind Maps® einfach und effektiv

Inhalt

Vorwort zur zweiten Auflage 6

Mind Mapping® 9

Qualitätsbegriff und Qualitätsdimensionen 16
Übersicht und Begriffserklärungen 28

Qualitätsmanagementsysteme 32
Din EN ISO 9000 Normenreihe 34
EFQM Excellence Modell 48
Branchenspezifische Siegel und Zertifikate 58
Implementierung und Aufrechterhaltung des QM-Systems 62
Zertifizierung 65

Elemente des Qualitätsmanagements 71
Kundenorientierung 73
Leitbilder 95
Qualitätspolitik, Qualitätsplanung und Zielfindung 112
Kennzahlen, Messgrößen und Indikatoren 127
Verantwortlichkeiten und interne Kommunikation 140
Qualitätsmanagementbeauftragte 153
Prozessmanagement 163
Qualitätszirkel 194
Qualitätshandbuch und Dokumentation 213
Qualitätswerkzeuge 235

Intelligente QM-Führungsinstrumente 243
Audits 243
Managementbewertung 255
Selbstbewertung und Benchmarking 262

Qualitätsphilosophien 270
Demings Management-Programm 271
Kaizen 284
Total Quality Management (TQM) 296

Anhang 299
    Schlusswort. 299
    Danksagung 300
    Autoren. 301
    Literatur 303
    Software 304
    Ausgewählte Links 305
    Abkürzungen 305
    Stichworte. 307

Hinweis

Ausgewählte Mind Maps® aus diesem Buch stehen den Leserm in der farbigen Version als Download unter der folgenden Adresse zur Verfügung: www.altenheim.net/qm-mindmaps.

Vorwort zur zweiten Auflage

„Der Mensch, das Augenwesen, braucht das Bild."   *(Leonardo da Vinci)*

Ein lebendiges Qualitätsmanagement setzt umfassendes Fachwissen voraus und stellt hohe Ansprüche an alle Beteiligten. Die Erfüllung gesetzlicher Anforderungen, die Aufrechterhaltung des bestehenden Qualitätsmanagementsystems und die ständige Verbesserung der Einrichtungen in Bezug auf die Bewohner- und Kundenorientierung beschreiben nur einige der Aufgabenstellungen für alle Mitarbeiter und insbesondere für die Leitungskräfte und den Qualitätsmanagementbeauftragten.

Das Arbeiten mit Mind Maps® erleichtert Ihnen das Verständnis, die Umsetzung und die Herangehensweise auf sehr kreative Art. Kaum ein anderes Arbeitsinstrument ist besser geeignet die komplexen Inhalte des Qualitätsmanagements so übersichtlich zu vermitteln, zu erklären und zu beschreiben. Die bildhafte und auf Schlüsselwörter begrenzte Darstellung erspart Ihnen zudem viel Zeit bei der Erstellung und Nutzung und wirkt äußerst motivierend.

„Mitarbeiter brauchen ein Ziel, einen Sinn, Freude und gute QMBs, die Gestaltungsräume aufzeigen können und zeigen, dass Qualitätsmanagement mehr ist, als Kopf- und Fußzeilen. Euer Buch war so ein Stück in die Richtung, mal rauszukommen aus dem, was üblich ist, und die Leser zu ihren kreativen Potenzialen zu führen."
(Karla Kämmer)

Die vielen positiven Rückmeldungen von Lesern, Kollegen und Fortbildungsteilnehmern zur ersten Auflage dieses Buches im Jahr 2006 und zur kreativen Arbeit mit den Mind Maps® haben uns über die letzten Jahre begleitet und wir bedanken uns dafür.

In dieser Zeit haben sich sowohl die technischen Möglichkeiten für die Erstellung und Nutzung von Mind Maps® als auch die gesetzlichen und normativen Vorgaben zum Qualitätsmanagement entscheidend weiterentwickelt. Die Ansprüche an die Qualitätsmanagementbeauftragten sind gestiegen und deren Aufgaben haben sich gewandelt und etabliert.

Zu den veränderten Herausforderungen gehören beispielsweise die Anforderungen für die behördlichen Prüfungen, die Weiterentwicklungen in den etablierten QM-Systemen wie der DIN EN SO 9001 und dem EFQM-Excellence Modell sowie die steigenden Kundenanforderungen in Richtung Selbstbestimmung, Normalität, Teilhabe und Nachhaltigkeit. Die bereits installierten QM-Systeme müssen aufrechterhalten, aber auch weiterentwickelt und modernisiert werden. Und nicht zuletzt wandelt sich das Berufsbild des Qualitätsmanagementbeauftragten, weg vom Qualitätskontrolleur hin zum Organisationsentwickler, internen Berater und Veränderungsmanager.

Diese Anforderungen und Erkenntnisse sowie unsere langjährige Berufspraxis in Qualitätsmanagement, Beratung, Fortbildung und Lehre sind in die komplett überarbeitete Neuauflage des Buches eingeflossen. Alle bestehenden Kapitel, Grafiken und Mind Maps® wurden von uns aktualisiert, erweitert, verschönert und auf den neuesten Stand des fachlichen Wissens zum Qualitätsmanagement gebracht. Ausgewählte Mind Maps® aus diesem Buches stehen dem Leser exklusiv unter der Adresse: www.altenheim.net/qm-mindmaps in einer farbigen Version als kostenfreier Download zur Verfügung. Geben Sie dazu bitte als Benutzername an: qm und als Passwort geben Sie bitte ein: effektiv.

Sie finden hier umfangreiches Wissen zu modernen Qualitätsmanagementanforderungen, Anregungen zum Fehler- und Verbesserungsmanagement sowie Hilfestellung bei der Erstellung, Überarbeitung und Komprimierung Ihrer Qualitätsmanagementsysteme und der qualitätsrelevanten Dokumentation. Zudem erhalten Sie neue Anregungen für die Erstellung, Gestaltung und Nutzung von Mind Maps® und den Einsatz kreativer Qualitätswerkzeuge.

Wir wünschen Ihnen viel Freude bei der Arbeit mit unserem Buch und genügend Energie und Elan für die Umsetzung der Anforderungen des Qualitätsmanagements sowie der kontinuierlichen Verbesserung in Ihren Einrichtungen.

Bettina Rudert und Bernd Kiefer

Vorwort zur ersten Auflage

Qualitätsmanagement ist eine rechtliche Verpflichtung für die Einrichtungen und Dienste. Prozesse werden ermittelt, erfasst, niedergeschrieben, reflektiert, verändert und wieder niedergeschrieben. Qualitätsmanagement gehört in den Einrichtungen und Diensten mittlerweile zum Alltag.
In vielen Organisationen ist das Vorgehen überwiegend auf Nachweis und Absicherung ausgerichtet, ganz nach der Devise: „Was nicht dokumentiert wurde, ist nicht getan!"
Auf diese Weise hat sich das praktische Qualitätsmanagement den Esprit eines Amtsschimmels erarbeitet. Die Sprache ist trocken, stundenlang werden Banalitäten in Flussdiagramme gepackt und die Motivation bleibt im langsamen Mahlen der Steuerungsgruppen und Qualitätszirkel vielerorts auf der Strecke.
Auch nach Jahren des Einsatzes wissen oft selbst engagierte Praktiker immer noch nicht, was der ganze Aufwand bringen soll.

Dass es auch anders gehen kann und vor allem, wie es anders gehen kann, zeigt dieses Buch: Kompetenz bis in Detail, vollgepackt mit Know-how, witzig, fröhlich, farbig und anregend kommt es daher. Qualitätsmanagement ist eine positive Bewegung, die uns alle weiter bringt, die Spaß macht, Gemeinschaft festigt und unsere Erfolge sichtbar macht!, lautet seine Devise.

Die Haltung der AutorInnen macht den Unterschied, ihre eigene Freude am Gelingen, am „Gut-Sein", Nachdenken, Vereinfachen und „Besser-Werden" ist das, was den Leser mitnimmt und immer weiter lesen lässt.
Fachliche Solidität und Anspruch kommen ohne Besserwisserei und Patentrezepte aus. Die vermittelten Handwerkszeuge und Methoden sind praktikabel und nützlich. Das Arbeiten mit Mind Maps® erleichtert den AutorInnen, den LeserInnen die Komplexität vieler Sachverhalte zu zeigen, sie gleichzeitig überschaubar zu machen und zu vereinfachen.
Das gibt Mut, das eigene Vorgehen spielerisch zu hinterfragen, neu zu denken und zusammen zu setzen.
Aus den eigenen (Irr-)Wegen und absicherndem Perfektionismus werden flexible Äste und Verzweigungen, die sich wie von selbst zu gelingenden Prozesskreisen zusammenfügen.
Aus der Linearität von „Ursache-Wirkung", der Einengung auf die scheinbare Logik „des Königweges" in der Prozessgestaltung wird ein flexibles Zusammenspiel, was in seiner Leichtigkeit und Ernsthaftigkeit allen Beteiligten in der Praxis gut tut und sie wieder mit Freude an einer wichtigen Sache zusammen arbeiten lässt. Die praktischen Beispiele helfen, den immer wieder schwierigen Anfang zu fördern, sie reduzieren den Aufwand in eigener Recherche und Entscheidung.
Das Buch führt so auf wohldurchdachte und zeitgemäße Weise zum Kern des Qualitätsmanagements, es verführt den Leser zum Mitdenken, Zeichnen, Mitmachen und Dabeibleiben. Und: Es spart viel Zeit und gibt Energie zurück für das, um was es geht: Qualität.

Ich wünsche den LeserInnen viel Erfolg beim Ausprobieren und Umsetzen.

Karla Kämmer

Mind Mapping®

"Tony Buzan will do for the brain what Stephen Hawking did for the universe ... there can be no clearer or more effective mental tool than Tony Buzan's Mind Maps."
(Raymond Keene, The Times)

Mind Mapping® ist eine fantastische und dennoch einfache Methode zur Visualisierung und Erschließung selbst komplexer Zusammenhänge. Sie lässt sich schnell erlernen, kommt mit wenigen Regeln aus und lässt sich mit einfachen Mitteln jederzeit umsetzen. Als Qualitätswerkzeuge lassen sich Mind Maps® so universal einsetzen wie ein Schweizer Taschenmesser:
Beispielweise zur Planung, Ideenfindung, Erarbeitung und Darstellung von Prozessen und komplexen Inhalten, zur Erstellung von Maßnahmeplänen und Analysen, zum schnellen Protokollieren von Ergebnissen und zur Präsentation umfassender Inhalte. Begründer dieses genialen Denkwerkzeuges, ist der charismatische englische Hirnforscher Toni Buzan.

Erkenntnisse zur Effektivität des Mind Mappings®

Die Elemente eines Mind Maps® sind durch Linien verbundene Schlüsselwörter, angereichert mit Bildern und Farben. Dieser Aufbau bildet die Funktionsweise unseres Gehirns ab. Unsere Gehirnaktivitäten breiten sich nach der Netzwerktheorie von einem erlernten Begriff zu einem weiteren, mit dem Begriff assoziierten Gedächtnisinhalt aus. Dadurch entstehen Gedächtnisspuren im Gehirn.
Durch die mehrfache Verwendung der Gedächtnisspuren, beispielsweise im Rahmen der Erstellung und Nutzung eines Mind Maps®, steigt die Stärke der Spur an, der Inhalt kann schneller erinnert und abgerufen werden. Dieses Phänomen ist als Potenzgesetz des Lernens bekannt. Zudem kann Erlerntes besser behalten werden, wenn es mit zusätzlichen, erklärenden und ergänzenden Informationen (z.B. Bildern und Farben) verknüpft wird, dies nennt man „elaborative Verarbeitung".
Auch wenn Sie die Inhalte eines Mind Maps® nicht bewusst erlernen wollen, fällt es Ihnen im Nachgang leichter, die Inhalte zu erinnern, als wenn Sie einfachen Text genutzt hätten. Dies begründet die kognitive Psychologie damit, dass nicht die Absicht zu Lernen den Umfang des Lernens bestimmt, sondern vielmehr die Verarbeitungstiefe der verwendeten Lernmethode oder -strategie.
In Mind Maps® werden Informationen hierarchisch strukturiert und einem zentralen Thema zugeordnet, auch das erleichtert Ihnen den Abruf von Informationen. Zudem erbringen Menschen auch dann bessere Gedächtnisleistungen, wenn Informationen sowohl visuell abgebildet als auch verbal beschrieben werden, da verbale Informationen – also Worte – im Gehirn in anderen Bereichen gespeichert werden als visuelle

Informationen wie Farben und Bilder. Sie haben also mehr Anknüpfungspunkte für Ihre Erinnerung.

Auch um Probleme zu lösen sind Mind Maps® ideal. Problemlösung erfordert, dass derjenige, der das Problem löst, in einem imaginären Raum möglicher Situationen und Lösungsmöglichkeiten nach einem Pfad zum Ziel der Lösung sucht. Die möglichen Wege zur Lösung können mithilfe von Mind Maps® visualisiert und geprüft werden.

Zusätzlich zu dieser Förderung der Hirnaktivität und Gedächtnisleistung in den Bereichen Speicher-, Merk-, Abruf- und Problemlösefähigkeit kommen noch weitere Vorteile:

Uneingeschränkter Gedankenfluss

Da Sie ein Mind Map® an jeder Stelle ergänzen können und es möglich ist, neue Erkenntnisse und Gedanken an den passenden Punkten einzufügen und mit bereits bestehenden Inhalten zu verknüpfen, sind Sie weit weniger eingeschränkt als bei einem normalen Text, bei dem man kaum die Möglichkeit hat, zwischen bereits geschriebenen Zeilen neue Erkenntnisse einzufügen. Auch dies entspricht viel eher den Denkvorgängen in unserm Gehirn.

Zeitersparnis

Diese ist insbesondere für unseren Arbeitsbereich, in dem wir ständig mit neuen Vorschriften, Standards und Erkenntnissen konfrontiert werden, ein elementarer Vorteil. Beim Erstellen von Mind Maps® konzentrieren Sie sich auf Schlüsselworte und sparen dadurch zwischen 50 und 90 Prozent an Zeitaufwand, gegenüber der Aufzeichnung von herkömmlichem Fließtext. Wenn Sie Mind Maps® lesen, liegt die Zeitersparnis noch höher: bei über 90 Prozent. Siehe auch Grafik auf der folgenden Seite.

Grundsätze und Regeln

Um die oben beschriebenen Effekte nutzen zu können, sollten Sie bei der Erstellung von Mind Maps® einige Vorgaben beachten:

- Verwenden Sie unliniertes Papier, um die kreative Freiheit und den Gedankenfluss nicht zu begrenzen.
- Legen Sie das Papier quer, so haben Sie mehr Platz und können die Linien einfacher anordnen.

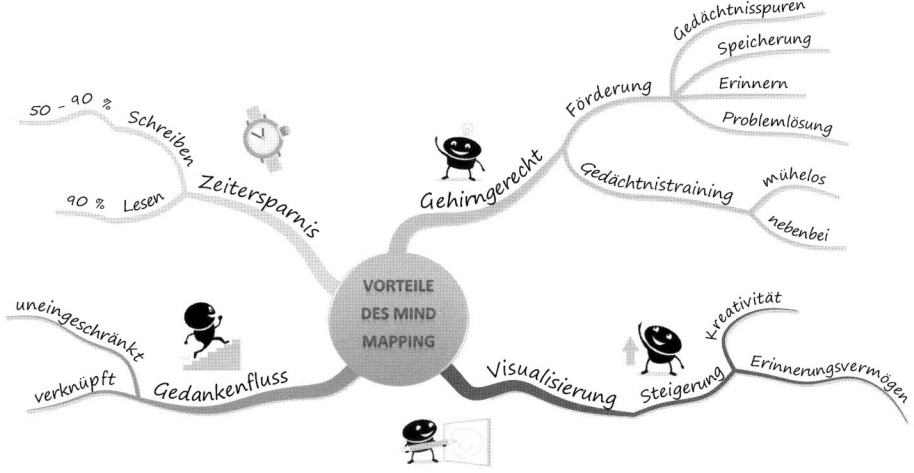

- Drehen Sie das Blatt während der Erstellung des Mind Maps® nicht, so dass Sie später alle Inhalte direkt lesen und sehen können, ohne das Blatt zu bewegen.
- Beginnen Sie mit dem zentralen Thema oder Ziel des Mind Maps® in der Mitte des Blattes. Zeichnen Sie als Zentrum einen Kreis, eine Wolke, oder entwerfen Sie ein passendes Bild.
- Von der Mitte ausgehend, zeichnen Sie Linien für die Hauptüberschriften, diese direkt vom Zentrum abgehenden Linien beginnen dick und laufen zum Ende hin schmaler aus.
- Ergänzen Sie weitere schmalere Verzweigungen, die Äste werden immer schmaler, je weiter sie vom Zentrum entfernt sind.
- Nutzen Sie organische, gebogene Striche, dies steigert die Merkfähigkeit.
- Die Länge der Linien sollte der Wortlänge entsprechen. Verbinden Sie alle Äste miteinander und mit dem Hauptthema, ansonsten muss das Gehirn unnötige Lücken speichern und der Gedankenfluss wird unterbrochen.
- Verwenden Sie immer Schlüsselworte und schreiben Sie möglichst nur ein Wort auf eine Linie.
- Die Worte werden wie die Linien immer kleiner, je weiter Sie vom Zentrum entfernt sind, dies trägt zur Hierarchisierung bei. Groß- und Kleinbuchstaben in Druckschrift sind am besten lesbar und lassen sich einfacher merken.
- Verwenden Sie Bilder zur Verdeutlichung des zentralen Themas und ergänzende Grafiken bei den weiteren Verzweigungen. Hilfreich ist die Nutzung von Diagrammen und Symbolen, mit diesen können Sie auch bestimmte Projekte, Themen oder Personen kennzeichnen. Die bildliche Darstellung stimuliert entscheidend Ihre geistigen Fähigkeiten und die Gedächtnisleistung.

- Farben tragen zur Strukturierung der Mind Maps® bei und regen ebenfalls die Gehirntätigkeit an. Toni Buzan empfiehlt die Nutzung von mindestens drei Farbtönen.
- Strukturen Sie Ihre Mind Maps® durch eine geordnete Raumaufteilung, sowie mithilfe von Zahlen, Buchstaben, Pfeilen oder Rahmen, so werden Zusammenhänge klar und auf den ersten Blick sichtbar.
- Nutzen Sie die kreativen Gestaltungsmöglichkeiten. Verschönern Sie Ihre Aufzeichnungen nach Lust und Laune. Nutzen Sie, je nach Ihren persönlichen Vorlieben, verschiedene Marker und Stifte, Papiersorten oder EDV-Programme und Eingabegeräte, wie Pads oder Smartphones.
- Durch die Beschäftigung mit dem Mind Mapping® entwickeln Sie Ihren eigenen Stil, finden Spaß am Lernen und der kreativen Gestaltung und steigern nebenbei Ihre Gehirnleistung.

Die häufigsten Stolpersteine, die wir in unseren Fortbildungen und Seminaren sehen, sind:

- Statt Schlüsselworten werden ganze Sätze oder Satzfragmente auf die Linien geschrieben. Dies ist anfangs die größte Herausforderung.
- Die Linien entsprechen nicht den Schlüsselworten und sind zu lang, dadurch bleibt am Rand kein Platz mehr für die weiteren Verzweigungen.
- Äste werden so aufgemalt, dass man das Mind Map® drehen muss, um diese zu lesen.
- Zwischen den Linien werden Lücken gelassen, Worte werden nicht auf die Linien geschrieben, stattdessen enden die Linien vor dem Wort.
- Rechtshändern fällt es schwer, die Linien zu zeichnen, die nach links zeigen.

Alle diese Hürden führen dazu, dass nicht das ganze Potenzial ausgeschöpft werden kann, das Mind Maps® bieten. Wenn Sie sich noch intensiver mit dieser hervorragenden Technik auseinandersetzen möchten, bietet Ihnen das Buch „Mind Maps in der Altenpflege. Mühelos lernen, planen und präsentieren" aus dem Vincentz Network weitere Anregungen und Praxisbeispiele.

> **Praxistipp**
>
> Üben Sie die Erstellung von Mind Maps® zunächst mit einfachen Aufgabenstellungen, z. B. durch die Erstellung einer Einkaufsliste, einer To-Do-Liste oder durch die Zusammenfassung eines kleinen Textabschnittes.

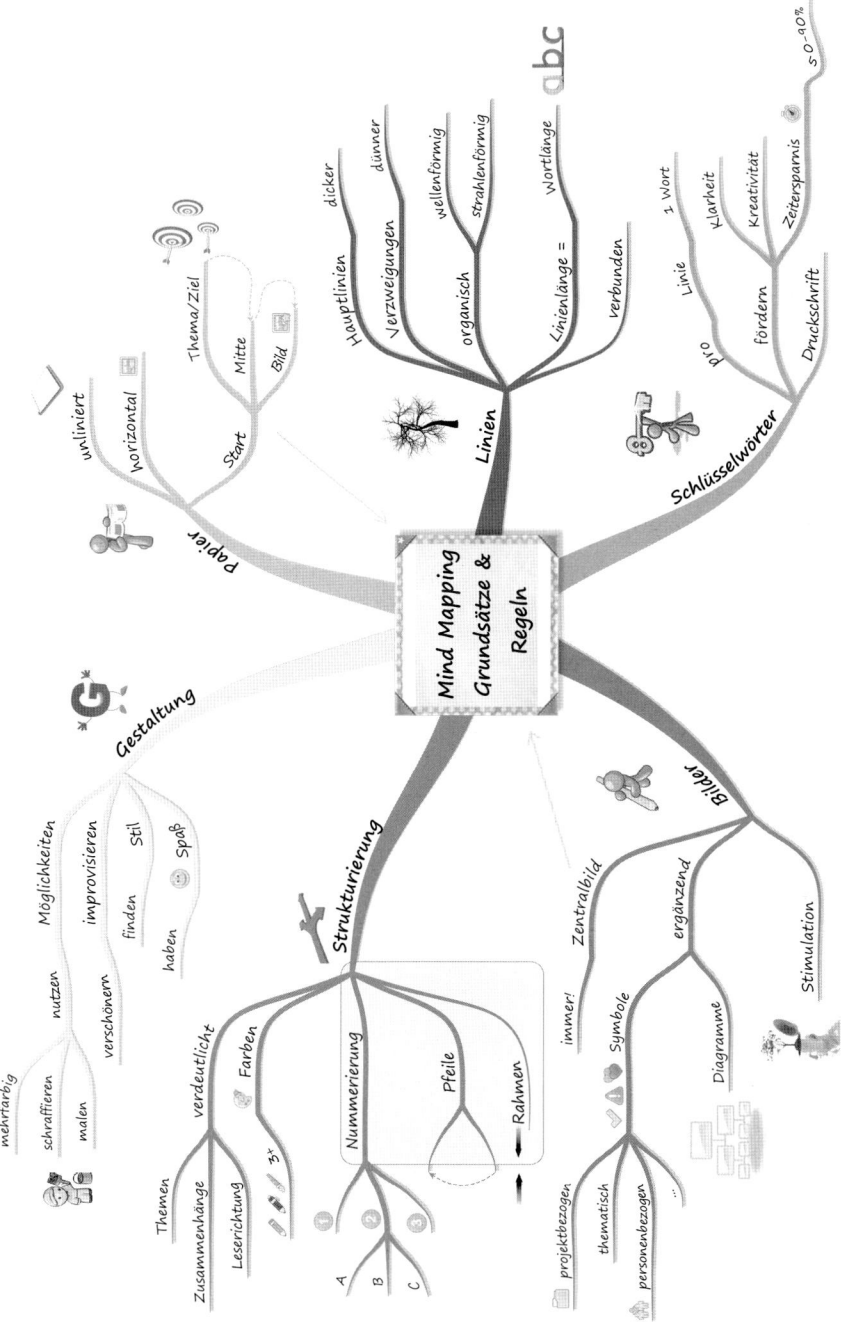

Wir nutzen drei Möglichkeiten, um Mind Maps® zu erstellen:

- Per Hand: Die meisten unserer Mind Maps® zeichnen wir mit der Hand, die Protokolle bei Sitzungen und Qualitätszirkeln, eine Mitschrift während eines Vortrags, die tägliche To-Do-Liste, eine vorbereitende Projektskizze, Gesprächsnotizen und vieles mehr.
- EDV gestützt: Software oder Apps auf dem Computer oder anderen digitalen Endgeräten nutzen wir immer dann, wenn die Mind Maps® häufiger zum Einsatz kommen, von Mitarbeitern und Seminarteilnehmern genutzt werden sollen oder in eine Multimediapräsentation eingebunden werden.
- In Gedanken: Ganz ohne Werkzeug können Sie Mind Maps® in Gedanken erstellen und eine Gedankenlandkarte mit Ihren Schlüsselworten, Linien und Verbindungen entstehen lassen. Diese Möglichkeiten nutzen wir insbesondere unterwegs, beispielsweise um Wartezeiten zu überbrücken oder bei Spaziergängen.

EDV gestütztes Mind Mapping®

Mittlerweile gibt es eine Vielzahl von Mind Mapping®-Programmen, für PCs, Pads und Smartphones, einige sind auch auf allen Geräten plattformunabhängig nutzbar.
Es gibt einige kostenlose Freewareprogramme für den PC, mit denen Sie mit eingeschränktem Funktionsumfang Mind Maps® gestalten können, wie beispielweise FreeMind.

Für Smartphones und Pads können Sie ebenfalls kostenfreie bzw. günstige Apps in den jeweiligen Appshops herunterladen. Die Nutzung der Apps über den Touchscreen bieten zusätzliche intuitive Impulse.

Ebenfalls kostenfrei, aber nur auf dem PC nutzbar, ist die Basisversion von XMind. Zusätzlich zu Mind Maps® lassen sich in diesem Programm auch weitere Qualitätswerkzeuge, wie Fishbone Charts, Matrixdiagramme, Baumdiagramme und Organigramme, erzeugen. Weitere Funktionen bieten die kostenpflichtigen Versionen dieses Programms.

Auch für alle anderen kostenpflichtigen Mind Mapping®-Programme finden Sie im Internet kostenfreie Testversionen, so können Sie testen, welche Version Ihnen am besten gefällt.

Marktführer im Bereich Mind Mapping® war lange Jahre der Mindmanager® der Firma Mindjet®, dieser wurde Ende 2012 grundlegend überarbeitet und ist jetzt als Mindjet® plattformunabhängig auf PC, Mac und mobilen Endgeräten nutzbar.

Wir haben in der Vergangenheit unsere Mind Maps® mit dem Programm Creative MindMap® der Firma Data Becker erstellt, ein empfehlenswertes, sehr günstiges und zuverlässiges PC-Programm. Die Nutzung dieses Programmes erklären wir in unserm Buch „Mind Maps in der Altenpflege. Mühelos lernen, planen und präsentieren", Schritt für Schritt.

Eine wirkliche Weiterentwicklung in Sachen Mind Mapping® bietet aber das Programm IMind Map®, das von Toni Buzan selbst über ThinkBuzan herausgegeben wird. Die Optik unterscheidet sich von allen anderen Mind Mapping®-Programmen und ähnelt handgemalten Mind Maps®, auch die Bedienung ist einfach und intuitiv. Die Mind Maps® in diesem Buch haben wir mit diesem Programm erstellt. Über eine Cloud-Funktion können Sie Ihre Mind Maps® plattformunabhängig nutzen. Zusätzliche Funktionen sind 3D-Ansichten, ein integrierter Präsentationsmodus, vielfältige Exportfunktionen, der Brainstormingmodus und die Möglichkeit Flussdiagramme direkt im Programm zu zeichnen.

Qualitätsbegriff und Qualitätsdimensionen

„Qualität ist Wahrheit." *(Theodor Heuss)*

Mit dem Begriff „qualitas" beschreibt die lateinische Sprache wertneutral die Beschaffenheit oder Eigenschaft eines Gegenstandes. Allgemein betrachtet ergibt die Summe der Merkmale eines Gegenstandes die Qualität. Die Erfassung der Inhalte des Qualitätsbegriffes unterliegt dagegen einem ständigen Wandel.

In der DIN EN ISO 9000:2005 wurde der Begriff „Qualität" und die damit in Zusammenhang stehenden Begriffe deshalb neu definiert, als:

„Grad, in dem ein Satz inhärenter Merkmale Anforderungen erfüllt."

Was bedeutet das?

Mit inhärenten Merkmalen sind hier kennzeichnende quantitative oder qualitative Eigenschaften von Produkten oder Dienstleistungen gemeint, also deren Beschaffenheit.
Diese Merkmale werden verschiedenen Klassen zugeordnet:
- Physikalisch (mechanisch, elektrisch, chemisch, biologisch …)
- Sensorisch (bezüglich Aussehen, Geruch, Geschmack, Klang, Haptik …)
- Verhaltensbezogen (Freundlichkeit, Ehrlichkeit, Wahrhaftigkeit …)
- Zeitbezogen (Pünktlichkeit, Verlässlichkeit, Verfügbarkeit …)
- Ergonomisch (physiologisch, bezüglich der Sicherheit …)
- Funktional (Spitzengeschwindigkeit, Nutzungsdauer, Haltbarkeit …)

Bezogen auf ein Produkt, wie einen Apfel, sind inhärente Merkmale also beispielsweise, ob dieser mit oder ohne chemische Spritzmittel angebaut wurde, ob er süß, säuerlich oder mehlig schmeckt, richtig deklariert wurde, zu welcher Jahreszeit er reif wird oder wie lange er lagerfähig ist.

Inhärente Merkmale einer Dienstleistung, wie die „Vergabe einer Injektion bei Diabetes mellitus", können ebenfalls beschrieben werden, bezogen auf die mechanische Beschaffenheit des genutzten Pens oder die chemische Zusammensetzung des Insulins, das Aussehen der Insulinflüssigkeit vor und nach dem Aufmischen, die Freundlichkeit der Pflegefachkraft im Rahmen der Vergabe, die richtige zeitliche Verabreichung des Insulins gemäß ärztlicher Verordnung, die sichere und hygienische Verabreichung sowie die Haltbarkeitsdauer des Insulins.

Anforderungen sind Erfordernisse oder Erwartungen, die entweder üblicherweise vorausgesetzt werden, festgelegt oder verpflichtend sind.
- **Üblicherweise vorausgesetzt** bedeutet, dass diese der üblichen Praxis entsprechen. Beim Apfel beispielsweise, dass er unverschmutzt an der Obsttheke präsentiert wird. Bei einer Injektion wird üblicherweise vorausgesetzt, dass die Pflegefachkraft angemessen mit der Person kommuniziert, die die Injektion erhält, also mit einem Kind möglicherweise anders als mit einem Erwachsenen.
- **Festgelegt** sind Anforderungen, die in einem Dokument angegeben werden. Wenn wir uns den Apfel betrachten, könnten dies die in einer Regelung beschriebenen Vorgaben für ein Bio-Siegel sein. Bezogen auf die Injektion ist die ärztliche Anordnung ein Dokument oder auch der VDBD-Leitfaden zur Injektion bei Diabetes mellitus. Dieser legt unter anderem Anforderungen zum korrekten Ablauf, zur Auswahl des Injektionsbereichs und der Nadellänge, zum Wechsel der Injektionsstelle und zur Vermeidung von Komplikationen fest.
- **Verpflichtende Anforderungen** sind vertragliche Zusagen oder behördliche Vorgaben, beim Apfel können dies gesetzliche Vorgaben zur Lagerung, Hygiene, Rückverfolgung und Deklarierung sein. Auch für die Vergabe einer Injektion gibt es eine Fülle von verpflichtenden Anforderungen, beispielsweise zum hygienischen Umgang und zur Lagerung sowie zur Notwendigkeit des Vorliegens einer ärztlichen Anordnung und zur Qualifikation des Pflegepersonals.

Die Qualität eines Produktes oder einer Dienstleistung hängt also laut Norm davon ab, inwiefern deren kennzeichnende Merkmale und Eigenschaften, den von außen – durch den Kunden – an sie gestellten Anforderungen entsprechen. Qualität ist also nicht mit Güte oder Klasse gleichzusetzen.

> **Praxistipp**
>
> Den VDBD-Leitfaden „Die Injektion bei Diabetes mellitus" sowie weitere praxisorientierte Informationen zum Thema Diabetes erhalten Sie kostenlos auf der Internetseite des Verbands der Diabetes-Beratungs- und Schulungsberufe in Deutschland e.V., www.vdbd.de.

Weitere Qualitätsdefinitionen

„Qualität = Technik + Geisteshaltung."
Um den Qualitätsbegriff in das Qualitätsmanagement einzubringen ist diese Formel ein guter Wegweiser, denn erst durch die entsprechende Geisteshaltung entsteht aus dem technischen und methodischen Einsatz eine umfassende Qualität.

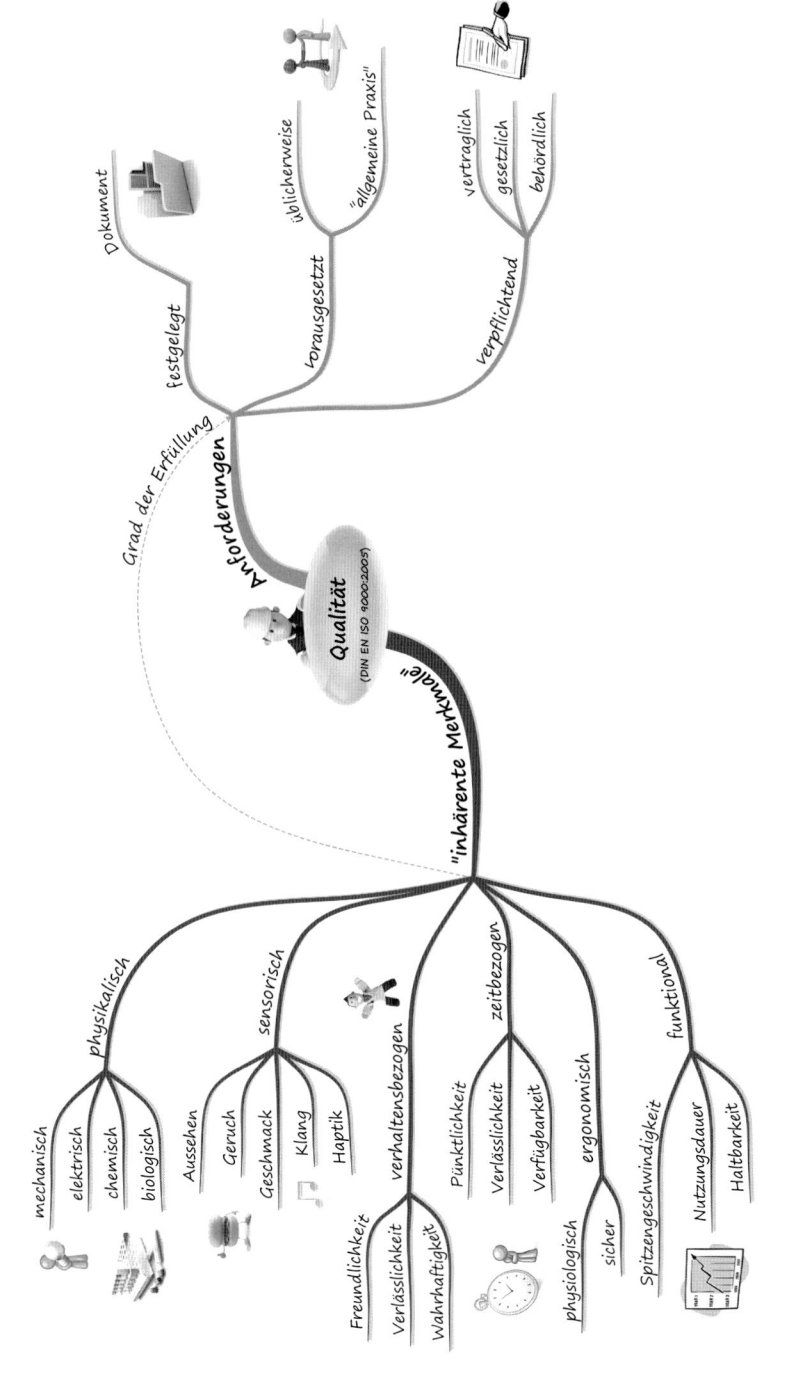

„Qualität ist, wenn der Kunde wiederkommt und nicht die Ware."
Diese Beschreibung für Qualität trifft eher auf Unternehmen zu, die Produkte verkaufen.

„Qualität ist Ausdruck eines Interessenausgleichs verschiedener Akteure".
Dies ist gerade für die stationäre Pflege zutreffend, da hier die Interessen verschiedener Akteure wie Politiker, Bewohner, Angehöriger, Verbandsvertreter, Pflegepersonal, Leitungskräfte, Alltagsbetreuer etc. aufeinandertreffen und abgewogen werden müssen.

„Qualität basiert auf Vergleichsprozessen."
Für Angehörige sind vielmehr die Freundlichkeit des Personals, die Kosten, die Sauberkeit, die räumliche Nähe der Einrichtung und die Zeit für persönliche Zuwendung entscheidendere Qualitätskriterien für ihren individuellen Einrichtungsvergleich, als Transparenzbewertungen und Zertifikate.

„Ein wesentlicher Bestandteil der Qualität ist Zuverlässigkeit"
Zuverlässigkeit bezieht sich auf die Qualität der Leistung während Entwicklung, Fertigung und Anwendung sowie in Bezug auf Langzeitverwendung, Folgewirkungen und Nachhaltigkeit.

> **Was es bedeuten kann „nur" 99 Prozent Qualität abzuliefern, hat der TÜV Süddeutschland anschaulich dargestellt**
> - mindestens 400.000 falsche Arzneimittel pro Jahr
> - 22.000 Schecks, die jede Stunde von falschen Bankkonten gebucht werden
> - zwei unsichere Fluglandungen jeden Tag auf dem Frankfurter Flughafen
> - Vier Tage pro Jahr keine Trinkwasserqualität
> - Ca. 15 Minuten pro Tag keine Elektrizität, Wasser oder Heizung
> - Fast 15 Minuten pro Tag kein Telefonservice oder kein Fernsehempfang
> - Vier Mal pro Jahr keine Zeitungslieferung
> - Neun falsch geschriebene Wörter auf jeder Seite einer Zeitschrift.

Qualitätsmerkmale für die Altenpflege

Die Beschreibung von qualitativen und quantitativen Qualitätsmerkmalen für Dienstleistungen ist nicht gerade einfach. Im sozialen Bereich und insbesondere in der Altenpflege stellt Qualität keine absolute Größe dar. Es handelt sich vielmehr um relative Qualitätsmerkmale, die von Werten, Haltungen, aber auch von festgefahrenen Traditionen beeinflusst werden und Ihnen die Sichtweise für Qualität und dessen Management erschweren.

Deshalb sollten Sie Qualität nicht isoliert betrachten, sondern auch die folgenden Punkte in Ihr Handeln einbeziehen:
- das zugrunde gelegte Menschenbild,
- die Zufriedenheit der Betroffenen und der Mitarbeiter,
- die Sozialverträglichkeit der Maßnahmen,
- die handlungsleitenden Prinzipien Transparenz, Normalität, Individualität, Teilhabe, Selbstbestimmung, Privatheit und Respekt,
- die fachliche Qualität der Ausführung,
- den Grad der Zielerreichung sowie das Verhältnis von Aufwand und Ergebnis,
- die Wirksamkeit und Nachhaltigkeit der ergriffenen Maßnahmen.

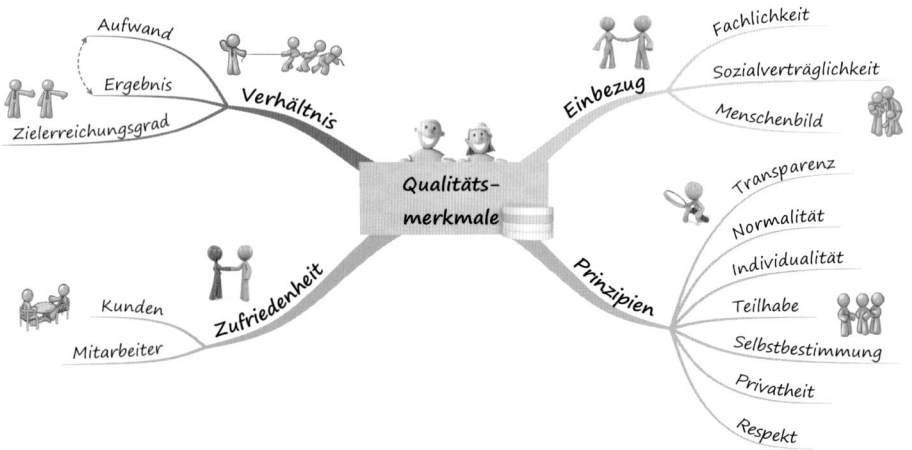

Blickrichtung und Qualitätsdimensionen

„Quality is both a problem and an opportunity." (David Garvin)

David Garvin von der Harvard Business School sieht Qualität sowohl als Problem als auch als Gelegenheit und Chance für Unternehmen, um sich im Wettbewerb am Markt zu positionieren. Aufgrund seiner Analysen hat Garvin dem Qualitätsbegriff fünf Blickrichtungen und acht Dimensionen zugewiesen, die Ihnen in der praktischen Anwendung das Verständnis für die verschiedenen Sichtweisen des Qualitätsbegriffes erleichtern können.

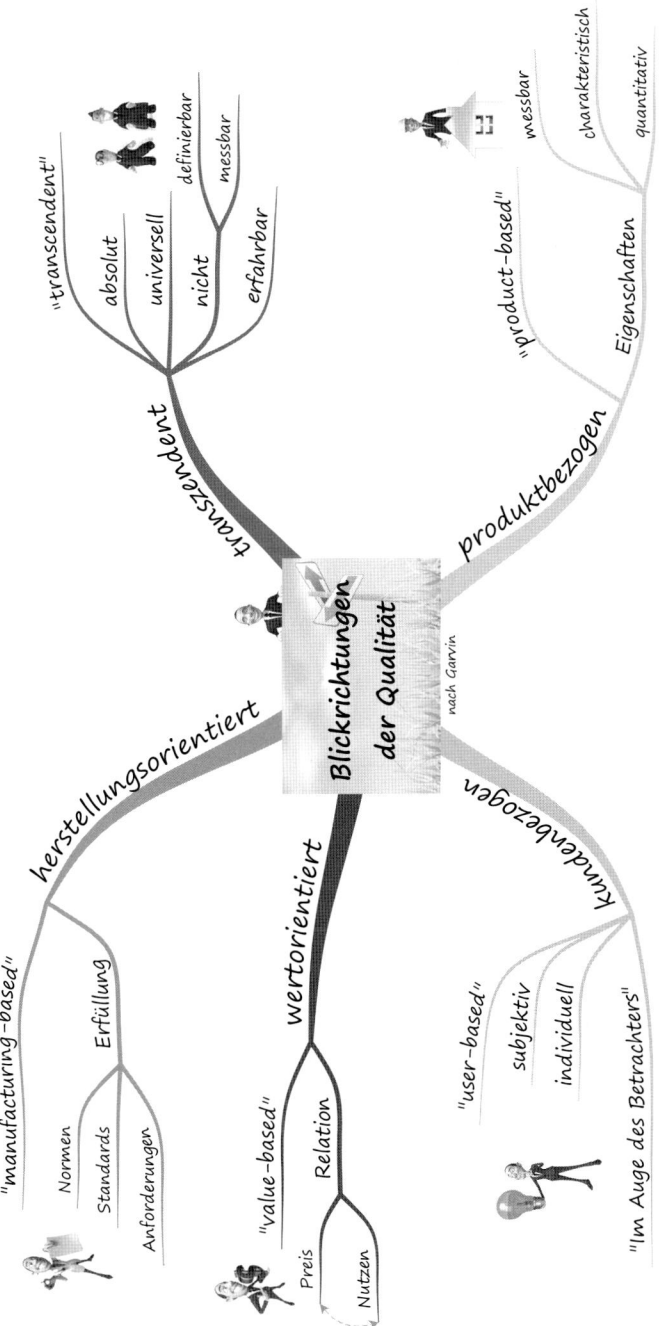

Fünf Blickrichtungen

1. **Die transzendente, absolute Sichtweise** (transcendent)
   Exzellente Qualität und Perfektion ist zeitlos, absolut und universell erkennbar. Sie kann – ähnlich wie Schönheit – nicht präzise definiert und gemessen werden, sondern wird nur durch Erfahrung empfunden.

2. **Die produktbezogene Sichtweise** (product-based)
   Qualitätsunterschiede werden durch bestimmte, charakteristische und objektiv messbare Eigenschaften eines Produktes widergespiegelt. Qualität ist also messbar und kann quantitativ beschrieben werden.

3. **Die kundenbezogene Sichtweise** (user-based)
   Die Qualität liegt im Auge des Betrachters. Sie ist das, was der Kunde dafür hält. Die absolut subjektive Beurteilung des Kunden bemisst die Qualität, entscheidend sind sein individuelles Anforderungsprofil, seine weiteren kaufentscheidenden Faktoren und sein Vergleich der auf dem Markt erhältlichen Leistungen.

4. **Die herstellungsorientierte, prozessorientierte Sichtweise** (manufacturing-based)
   Hervorragende Qualität entsteht durch eine gut und zuverlässig ausgeführte Arbeit, die spezifische Anforderungen, Normen und Standards erfüllt.

5. **Die wertorientierte Sichtweise** (value-based)
   Qualität wird durch die Relation zwischen Nutzen und Preis der jeweiligen Leistung ausgedrückt, gefordert ist hier die Bereitstellung einer bestimmten Leistung zu einem für den Kunden akzeptablen Preis.

Je nach Betrachtungsweise fällt die Bewertung eines Produktes oder einer Dienstleistung durchaus unterschiedlich aus. Der Standpunkt des jeweiligen Betrachters oder der jeweiligen Interessensgruppe beeinflusst die Beurteilung der Qualität und erzeugt ein Spannungsfeld unterschiedlicher Anforderungen.

Acht Dimensionen

Zur besseren Handhabung und Analyse dieser Betrachtungsweisen bietet Garvin acht Dimensionen der Qualität an. Mithilfe dieser acht Größenordnungen können Produkte und Dienstleistungen verglichen und eingeordnet werden. Als Beispiel – bezogen auf die Altenpflege – dient uns hier die Dekubitusprophylaxe:

- **Performance:** Leistungsfähigkeit, Funktionstüchtigkeit und Funktionalität der Kernleistung (produkt- und dienstleistungsbezogen). Entsprechend wäre die Umsetzung der geplanten Maßnahmen zur Dekubitusprophylaxe.

- **Features:** Ausstattung, ergänzende Funktionen, sekundäre Leistungsmerkmale (produkt- und dienstleistungsbezogen). Als ergänzende Maßnahmen zur Dekubitusprophylaxe könnte die Beratung der Angehörigen mithilfe eines speziellen Beratungsflyers erfolgen.
- **Reliability:** Zuverlässigkeit, Verlässlichkeit und Sicherheit (herstellungs- und prozessbezogen). Hier kann die zuverlässige Einhaltung der geplanten Intervalle zur Mobilisation bewertet werden.
- **Conformance:** Konformität, Erfüllung von Normen, Anforderungen, Spezifikationen oder Zielen (herstellungs- und prozessbezogen). Im Rahmen der Umsetzung der Maßnahmen geht es um die Erfüllung der Vorgaben des nationalen Expertenstandards Dekubitusprophylaxe in der Pflege sowie einrichtungseigener Regelungen.
- **Durability:** Haltbarkeit, Lebensdauer und nachhaltige Veränderungen (produkt- und dienstleistungsbezogen). Bezüglich der Dekubitusprophylaxe ist bedeutsam, dass die Entstehung eines Dekubitus auch bei sich verändernden Umständen dauerhaft vermieden wird.
- **Serviceability:** Gebrauchstauglichkeit, Brauchbarkeit, Servicefreundlichkeit und Nachbetreuung (produkt-, dienstleistungs- und kundenbezogen). Hier könnte die Qualität der Überleitung, beispielsweise ins Krankenhaus oder eine andere Einrichtung, gewertet werden.
- **Aesthetics:** Ästhetik, Design, Aussehen und Wahrnehmung (kundenbezogen). Die Wahrnehmung des Bewohners in Bezug auf die verwendeten Materialen zur Dekubitusprophylaxe könnte diesbezüglich bedeutsam sein.
- **Perceived quality:** Subjektive Qualität und Qualitätsimage (kundenbezogen). Der Zufriedenheitsgrad der Bewohner oder deren Angehörigen mit den durchgeführten Maßnahmen beschreibt diese Qualitätsdimension.

> **Praxistipp**
>
> Machen Sie sich und Ihre Mitarbeiter mit den Dimensionen und Sichtweisen des Qualitätsbegriffes vertraut, um ein Gespür für Qualität zu bekommen.

Strukturqualität, Prozessqualität und Ergebnisqualität

> *„Ultimately, the secret of quality is love. You have to love your patient, you have to love your profession, you have to love your God. If you have love, you can then work backward to monitor and improve the system."* (Avedis Donabedian)

Wir verbinden Avedis Donabedian mit den von ihm geprägten Qualitätsansätzen der Struktur-, Prozess- und Ergebnisqualität. Das oben stehende Zitat zeigt aber eine weitere Facette seines Qualitätsverständnisses auf: Das Geheimnis guter Qualität ist Liebe, zu den Bewohnern und für die eigene Profession, orientiert an einem Gottesbild und übergeordneten Werten. Auf dieser Grundlage kann die Überprüfung und Verbesserung von komplexen Systemen bearbeitet werden.

Das von Donabedian in den 70er Jahren entwickelte Qualitätsmodell hat die Altenpflege in Deutschland entscheidend geprägt und findet sich beispielsweise in der MDK-Prüfanleitung sowie den nationalen Expertenstandards wieder. Auch Qualitätshandbücher in Pflegeeinrichtungen sind teilweise nach Struktur-, Prozess-, und Ergebnisqualität aufgegliedert.

Struktur

Unter Strukturqualität fasst man die vorhandenen Voraussetzungen und Arbeitsbedingungen zusammen, also alle materiellen, personellen und organisatorischen Gegebenheiten.
Verfügt Ihre Einrichtung über Einzelzimmer, sind alle notwendigen Fachbereiche personell abgedeckt, wie gliedert sich Ihr Organigramm auf, wie hoch sind die Kosten?

Prozess

Prozessqualität bezieht sich auf konkretes und geplantes Handeln und Tätigkeiten, insbesondere in den Kernprozessen.
Wie pflegen und betreuen Sie Ihre Bewohner und welches Pflegemodell legen Sie dabei zugrunde? Benutzen Sie Standards und überprüfen Sie Ihre Arbeit und Dokumentation durch Pflegevisiten?

Ergebnis

Ergebnisqualität zeigt die Resultate der Struktur- und Prozessqualität und ob Ihr Handeln zu den geplanten Zielen geführt hat.
Wie zufrieden sind Ihre Bewohner mit der Versorgung? Wie wirksam war die Beratung der Bewohner und Angehörigen? Wie viele Bewohner der Einrichtung leiden an einem Dekubitus, einer Wunde, einer Kontraktur etc.? Wie gut ist der Gesundheits- und Pflege- und Aktivierungszustand der Bewohner? Wie ist hoch ist das individuelle Wohlbefinden der Bewohner? Wie lange dauert die durchschnittliche Bearbeitung einer Beschwerde?

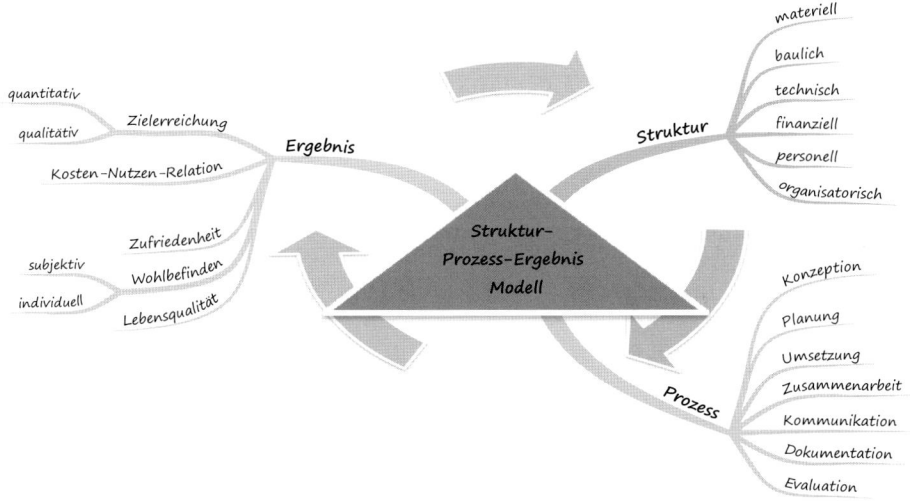

In seinem 2003 erschienen letzten Werk „An Introduction to Quality Assurance in Health Care" kommentiert Donabedian das Modell und dessen Nutzung (Donabedian 2003, S. 46):

1. Struktur, Prozess und Ergebnisse sind keine Qualitätsmerkmale, sondern Informationen, aufgrund deren man messen kann, ob die Qualität gut ist oder nicht.

2. Die drei Qualitätsansätze beeinflussen sich gegenseitig – wie die Pfeile im Mind Map Map® andeuten – und sind teilweise nicht genau voneinander abzugrenzen. Man kann von einer Serie von Ursachen und Wirkungen sprechen.

3. Struktur, Prozess und Ergebnis beeinflussen sich, aber die Eintrittswahrscheinlichkeit eines gewünschten Prozessablaufs oder Ergebnisses hängt immer von vielfältigen Voraussetzungen ab und kann nicht mit Bestimmtheit vorausgesagt werden.

4. Das Struktur-, Prozess- und Ergebnismodell wurde für die klinische Praxis entwickelt und ist dort anwendbar. Eine Übertragung auf andere Arbeitsbereiche kann laut Donabedian funktionieren oder auch nicht.

Die Übertragung und Nutzung des Modells in der Altenpflege wird in Deutschland mittlerweile – unter dem Blickwinkel neuer Forschungsergebnisse – kritisch diskutiert, der Fokus liegt auf der Messung der Ergebnisqualität. Die weiteren Entwicklungen zu diesem Thema und die Konsequenzen für den Einrichtungsalltag bleiben abzuwarten.

Praxistipp

Sollten Sie noch weitere Anregungen zur Analyse kundenorientierter Qualitätsmerkmale suchen, können Sie das Dienstleistungsmodell von Parasuraman, Zeithaml und Berry verwenden. Diese beschreiben dienstleistungsbezogene Qualitätsmerkmale (Umfeld, Verlässlichkeit, Einsatzbereitschaft, Leistungskompetenz und Einfühlungsvermögen), die mithilfe eines Messinstrumentes (SERVQUAL) gemessen werden können. Das daraus abgeleitete GAP-Modell (GAP = Lücke) weist auf die möglichen Lücken hin, die bei der Dienstleistungserbringung zwischen der erwarteten und der wahrgenommenen Leistung entstehen können.

Qualitätsmanagement

Der Begriff Qualitätsmanagement beschreibt die Summe von Aktivitäten, die koordiniert werden müssen, um ein QM-System in einer Einrichtung aufzubauen und aufrechtzuerhalten.

Dazu zählen die:
- Formulierung der Qualitätspolitik durch die oberste Leitung,
- Qualitätsplanung, zur vorausschauenden Festlegen der Qualitätsziele, der notwendigen Prozesse und Ressourcen,
- Qualitätslenkung, zur Erfüllung von Qualitätsanforderungen durch geeignete Arbeitstechniken und Methoden,
- Qualitätssicherung, zur Erzeugung von Vertrauen darauf, dass Anforderungen erfüllt werden, durch Einbindung der notwendigen Maßnahmen in die Einrichtungsstruktur (Retrospektive Ausrichtung),
- sowie Qualitätsverbesserung und -entwicklung, zur Erhöhung der Eignung zur Erfüllung von Qualitätsanforderungen sowie der Wirksamkeit und Wirtschaftlichkeit aller Prozesse und Maßnahmen (Prospektive Ausrichtung).

Die DIN EN ISO 9000:2005 definiert Qualitätsmanagement als „aufeinander abgestimmte Tätigkeiten zum Leiten und Lenken einer Organisation bezüglich Qualität". Die Verantwortung für diese übergeordnete Lenkungsaufgabe und deren aktive Umsetzung liegen bei der Unternehmensleitung, dies ist laut Norm nicht delegierbar. Die Kommunikation mit allen Mitarbeitern, deren Einbezug in die Umsetzung der erforderlichen Maßnahmen und die Delegation von Teilbereichen ist ebenfalls Inhalt des Qualitätsmanagements. Im Qualitätshandbuch werden in der Regel alle für das einrichtungsspezifische Qualitätsmanagement wichtigen Inhalte schriftlich erfasst.

Einzug des Qualitätsmanagements in die soziale Arbeit und Altenpflege

In der Vergangenheit waren soziale Dienstleistungen oftmals geprägt durch geringe betriebswirtschaftliche Effizienz und ein mangelndes Dienstleistungsbewusstsein. Organisationsstrukturen, Methodenkonzepte und Zielsetzungen waren häufig nicht klar definiert. Trotz dieser Defizite erfolgte der Einzug des Qualitätsmanagements erst verhältnismäßig spät und über Umwege.

Der Vorreiter war in diesem Fall die Industrie. Durch das verstärkte Bedürfnis der Industrie nach Qualitätssicherung und Qualitätsmanagement, bedingt durch verschärfte Konkurrenz der Anbieter und die Globalisierung der Märkte, wurde 1987 in Deutschland erstmals die international gültige Normenfamilie DIN EN ISO 9000 ff., mit den Regelungen zur Errichtung eines QM-Systems in Unternehmen eingeführt.

Der Erfolg des Qualitätsmanagements in der gewerblichen Wirtschaft, in Verbindung mit der Unzufriedenheit des Gesetzgebers mit dem Status Quo der sozialen Arbeit und Pflege, bezüglich der geringen Transparenz und der relativen Beliebigkeit der bestehenden Hilfsangebote, führte zu gesetzlichen Festschreibungen. Für den Bereich Pflege hat der Gesetzgeber im Jahr 1995 (SGB XI § 80) Qualitätssicherung bzw. Qualitätsmanagement verbindlich vorgeschrieben. Das Qualitätsmanagement ermöglicht es den Fachbehörden nun inhaltliche und betriebswirtschaftliche Leistungen einzelner Einrichtungen zu erfassen und davon auch die Finanzierung abhängig zu machen.

Der Einstieg in die Qualitätsentwicklung der Altenpflege wurde deutlich angeschoben durch die Qualitätsprüfungen in den Einrichtungen, die seit 1996 mit jährlich ansteigenden Zahlen durchgeführt wurden.

Eine weitere Verschärfung der Situation erfolgte im Jahr 2009 mit der Einführung der jährlichen Qualitätsprüfungen in Kombination mit den benoteten Transparenzkriterien, deren Ergebnisse im Internet veröffentlicht werden. Dies führte zu vermehrten Qualitätsbemühungen der Einrichtungen, die sich aber häufig insbesondere auf die Anforderungen der Prüffragen konzentrieren. Über Sinn und Unsinn der Fragen und Bewertungen wird vielfältig diskutiert, die Auseinandersetzungen gehen über Stellungnahmen, gerichtliche Verfahren bis zur Schiedsstelle zur grundsätzlichen Klärung des Sachverhaltes. Feststellen lässt sich, dass die Prüfkriterien keinesfalls die umfangreichen Anforderungen, die beispielsweise die DIN EN ISO 9001 an Qualitätsmanagementsysteme stellt, abbilden, sondern den Focus nur auf bestimmte Elemente des Qualitätsmanagements lenken.

Die Diskussionen zur Messung von Ergebnisqualität und verschärften Prüfkriterien dauern an, ein strukturiertes Qualitätsmanagement wird aber auch in Zukunft die Grundlage sein, um neue oder steigende Anforderungen zu erfüllen

„Qualität beginnt beim Menschen, nicht bei den Dingen. Wer hier einen Wandel herbeiführen will, muss zuallererst auf die innere Einstellung aller Mitarbeiter abzielen."
(Philip B. Crosby)

Übersicht und Begriffserklärungen

Das Thema Qualität hat viele Dimensionen und eine Vielfalt von Begriffen hervorgebracht. Dies erschwert den Zugang und kann zu Interpretationsproblemen führen. Die folgende Einteilung soll Ihnen die Einordnung der Begriffe erleichtern:

Qualitätsphilosophien

Den geistigen Überbau für das Qualitätsmanagement liefern uns Qualitätsphilosophien. Diese Denkmodelle stammen ursprünglich aus Japan. Sie bieten keine eindeutig definierten Vorgehensweisen, sondern zielen auf eine qualitätsaktivierende Arbeitsmentalität und Geisteshaltung ab. Auf wertschätzender Grundlage, durch Denk- und Verhaltensnormen sollen das Mitarbeiterverhalten und die Unternehmenskultur positiv geprägt werden. Beispiele für diese Überbaukonzepte sind Demings Management-Programm, das Kaizen, der kontinuierliche Verbesserungsprozess (KVP), sowie das Total Quality Management (TQM), dieses wird teilweise auch umfassendes Qualitätsmanagement (UQM) genannt.

Die deutlichsten Handlungsanweisungen gibt das TQM, insbesondere in Bezug auf Kunden-, Mitarbeiter- und Prozessorientierung. Das Kaizen ist schwerer einzugrenzen, da es eher als ein Zusammenspiel unterschiedlicher Qualitätswerkzeugen anzusehen ist. Letztendlich unterscheiden sich die Philosophien aber kaum, bei allen soll mithilfe von Qualitäts-, Prozess- und Produktivitätssteigerung die Wettbewerbsposition des Unternehmens gesteigert werden. Die Philosophien füllen die Umsetzung der Qualitätsvorgaben mit Sinn und Leben und regen zur Überprüfung der Aufgaben und des Verhaltens von Führungskräften an.

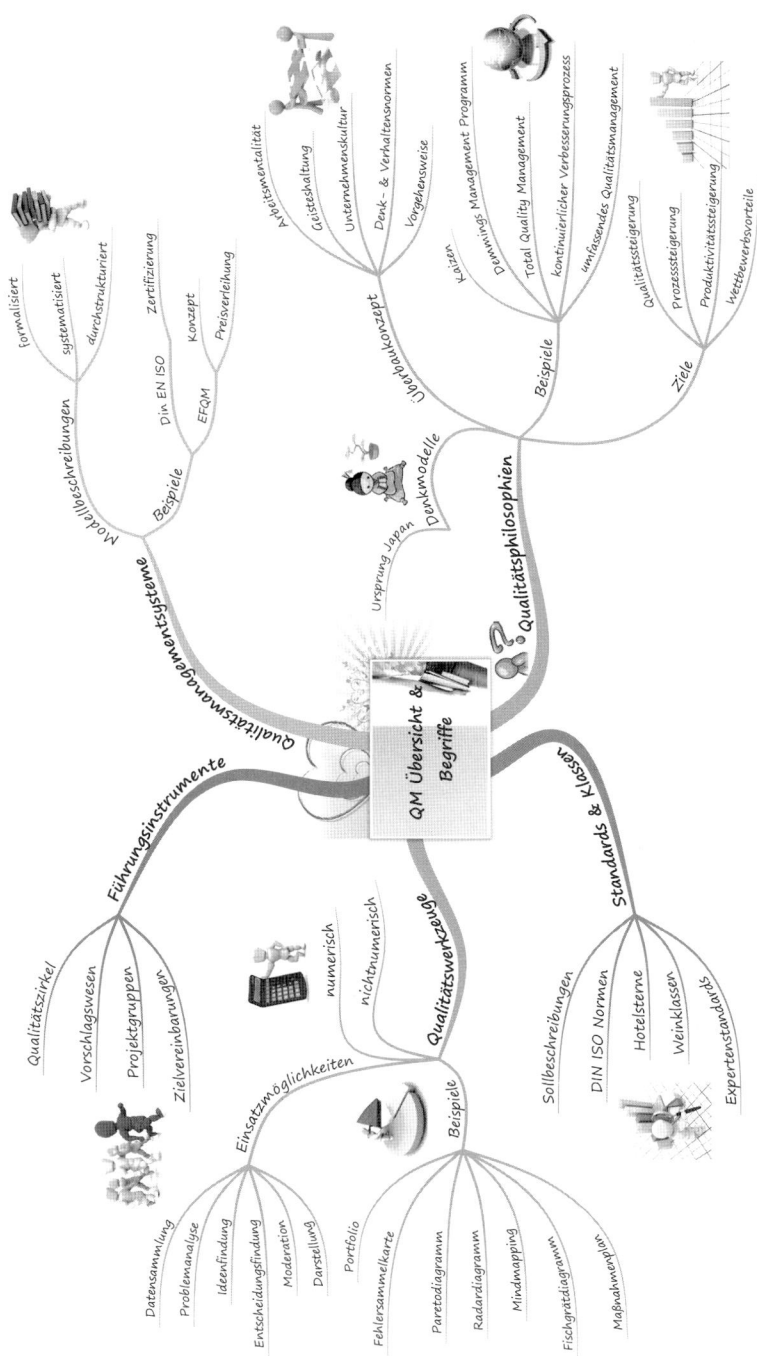

Qualitätsbegriff und -dimensionen

Qualitätsmanagementsysteme

Mithilfe der formalisierten und systematischen QM-Systeme können Sie die werteorientierten Qualitätsphilosophien umsetzen, ordnen und strukturieren. Qualitätsmanagement wird hier als eine Gesamtführungsaufgabe angesehen, gleichberechtigt mit Finanz-, Personal-, Beschaffungs-, Produktion- und Vertriebswesen.
Die QM-Systeme enthalten Ziele, Aufgaben, Funktionszuordnungen und Prozessbeschreibungen. Sie fordern Strukturen, Planungstätigkeiten, Maßnahmen und Überprüfungen ein und beziehen sich auf das Unternehmen als vernetztes Ganzes. Weit verbreitet sind hier die Vorgaben der DIN ISO 9000 ff. und das EFQM Excellence Modell.

Qualitätswerkzeuge (Tools of Quality)

Die Qualitätswerkzeuge dienen zur Systematisierung von Vorgehensweisen und sind gleichermaßen visuelle Hilfsmittel, mithilfe derer Sie Probleme erkennen, verstehen und lösen können. In der Regel handelt es sich um numerische und nicht numerische Datensammlungs- und Problembearbeitungstechniken. Diese wirkungsvollen Werkzeuge können Sie optimal in Qualitätszirkeln und Besprechungen einsetzen, um schnell zu Ergebnissen und Verbesserungen zu gelangen.
Zu den Qualitätswerkzeugen gehören beispielsweise das Brainstorming, Ursache-Wirkungs-Diagramme und Fehlersammellisten. Im Prinzip kann aber jede Methode, mit der eine Arbeit besser, schneller und billiger verrichtet werden kann, als Qualitätswerkzeug gelten.

Qualitätsstandards bzw. Qualitätsklassen

Qualitätsstandards werden von kompetenten oder zugelassenen Stellen entwickelt. Sie stellen Sollbeschreibungen zur Bewertung der Güte eines Produkts oder einer Dienstleistung dar. So kann ein Reisender anhand der vergebenen Sterne sofort erkennen, zu welcher Güteklasse ein Hotel gehört. Im Interesse des Verbraucherschutzes hat die Wirtschaft einen großen Bedarf an Standardisierung. Wichtig ist dabei aber immer, Leistungen im Verhältnis zu Erwartungen, Verwendung und Preis zu messen.
Für unseren Bereich ist die Umsetzung der „nationalen Expertenstandards" z. B. zu Dekubitus, Entlassungsmanagement, Schmerz oder Sturz relevant und wird im Rahmen der externen Qualitätsprüfungen überwacht.

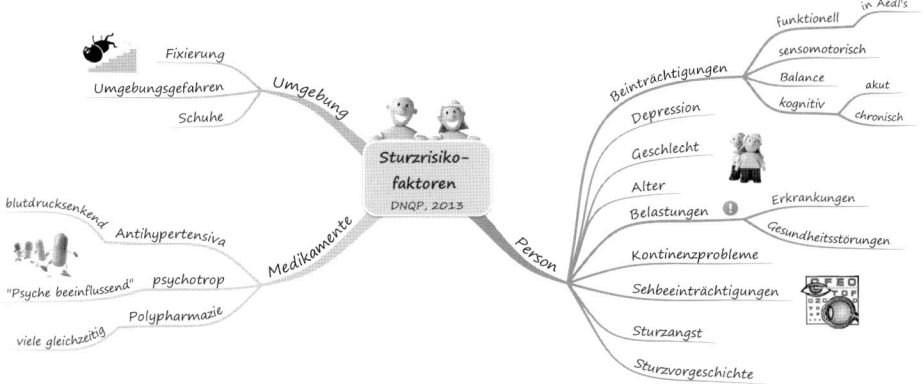

Führungsinstrumente zur Qualitätsförderung

Neben den klassischen Führungsaufgaben wie Planung, Kontrolle, Information und Kommunikation ist mittlerweile auch im sozialen Bereich die Qualitätsförderung unabdingbar. Insbesondere da sie gesetzlich vorgeschrieben ist und in den Qualitätsmanagementsysteme DIN ISO 9000 ff. und im EFQM-Konzept eindeutig als Aufgabe der obersten Leitung gefordert wird.

Als Führungskraft können Sie zur Förderung und Messung der Qualität in Ihrem Unternehmen spezielle Führungsinstrumente nutzen, z. B. die Managementbewertung, Audits, Qualitätszirkel, das betriebliches Vorschlagswesen, Projektgruppen und Zielvereinbarungen.

> **Praxistipp**
>
> Lassen Sie sich nicht durch die Vielfalt der Begriffe verwirren, die meisten können Sie mithilfe des oben stehenden Mind Maps® zuordnen.

Qualitätsmanagementsysteme

„Zweck und Ziel bestimmen zwar das richtige Handeln, aber ohne geeignete Methoden führen sie nicht zwangsläufig zu einer erfolgreichen Umsetzung." (Bernd Kiefer)

Qualitätsmanagementsysteme sind Modelle zur Umsetzung der Qualitätsphilosophien und zur Steigerung der Kundenzufriedenheit in der Einrichtungspraxis. Es ist notwendig, dass die oberste Leitung Ihrer Einrichtung ein System auswählt, mit dem ein Qualitätsmanagement implementiert und gesteuert werden soll und dieses dann aktiv zur ständigen Verbesserung der Dienstleistungen, Produkte und Prozesse nutzt. Das QM-System sollte integraler Teil des Managementsystems der Einrichtung sein und mit geeigneten Qualitätszielen die weiteren Unternehmensziele (Finanzen, Arbeitsschutz, Rentabilität etc.) ergänzen.

Die Normenreihe DIN ISO 9000 ff. ist ein im Pflegebereich weit verbreitetes QM-System, sie findet sich in verschiedenen Qualitätssiegeln und Zertifikaten wieder (z. B. AWO Qualitätsmanagement Zertifikat, Diakonie Siegel Pflege, Pflege TÜV, Paritätisches Qualitätssiegel ab 1. Stern). Diese normorientierten QM-Systeme umfassen einen Forderungskatalog, den die Einrichtungen umsetzen müssen, sowie eine Anleitung zur ständigen Verbesserung der Leistungen. Durch eine externe Beurteilung im Rahmen eines Zertifizierungsaudits werden die Erfüllung der festgelegten Anforderungen sowie die Wirksamkeit des QM-Systems überprüft. Werden die Normvorgaben erfüllt, ist eine Zertifizierung der Einrichtung möglich.

Im Gegensatz dazu formulieren Exzellenzmodelle Kriterien, die eine vergleichende Betrachtung der Leistungen von verschiedenen Einrichtungen und Organisationen ermöglichen und sich auf alle Tätigkeiten und interessierten Parteien anwenden lassen. In Deutschland ist das EFQM Excellence Modell bekannt. Dieses ermöglicht es Ihnen, Ihren eigenen Standort und Reifegrad in Bezug auf die vorgegebenen Kriterien zu bestimmen und sich mit anderen Einrichtungen zu messen. Das EFQM Excellence Modell bewertet als TQM-Modell auch die erzielten Ergebnisse und die aktive Übernahme der Verantwortung für eine nachhaltige Zukunft.
Den Umsetzungsgrad des EFQM-Modells in Ihrer Einrichtung können Sie anhand von verschiedenen „Levels of Excellence" in Form von Auszeichnungen oder Preisen belegen. Auch das EFQM Excellence Modell findet sich in einigen branchenspezifischen Produkten wieder (z. B. Paritätisches Qualitätssiegel, ab 2. Stern).

Bezüge zwischen dem EFQM Excellence Ansatz und der ISO 9000 Familie

Diese beiden QM-Systeme haben eine enge Verwandtschaft. Teilweise werden die gleichen Elemente und Prinzipien zur Umsetzung genutzt. Durch die ISO 9004:2009 beinhaltet die ISO 9000 Familie mittlerweile ein mit dem EFQM Excellence Ansatz vergleichbares Konzept für die Umsetzung, Aufrechterhaltung und Bewertung eines ganzheitlichen und nachhaltigen Qualitätsmanagements. Auch die DIN EN ISO 9000er Familie spiegelt heute ein modernes und umfassendes Verständnis von Qualitätsmanagement wider. In der Praxis erfolgt teilweise zunächst eine Umsetzung der Zertifizierung nach DIN EN ISO 9001, darauf aufbauend dann die Einführung des EFQM Excellence Modells.

Gründe für die Nutzung eines QM-Systems

Die gesetzliche Verpflichtung für Pflegeeinrichtungen im § 112 SGB XI zur Umsetzung von Maßnahmen zur Qualitätssicherung sowie zur Entwicklung eines einrichtungsinternen Qualitätsmanagements nach § 113 war sicherlich, in Kombination mit der Verpflichtung an Qualitätsprüfungen mitzuwirken und der Veröffentlichung der benoteten Transparenzberichte, der treibende Faktor für eine flächendeckende Einführung von QM-Systemen in Einrichtungen der Altenpflege.

Die gesetzlichen Vorgaben und Prüffragen beziehen sich insbesondere auf Pflege, Betreuung und hauswirtschaftliche Leistungen und bewerten dadurch nur einen Ausschnitt, der für ein umfassendes QM-System erforderlichen Maßnahmen. Dies führte teilweise zur ausschließlichen Konzentration auf die Bearbeitung der in den Transparenzkriterien geforderten Vorgaben.

Für Einrichtungen ist es aber sinnvoll eines der umfassenden QM-Systeme einzuführen und weiterzuentwickeln. Dies erfordert eine strategische Entscheidung der obersten Leitung und bietet entscheidende Vorteile:

- Mittel- und langfristige Einrichtungsplanung mithilfe von Q-Politik, Q-Zielen und Kennzahlen.
- Strukturierte und überschaubare Prozesse, geklärte Schnittstellen und Verantwortlichkeiten.
- Vertrauensförderung und Transparenz in Bezug auf Kunden, Mitarbeiter, Lieferanten und die Öffentlichkeit.
- Systematische Verbesserung der Dokumentation und Vermeidung von Doppelarbeiten.

- Sicherheit bei der Umsetzung von gesetzlichen und behördlichen Vorgaben, sowie im Haftungsfall.
- Verbesserte Wettbewerbsfähigkeit in einem schwieriger werdenden Markt.
- Steigerung der Wirtschaftlichkeit, der Flexibilität, der Kundenzufriedenheit und der Ergebnisqualität.
- Umfassender Einbezug und Einweisung der Mitarbeiter, Motivations- und Wissenssteigerung sowie effektiveres Verbesserungsmanagement.
- Umsetzung der ständigen Verbesserung nach den Vorgaben des PDCA-Zyklus und Reduzierung von Fehlern und Beschwerden,
- Voraussetzung für eine Anerkennung oder Zertifizierung des QM – System.

Din EN ISO 9000 Normenreihe

Ein Qualitätsmanagementsystem, mit dessen Hilfe Sie die Qualitätsidee umsetzen können, ist die DIN EN ISO 9000 ff. Diese, im Jahr 1987 entstandene, dreiteilige Normenreihe ist weltweit anerkannt, fachübergreifend für alle Branchen anwendbar und in Deutschland weit verbreitet. Sie kann als Grundlage zur Entwicklung und Aufrechterhaltung Ihres Qualitätsmanagements dienen, unabhängig von der Größe, Komplexität und Trägerschaft der Organisation. Alle Kernnormen werden regelmäßig überarbeitet und an veränderte gesellschaftliche und wirtschaftliche Gegebenheiten angepasst. Das ISO-Norm-Konzept ist als Managementsystem zur nachhaltigen Leistungsverbesserung gedacht und stellt die Prozesse der Einrichtung in den Mittelpunkt einer ganzheitlichen Betrachtung.

Praxistipp

In Deutschland können Sie ISO-Normen ausschließlich über den Beuth-Verlag beziehen, der als Tochterunternehmen des DIN Instituts für Normung nationale und internationale Normen vertreibt. Die DIN EN ISO 9000 Normenreihe ist komplett in den DIN Taschenbüchern 223 und 226 enthalten, dies ist preisgünstiger als der Bezug der jeweiligen Einzelnormen.

Struktur der Normenreihe

Grundsätze und Definitionen

Die DIN EN ISO 9000:2005 erläutert und vereinheitlicht die wesentlichen Grundlagen und Fachausdrücke für Qualitätsmanagementsysteme und kann Ihnen als Gebrauchsanleitung zur Anwendung der ISO 9000 Normen dienen. Die Fachbegriffe umfassen die Themen Qualität, Management, Organisation, Prozess und Produkt, Merkmale, Konformität, Dokumentation, Untersuchung, Audit und Qualitätssicherung bei Messprozessen.

> **Praxistipp**
>
> Hilfreich sind die, im Anhang der DIN EN ISO 9000:2005 enthaltenen, grafischen Darstellungen der Beziehungen zwischen den Fachtermini. Diese Grafiken verbinden einzelne Begriffsgruppen, zeigen Zusammenhänge auf und erleichtern Ihnen, ähnlich wie Mind Maps®, den übersichtlichen Zugang zu den oftmals komplexen Begriffen und Definitionen.

Zertifizierungsgrundlage

Die DIN EN ISO 9001:2008 legt die Anforderungen an Qualitätsmanagementsysteme fest. Sie finden hier Hinweise zum normkonformen Aufbau und zur Weiterentwicklung. Die Zertifizierung eines Qualitätsmanagementsystems erfolgt auf Basis der DIN EN ISO 9001:2008. Die Norm erläutert auch Möglichkeiten gewisse Forderungen auszuschließen, die Ihre Einrichtung derzeit nicht betreffen.
Hier wird festgelegt WAS getan werden muss, um ein QM-System aufrechtzuerhalten, aber nicht WIE und auf welche Art und Weise Sie es tun sollen. Die Struktur des QM-Systems und die dokumentierten Inhalte werden durch die Normvorgaben nicht vereinheitlicht und können je nach Branche und Einrichtung verschieden sein.

Nachhaltiger Erfolg

Die DIN EN ISO 9004:2009 ist ein Leitfaden zur Leistungsverbesserung Ihres bestehenden Qualitätsmanagementsystems, in Bezug auf Wirtschaftlichkeit, Wirksamkeit und nachhaltigen Erfolg. Zielsetzung dieses umfassenden Qualitätsmanagementansatzes ist unter anderem die Fähigkeit, die Erfordernisse der Kunden und sonstiger interessierter Parteien langfristig und ausgewogen zu erfüllen. Zudem beinhaltet diese Norm ein hilfreiches Werkzeug zur Selbstbewertung der Stärken, Schwächen und des Reifegrads Ihrer Einrichtung.

Die Normen 9001 und 9004 ergänzen sich, die Entsprechungen zwischen beiden Normen werden im Anhang C der ISO 9004:2009 detailliert aufgeführt. Die 9004 können Sie anwenden, wenn Sie über die Forderungen der 9001 hinausgehen wollen und sich in Richtung eines nachhaltigen Managementsystems weiterentwickeln wollen.

Begriffserklärung	
DIN	Deutsches Institut für Normung e.V.
DIN (plus Zählnummer, z.B. DIN 4701)	Deutsche Norm mit ausschließlich oder überwiegend nationaler Bedeutung
DIN EN (plus Zählnummer)	Europäische Norm (EN), deren deutsche Fassung den Status einer deutschen Norm erhalten hat (in unveränderter Form)
DIN EN ISO (plus Zählnummer)	Europäische Norm, in die eine internationale Norm (ISO-Norm) unverändert übernommen wurde, und deren deutsche Fassung den Status einer deutschen Norm hat
DIN ISO (plus Zählnummer)	Deutsche Norm, in die eine internationale Norm der ISO unverändert übernommen wurde
ISO	International Organization for Standardisation – internationale Organisation zur weltweiten Vereinigung nationaler Normungsinstitute
DIN SPEC (plus Zählnummer)	Vornorm, die wegen bestimmter Vorbehalte nicht als Norm herausgegeben wurde, aber möglicherweise nach weiteren Veränderungen in eine solche überführt wird

Die acht Grundsätze des Qualitätsmanagements

Hilfestellung für eine zielgerichtete, systematische und auf ständige Verbesserung ausgerichtete Führung, geben die acht Grundsätze der Iso 9000. Diese können Sie nutzen, um die Leistungsfähigkeit und den Erfolg der Einrichtung zu verbessern. Im Einzelnen haben diese Qualitätsmanagementgrundsätze folgenden Inhalt:

1. **Kundenorientierung:**
   - Jetzige und zukünftige Kundenerfordernisse verstehen,
   - Kundenforderungen erfüllen und danach streben, die Erwartungen der Kunden zu übertreffen,
   - Organisationsstruktur auf die Erfüllung der Kundenbedürfnisse ausrichten.

2. **Führung:**
   - Übereinstimmung von Zweck und Ausrichtung der Organisation sicherstellen,
   - Schaffung eines förderlichen internen Umfelds, in dem sich die Mitarbeiter mit den Zielen der Organisation identifizieren,
   - Vorbildfunktion der Führungsebene,
   - Festlegung von einheitlicher Vision und Zielsetzungen durch die Führungsebene.

3. **Einbeziehung der Personen:**
   - Nutzung der Fähigkeiten der Mitarbeiter auf allen Hierarchieebenen zum Wohle der Organisation,
   - Einbezug der Mitarbeiter in die Unternehmensentwicklung.

4. **Prozessorientierter Ansatz:**
   - Lenkung zusammengehöriger Mittel und Tätigkeiten als Prozess,
   - Identifikation der Prozessschritte und der Schnittstellen.

5. **Systemorientierter Managementansatz:**
   - Zielorientiertes Führen (Erkennen, Verstehen, Leiten und Lenken) eines Systems von miteinander in Wechselbeziehung stehenden Prozessen,
   - Sicherstellung von Wirksamkeit und Effizienz in Bezug auf die Zielerreichung.

6. **Ständige Verbesserung:**
   - Ständige Verbesserung als übergeordnetes Ziel.

7. **Sachlicher Ansatz zur Entscheidungsfindung:**
   - Logische und intuitive Analysen von Daten und Informationen als wirksame Entscheidungsbasis.

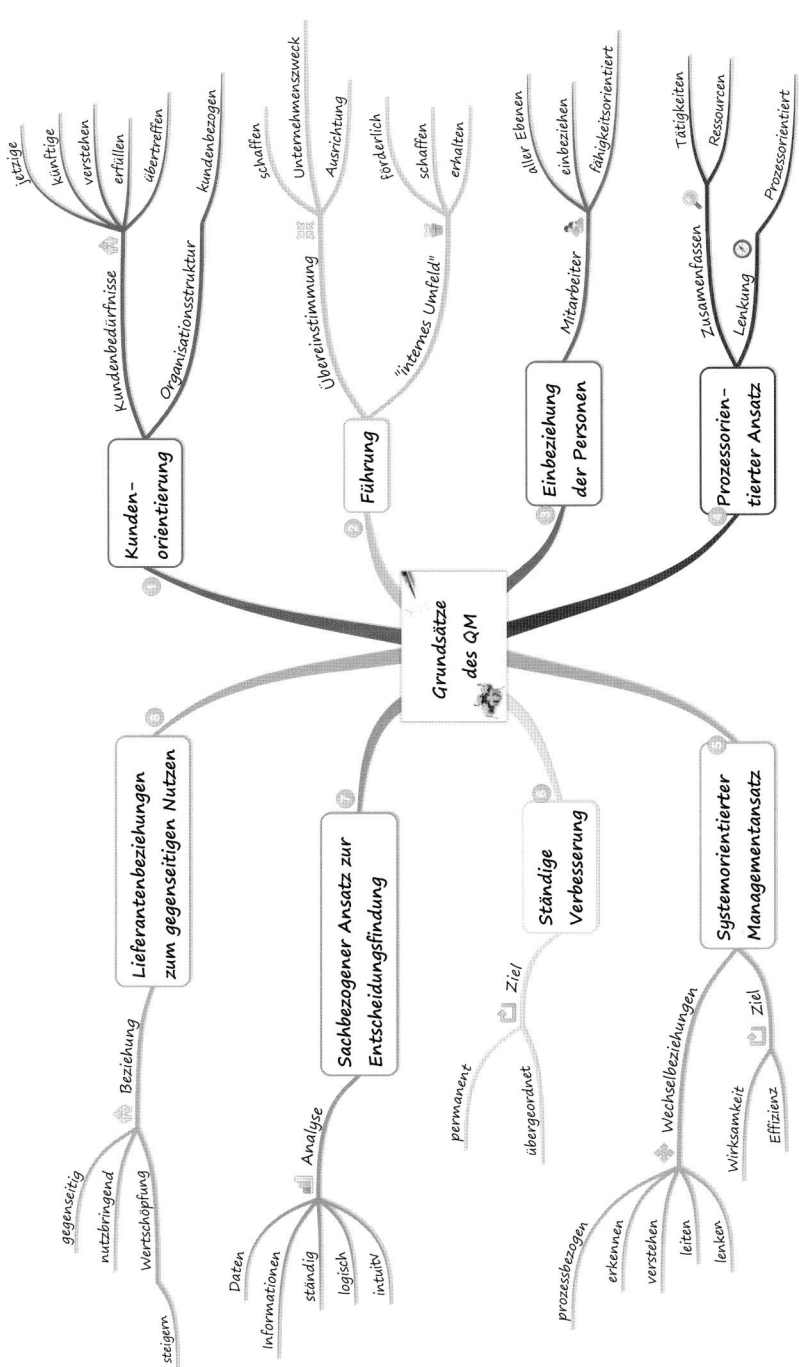

8. **Lieferantenbeziehungen zum gegenseitigen Nutzen:**
- Beziehungen mit Lieferanten zum gegenseitigen Nutzen fördern,
- Wertschöpfungsfähigkeit beiderseitig erhöhen,
- Transparente Kommunikation, Verständigung und Kooperation anstreben.

Praxistipp

Mehr Informationen zu den Vorteilen der Anwendung dieser Grundsätze zeigt der Anhang B der DIN EN ISO 9004:2009 auf. Hier können Sie Anregungen für die sinnvolle Nutzung des Rahmenwerks finden.

Das Prozessmodell der DIN EN ISO

Zu den Grundlagen des Qualitätsmanagementsystems der ISO zählt das Prozessmodell in Kombination mit den QM-Grundsätzen. Das Prozessmodell unterstreicht die Orientierung an den real ablaufenden Prozessen und deren Wechselwirkungen. Die Kernaufgaben des prozessorientierten Ansatzes „Verantwortung der Leitung", „Management von Ressourcen", „Produkt- bzw. Dienstleistungsrealisierung" sowie „Messung, Analyse und Verbesserung" werden zu einander und zu Wünschen und Zufriedenheit der Kunden in Beziehung gesetzt. Wenn Sie diesen Regelkreis erfolgreich umsetzen, erfüllen Sie das angestrebte Ziel der „ständigen Verbesserung".

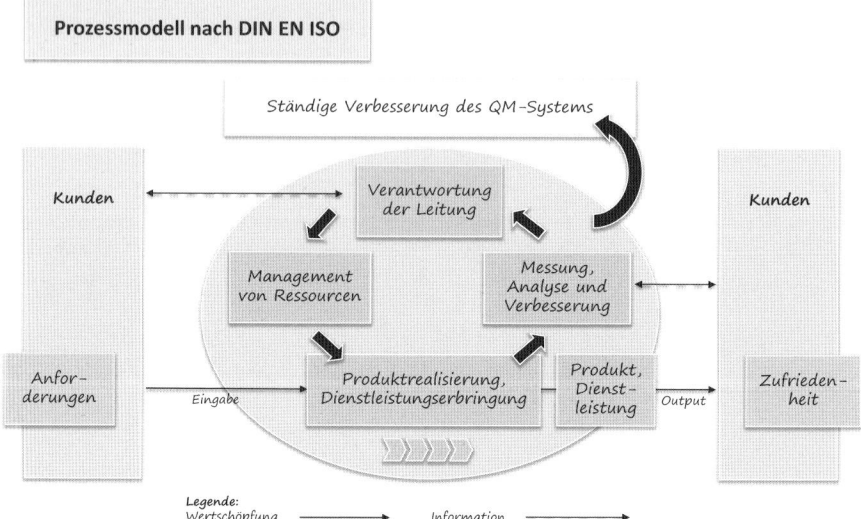

> **Praxistipp**
>
> Sie können das Prozessmodell der DIN EN ISO als Raster für die Prozesslandschaft Ihrer Einrichtung verwenden, um so eine übersichtliche Darstellung Ihrer Einrichtungsabläufe und Schnittstellen darzustellen.

Die DIN EN ISO 9001:2008

Die vier Kernaufgaben des Prozessmodells werden in den Kapiteln fünf bis acht der DIN EN ISO 9001:2008 konkretisiert. Einen Überblick des Inhalts der 9001 gibt Ihnen das folgende Mind Map®.

> **Praxistipp**
>
> Für die Prüfungen zum Qualitätsmanager müssen Sie den gesamten Inhalt der DIN EN ISO 9001:2008 kennen. Das folgende Mind Map® umfasst alle Begriffe und verkürzt Ihre Lernzeit erheblich.

Anforderungen und Empfehlungen des ISO-Konzepts beziehen sich aufeinander und müssen im Zusammenhang betrachtet und als System umgesetzt und gesteuert werden. Besondere Schwerpunkte legt die ISO 9001 auf die Qualitätsverbesserung von Produkten und Dienstleistungen sowie die Wirksamkeit Ihres QM-Systems in Bezug auf die Erfüllung der Forderungen der Kunden und die Steigerung der Kundenzufriedenheit.

Wirksamkeit definiert die DIN EN ISO 9000:2005 (3.2.14) als:
„Ausmaß, in dem geplante Tätigkeiten verwirklicht und geplante Ergebnisse erreicht werden."

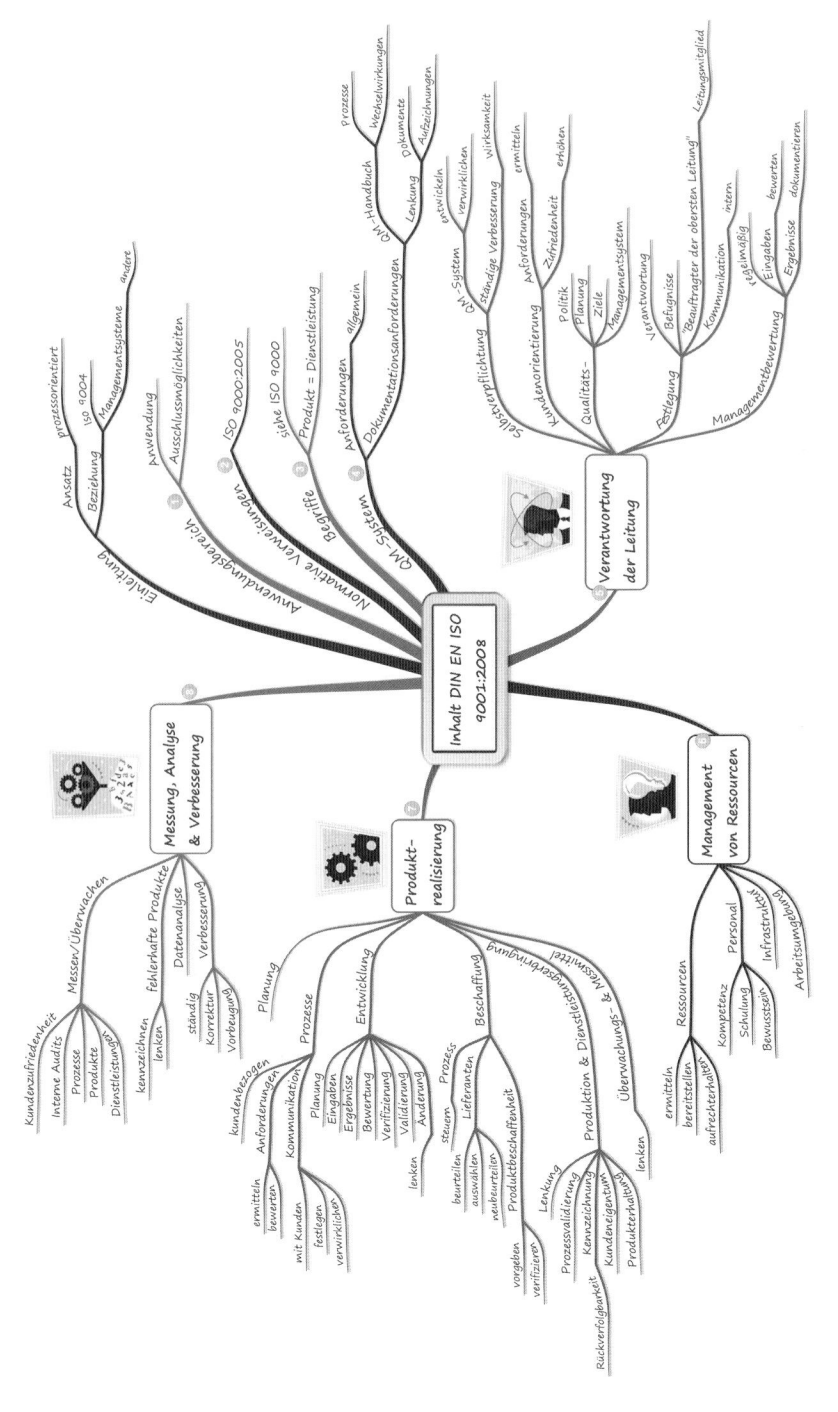

ISO Norm 9001 – Kapitel 4: Qualitätsmanagementsystem

Vorgaben in Bezug auf die zu dokumentierenden Prozesse sowie die Lenkung von Dokumenten und Aufzeichnungen finden sich hier:

Normforderungen	Beispielhafte Dokumente und Aufzeichnungen
Identifikation und Beschreibung der für das QM-System erforderlichen Prozesse, deren Abfolge und Wechselwirkung	• Prozesslandkarte
Beschreibung und Lenkung der ausgegliederten Prozesse sowie der Ausschlüsse aus der Norm	• Regelung zum Umgang mit Kooperationen • Begründung von Ausschlüssen
Festlegung des Umfangs der Dokumentation zur Umsetzung der Qualitätspolitik und -ziele, inkl. der in der Norm geforderten Dokumente und gesetzlicher Vorgaben.	• Qualitätsmanagementhandbuch
Lenkung der vom QM-System geforderten Dokumente und Aufzeichnungen	• Schriftliche Regelung zum Umgang mit Dokumenten und Aufzeichnungen, inkl. deren Archivierung

ISO Norm 9001 – Kapitel 5: Verantwortung der Leitung

In diesem Kapitel werden die Aufgabenbereiche der obersten Leitung im Rahmen der Umsetzung und Anwendung der Normanforderungen hervorgehoben:

Normforderungen	Beispielhafte Dokumente und Aufzeichnungen
Selbstverpflichtung zur aktiven Gestaltung eines Qualitätsmanagementsystems	• Verpflichtungserklärung
Ermittlung aller Kundenbedürfnisse sowie der gesetzlichen Anforderung Regelung /System zur Erhebung und Nutzung der erforderlichen Daten Leistungsbeschreibung	• Regelung/System zur Erhebung und Nutzung der erforderlichen Daten • Leistungsbeschreibung
Formulierung einer angemessener Qualitätspolitik, Festlegung von Zielen und Ressourcen sowie die Planung der Umsetzung	• Unternehmensleitbild • Q-Politik • Konzepte • Zielvorgaben • Maßnahmenpläne

Normforderungen	Beispielhafte Dokumente und Aufzeichnungen
Planung und Aufrechterhaltung des QM-Systems	• QM-Handbuch • dokumentierte Qualitätszirkelarbeit • Investitionsplanung • QM-Statusberichte und Auswertungen • QM-Kalender
Festlegung von Verantwortungen und Befugnissen	• Organigramm • Verantwortungsmatrix • Geschäftsverteilungsplan • Stellen-/Funktionsbeschreibungen
Benennung des Qualitätsmanagementbeauftragten als Mitglied der obersten Leitung	• Stellen-/Funktionsbeschreibung
Erarbeitung von Wegen und Verfahren zur Sicherstellung der internen Kommunikation	• Kommunikationsmatrix • Besprechungsprotokolle • Plan-/Anschlagstafeln • Rundschreiben • Kommunikation über elektronische Medien
Durchführung der jährlichen Managementbewertung des QM-Systems, incl. der Initiierung und Verfolgung von Korrektur- und Vorbeugungsmaßnahmen	• Protokoll der Managementbewertung • Controllingberichte • Risikoanalysen

ISO Norm 9001 – Kapitel 6: Management von Ressourcen

Die Vorgaben für die Bereitstellung und Nutzung von notwendigem Personal und weiteren Mitteln wird in diesem Normabschnitt definiert:

Normforderungen	Beispielhafte Dokumente und Aufzeichnungen
Ermittlung und Bereitstellung von Ressourcen	• Investitionsplanung
Sicherstellung der entsprechenden Kompetenz, Ausbildung, Schulung und Bewusstseinsbildung des Personals	• Stellenplan • Stellen-/Funktionsbeschreibungen • Arbeitsverträge • Einarbeitungsprotokolle • Aufzeichnungen zu Mitarbeitergesprächen • Fort- und weiterbildungsbezogene Bedarfserhebung, Planung, Nachweisführung, Wirksamkeitsmessung und Auswertung

Normforderungen	Beispielhafte Dokumente und Aufzeichnungen
Festlegung und Gestaltung einer geeigneten Infrastruktur und Arbeitsumgebung	• Gebäudepläne • Wartungs- und Instandhaltungspläne • Risikoanalysen • Gefahrstoffkataster • Nachweise zur Umsetzung der Arbeitsschutz- und Hygienevorgaben • Gefährdungsanalysen

ISO Norm 9001 – Kapitel 7: Produktrealisierung (Dienstleistungsrealisierung)

Dieser Kernbereich der Norm beschäftigt sich mit der Steuerung der Prozesse und deren Wechselwirkungen:

Normforderungen	Beispielhafte Dokumente und Aufzeichnungen
Festlegung von Verfahren und Methoden zur kundenorientierten Planung, sowie zur effizienten Durchführung und Überprüfung der Prozessabläufe	• Verfahrensanweisungen • Standards • Lastenhefte
Regelung der Kundenbeziehungen durch kundenbezogene Prozesse zur Ermittlung, Prüfung, Bewertung und Erfüllung der Kundenanforderungen sowie zur Sicherstellung der Kommunikation	• Kundenanfragen • Werbematerialien • Vertragsprüfung • Heimvertrag • Pflichtenhefte • Trend- und Wettbewerbsanalysen • Beschwerdebearbeitung
Design und Entwicklung von Dienstleistungen sowie Produkten durch dokumentierte, regelmäßige und gelenkte Angebotsplanung bzw. -entwicklung	• Projektpläne • Mess- und Prüfpläne • Verifizierungs- und Validierungsvorgaben/-nachweise • Freigabebestimmungen und -dokumente • Risikoanalysen
Bedarfsermittlung, Beschaffung und Überprüfung von ergänzenden Leistungen und Produkten	• Bewertungsvorgaben • Regelungen für Fremdvergabe • Lastenhefte • Wareneingangsprüfungen • Nachweise für Lieferantenbewertungen • Verträge mit Lieferanten

Lenkung und Validierung der Produktions- und Dienstleistungserbringung	• Verfahrensanweisungen • Standards • Dienst- und Tourenpläne • Durchführungsnachweise • Nachweise für Pflegevisiten • Begehungen und Risikoanalysen
Festlegung der Kennzeichnung und der Rückverfolgbarkeit von Produkten	• Laufzettel, Namensschilder • Sicherstellung des Datenschutzes und der gesetzlichen Vorgaben zur Pflegedokumentation • Prüfnachweise • Rückstellproben
Regelung des Umgangs mit Kundeneigentum	• Richtlinien zum Umgang mit Kundeneigentum • Bestandslisten und -kontrollen • Kennzeichnung des Kundeneigentums
Erhaltung des ordnungsgemäßen Zustands der Produkte	• Vorschriften zur Lagerung • Transport und Konservierung • Lagerlisten • Verfallsdatenüberwachung • Bedienungsanleitungen • Umsetzung der Hygiene- und Lebensmittelrichtlinien
Lenkung der Überwachungs- und Messmittel	• Prüfmittelerfassung • Liste der Prüfmittel • Prüfprotokolle • Justierungs-, Eich- oder Kalibrierungsnachweise

ISO Norm 9001 – Kapitel 8: Messung, Analyse und Verbesserung

Die Bewertung der Ergebnisse der Produkt- und Dienstleitungsrealisierung sowie die notwenigen Maßnahmen zu deren Verbesserung gibt der letzte Normteil vor. Diese Informationen bilden die Eingaben für die geforderte Bewertung des QM- Systems durch das Management und stellen dadurch die im prozessorientierten Ansatz beschriebene Verbindung zum Kapitel Fünf sicher:

Normforderungen	Beispielhafte Dokumente und Aufzeichnungen
Festlegung des Mess- und Überwachungsprozesses	• Kennzahlensystem • Datenmatrix
Messung und Überwachung der Kundenzufriedenheit	• Befragungen • Gespräche mit Angehörigen und Beirat • Protokolle, Pflegevisiten • Beschwerdeauswertung • Belegungszahlen
Durchführung regelhafter interner Audits	• Auditprogramm, Auditpläne, Auditchecklisten und Auditberichte • Maßnahmenpläne
Messung und Überwachung der Prozesse	• Prozesskennzahlen • Protokolle • Pflegedokumentation
Messung und Überwachung der Produkte und Leistungen	• Prüfprotokolle • Stichprobenpläne • Rückstellproben
Lenkung und Prüfung von Fehlern	• Fehlersammelkarten und -protokolle • Regelung zum Umgang mit Fehlern und Notfällen • Maßnahmenpläne • Nachweise zur Kundenaufklärung
Ermittlung, Erfassung und Analyse von Daten	• Soll-Ist-Vergleiche • Statistiken • Datenmatrix
Durchführung von Verfahren zur kontinuierlichen Verbesserung und zur Umsetzung innovativer und kreativer Korrektur- und Vorbeugungsmaßnahmen	• Qualitätszirkel • Fallbesprechungen • Projektmanagement • Vorschlagswesen • Maßnahmenpläne • Risikoanalysen • Benchmarking • Schulungsnachweise • Trend- und Marktanalysen

EFQM Excellence Modell

„Exzellente Organisationen erzielen dauerhaft herausragende Leistungen, welche die Erwartungen aller ihrer Interessengruppen erfüllen oder übertreffen"

(EFQM, 2012, S. 2)

Die EFQM, früher bekannt als „European Foundation for Quality Management", wurde 1988 von vierzehn führenden europäischen Unternehmen gegründet, darunter auch die deutschen Firmen Volkswagen und Bosch. Der Sitz dieser gemeinnützigen Organisation ist Brüssel. Die EFQM versteht sich als treibende Kraft für „nachhaltige Excellence" in Europa, setzt sich für die Verbesserung von Organisationen und die Verbreitung des Total Quality Management Gedankens ein. Seit 1992 vergibt sie auf der Grundlage des EFQM Excellence Modells einen Qualitätspreis, den EFQM Excellence Award – EEA (früher: European Quality Award – EQA). Die Umbenennung des Qualitätspreises und der Wegfall der Langversion „European Foundation for Quality Management" war umstritten und erfolgte, um den Grundgedanken der „Excellence" und des „Immer-besser-Modells" in den Vordergrund zu stellen und den Begriff „Qualität" abzulösen.

In den einzelnen europäischen Ländern kooperiert die EFQM mit Nationalen Partnerorganisationen, in Deutschland engagiert sich die Deutsche Gesellschaft für Qualität (DGQ) als Nationaler Partner.

Für die Förderung des Excellence Gedankens in Ihrer Einrichtung stellt die EFQM drei sich ergänzende Komponenten zur Verfügung, diese bilden das EFQM Excellence Modell:
- Die Grundkonzepte der Excellence, welche die grundsätzliche Haltung und Ausrichtung der Organisation bilden sollen.
- Das Kriterienmodell, mit dem Sie das Qualitätsmanagement Ihrer Einrichtung ganzheitlich strukturieren und dessen Kriterien Sie als Grundlage für eine Selbst- oder Fremdbewertung nutzen können.
- Die RADAR-Logik, eine strukturierte und bewährte Vorgehensweise zur Umsetzung der Bewertungen.

In 1991 wurde das EFQM-Modell erstmals veröffentlicht und seit dem regelmäßig überarbeitet, die erste Veränderung erfolgte 1999. Zu diesem Zeitpunkt wurden auch die Grundkonzepte und die RADAR-Logik erstmalig veröffentlicht. Im Jahr 2003 erfolgten Verbesserungen aller Elemente und eine deutliche Ausrichtung auf die soziale Verantwortung der Unternehmen. Verschiedene Versionen für verschiedene Branchen wurden entwickelt.

Eine grundlegende Überarbeitung aller Elemente erfolgte 2010. Die branchenspezifischen Modelle wurden durch ein allgemeines Modell für alle Branchen abgelöst. Unter anderem wurde der Focus des Modells und der Grundkonzepte um die Themen Nachhaltigkeit, Risikomanagement, Kreativität und Innovation erweitert. Zusätzlich zu Prozessen sind seit dem auch Produkte und Dienstleistungen zu beschreiben. Die Prozentzahlen zur Bewertung wurden angeglichen, die RADAR-Logik wurde verändert und alle Komponenten besser miteinander verzahnt. Zudem wurde beschlossen das Modell ab sofort alle drei Jahre zu überprüfen.

Die Modifizierungen des EFQM-Excellence Modells 2013 fielen moderat aus, die Sprache wurde vereinfacht und kleinere Anpassungen vorgenommen.

Die Grundkonzepte der Excellence

„Exzellenz bedeutet gewöhnliche Dinge außergewöhnlich gut zu machen."
(John William Gardner)

Die Basis des EFQM Excellence Modells sind die acht Grundkonzepte der Excellence. Diese beschreiben die Eckpunkte einer exzellenten Organisation, die von den jeweiligen Führungsverantwortlichen respektiert und eingehalten werden sollen. Die Grundkonzepte sind universell auf alle Branchen anwendbar und beziehen sich auf die europaweit anerkannten Werte und Menschenrechte in der „European Convention on Human Rights" und der „European Social Charter".

1. **Nutzen für den Kunden schaffen**
Durch das Verstehen, Voraussehen und Erfüllen der Erwartungen und Bedürfnisse der Kunden und des Marktes, so wie das Ergreifen von Chancen wird konsequent Nutzen für alle Kundengruppen erzeugt. Aktuelle und potenzielle Kunden werden nachhaltig und transparent an das Unternehmen und in dessen Entwicklung gebunden.

2. **Die Zukunft nachhaltig gestalten**
Durch die Gleichzeitigkeit von zukunftsorientierter Leistungssteigerung und Verbesserung der ökonomischen, ökologischen und sozialen Bedingungen der Gesellschaftsgruppen, mit denen Kontakt besteht, wird ein positiver Einfluss auf das Umfeld ausgeübt.

3. **Die Fähigkeit der Organisation entwickeln**
Durch effektives Management von Veränderungen innerhalb und außerhalb der Organisation werden die Fähigkeiten der Organisation entwickelt. Entlang der Wertschöpfungskette werden Zusammenarbeit, Vertrauen, Ethik, Wissensaustausch, Unternehmenskultur, Netzwerke und Partnerschaften gefördert.

4. Kreativität und Innovation fördern
Durch das gezielte Entfalten der Kreativität aller Interessensgruppen werden die kontinuierliche Verbesserung und systematische Innovationen vorangetrieben. Dies schafft Mehrwert und Leistungssteigerung.

5. Mit Vision, Inspiration und Integrität führen
Durch visionäres, flexibles und zukunftsorientiertes Handeln der Führung wird die Zukunft der Organisation gestaltet. Führungskräfte agieren als Vorbilder für Integrität, Werte, ethische Prinzipien und soziale Verantwortung.

6. Veränderungen aktiv managen
Durch Nutzung geeigneter Methoden wird effektives und effizientes Erkennen und Reagieren auf Chancen und Gefahren ermöglicht. Strukturen und Prozesse werden an der Strategie ausgerichtet, regelmäßig gemessen und bei Bedarf schnell und gezielt durch Projektarbeit verbessert.

7. Durch Mitarbeiterinnen und Mitarbeiter erfolgreich sein
Durch Wertschätzung und Schaffung von aktiven Mitwirkungsmöglichkeiten werden die Ziele der Organisation sowie der Mitarbeiterinnen und Mitarbeiter erreicht.

8. Dauerhaft herausragende Ergebnisse erzielen
Durch flexibles, transparentes und systematisches Handeln werden nachhaltige Ergebnisse erzielt, die alle Interessensgruppen kurzfristig und langfristig zufrieden stellen.

Für Leitungskräfte ist es sinnvoll zu überprüfen, auf welcher Entwicklungsstufe die Einrichtung auf dem Weg der Umsetzung der einzelnen Grundkonzepte ist. Folgende Fragen können für Sie dabei eine Hilfestellung sein:

- Ist das jeweilige Grundkonzept bekannt?
- Sind „Anfänge" der Umsetzung in der Einrichtung erkennbar?
- Ist die Einrichtung „auf dem Weg" der Integration und Verbesserung der Grundsätze?
- Ist die Einrichtung auf allen Ebenen zu einer „reifen" Organisation geworden?

Alle acht Grundsätze der DIN EN ISO finden sich in den acht Grundkonzepten der Excellence wieder. Aber für die Grundkonzepte der Excellence „Dauerhaft herausragende Ergebnisse erzielen" und „Die Zukunft nachhaltig gestalten" gibt es in den Grundkonzepten der ISO bislang keine direkte Entsprechung. Die Themen sind aber seit 2009 Inhalt der DIN EN ISO 9004, dort finden sich Anregungen zur ergänzenden Bearbeitung.

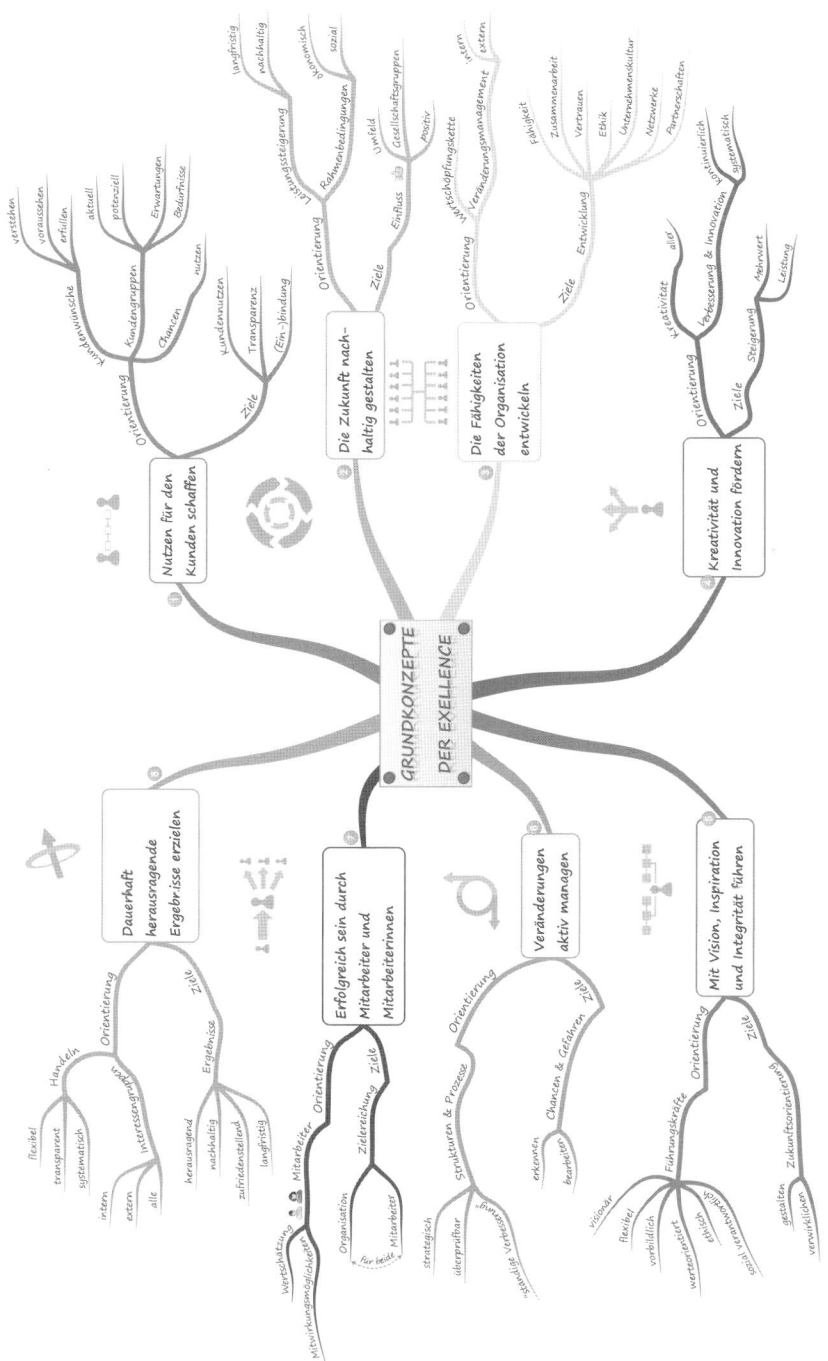

> **Praxistipp**
>
> Sie können die Grundkonzepte dazu nutzen, sich grundsätzlich mit dem Excellence-Gedanken und der Orientierung der Einrichtung auseinanderzusetzen, beispielsweise im Rahmen einer Strategiesitzung.

Qualitätspreise und Levels of Excellence

Der EFQM Excellence Award (EEA) wurde 1992 als europäische Antwort auf den japanischen Deming Applikation Prize (DAP) und den amerikanischen Malcolm Baldrige National Quality Award (MBNQA) entwickelt. Deutsche Wirtschaftsverbände riefen 1997 den Ludwig-Erhard-Preis (LEP) ins Leben, um so die Lücke zwischen den internationalen Preisen und den Qualitätspreisen der einzelnen Bundesländer zu schließen und auch in Deutschland den Total-Quality-Management Gedanken voranzutreiben.

Ziel ist, dass Menschen, Prozesse und Ergebnisse im gesamten Unternehmen und auch in dessen Außenwirkung ganzheitlich betrachtet und gelenkt werden. Excellence und Qualitätsbewusstsein sollen als Motor die Unternehmenskultur und die ständige Verbesserung im Sinne des PDCA-Zyklus antreiben.

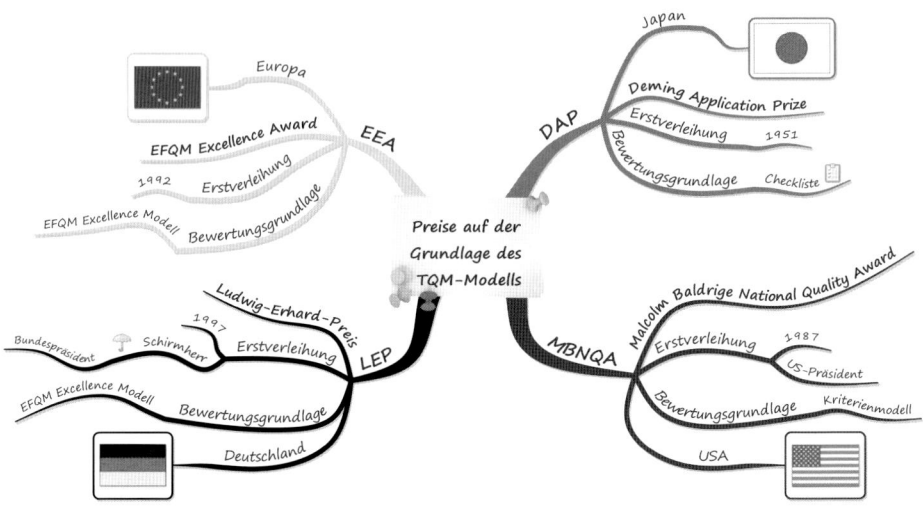

Sowohl der European Excellence Award als auch der Ludwig-Erhard-Preis sprechen einen breiten Teilnehmerkreis an, es werden in drei Kategorien Preise an große, mittlere und kleine Unternehmen aus allen Branchen verliehen.

Die Bewertungsverfahren für beide Preise erfolgen in verschiedenen Schritten:
- Durchführen und Einreichen einer Selbstbewertung
- Auswahl der Finalteilnehmer durch eine Jury
- Vor-Ort-Bewertung der Finalisten durch Assessorenteams
- Fertigung der abschließenden Bewertungsberichte als Entscheidungsgrundlage für die Preisvergabe
- Festlegung der Gewinner und weiterer überdurchschnittlicher Bewerber
- Preisverleihung im Rahmen eines Festaktes

Zusätzlich zur Bewerbung um einen Preis gibt es das europäische Programm Levels of Excellence (LoE), das in Deutschland u. a. durch die Deutsche Gesellschaft für Qualität (DGQ) umgesetzt wird. Nach dem Ligaprinzip (von der Kreisliga bis zur Champions League) staffeln sich die Preise oder Beurkundungen, so dass Sie sich gezielt je nach Reifegrad Ihres Unternehmens bewerben und in die einzelnen Programme einsteigen können.

Für Einsteiger geeignet ist die Stufe „Committed to Excellence" (Bekenntnis zur Excellence), dieses Verfahren beurkundet erste Erfolge und Verbesserungen auf dem Weg zur Excellence. Dann folgt „Recognised for Excellence" (Anerkennung für Excellence), gleichauf mit der Möglichkeit sich um einen Qualitätspreis im jeweiligen Bundesland zu bewerben, dieser Reifegrad belegt nachweislich herausragende Erfolge.

Der Ludwig-Erhard Preis bildet mit seinen Abstufungen „Preisträger", „Auszeichnung" und „Finalist" die höchste deutsche Auszeichnung für nationale Spitzenleistungen. Für eine erfolgreiche Bewerbung sind zumindest fünf Jahre aktiver Umsetzung des EFQM Modells erforderlich. Auf europäischer Ebene ist der European Quality Award die hochgradigste Anerkennung für überdurchschnittliches Qualitätsbewusstsein und exzellente Leistungen auf Weltklasseniveau. Auch dieser Preis wird in drei Abstufungen verliehen („Award", „Prize Winner" und „Finalist").

Zur Umsetzung und Bewerbung für diese einzelnen Stufen und Preise gibt es jeweils strukturierte Vorgaben und unterschiedliche Zugangswege. Grundlage ist immer eine durchgeführte Selbstbewertung und das Erreichen einer bestimmten Punktzahl, die vor Ort durch einen externen Prüfer (Validator bzw. Assessor) ermittelt wird. Leitfäden, Bewerbungsunterlagen und weitere Informationen erhalten Sie über die Initiative Ludwig-Erhard-Preis e.V. (ILEP).

Eine Teilnahme deutscher Unternehmen an den Excellence-Preisen hat sich noch nicht umfassend durchgesetzt, doch unter den Bewerbern für die Stufe „Committed to Excellence" befinden sich überdurchschnittlich viele Bewerber aus dem Gesundheitswesen. Auch deutsche Altenpflegeeinrichtung und andere Unternehmen aus dem Gesundheitswesen (z. B. Apetito und der MDK Rheinland-Pfalz) waren schon Preisträger bei Excellencepreisen. Das Seniorencentrum St. Liborius in Attendorn wurde im Jahr 2006 beim Ludwig Erhard Preis als Finalist in der Kategorie „Kleine Unternehmen" ausgezeichnet. In 2008 gewann domino-world ™ den Ludwig Erhard Preis in der Kategorie „Mittlere Unternehmen". Im Jahr 2010 wurde dieses Altenpflegeunternehmen außerdem Finalist beim EFQM Excellence Award.

Das Medienecho zum alljährlich im November verliehenen Ludwig-Erhard-Preis ist aber gering und die Preisträger sind in Deutschland eher unbekannt. Der Bekanntheitsgrad und die gesellschaftliche Wertschätzung sind nicht vergleichbar mit internationalen TQM-Preisen. So wird beispielsweise der Malcom Baldrige National Quality Award unter großer internationaler Anteilnahme vom amerikanischen Präsidenten verliehen.

Studien belegen aber, dass Unternehmen, die TQM-Qualitätspreise gewonnen haben, davon profitiert und ihre finanzielle Leistungen sowie die Kundenzufriedenheit signifikant gesteigert haben. EFQM-Mitglieder haben die Chance zur Qualitätsverbesserung durch Benchmarking und dem Austausch von „Best-Practice-Beispielen" mit anderen exzellenten Unternehmen. Um dieses hohe Excellence Level zu erhalten, sind in den

Einrichtungen außerordentliche Leistungen notwendig, dies kann schwierig werden in wirtschaftlich instabilen Zeiten.

Das EFQM Kriterienmodell

Das EFQM Kriterienmodell, mit seinen neun Unterpunkten, wird bei der Bewertung der Levels of Excellence sowie für den Ludwig-Erhard-Preis (LEP) und den EFQM Excellence Award (EEA) zu Grunde gelegt. Das Modell ist für alle Branchen und Unternehmensgrößen nutzbar. Der Focus der Kriterien ist führungsorientiert, die Umsetzung kann nur erfolgreich gelingen, wenn die oberste Leitung ihre Verantwortung aktiv wahrnimmt und mitgestaltet.

Alle Kriterien sind mit prozentualen Punktwerten hinterlegt. Die Wichtigkeit der kundenbezogenen Resultate und der Schlüsselergebnisse wird durch die höhere Prozentzahl hervorgehoben. Zum besseren Verständnis der Ausrichtung der Kriterien finden Sie in den Bewertungsunterlagen jeweils noch weitere Teilkriterien und erläuternde Orientierungspunkte.

Mit den fünf „Befähiger"-Kriterien erfassen Sie, was Ihre Einrichtung tut und umsetzt, die Blickrichtung ist aktionsorientiert. Die einzelnen Teilkriterien in diesem Bereich beziehen sich direkt auf Aussagen der Grundkonzepte und dienen so als Maßstab für deren Umsetzung und Verzahnung mit dem Managementsystem der Einrichtung.

Mit den vier „Ergebnis"-Kriterien bilden Sie die erzielten Leistungen Ihrer Organisation ab. Die Indikatoren, mit denen Sie diese Ergebnisse messen, sollen sowohl eine finanzielle als auch nicht finanzielle Ausrichtung haben und sich an der subjektiven Wahrnehmung der Kunden, Mitarbeiter sowie der Gesellschaft orientieren.

Die Kriterien beeinflussen und bedingen sich gegenseitig. So wirkt sich die Ausgestaltung und Umsetzung der „Befähiger"-Kriterien auf die Ergebnisse aus, durch die Analyse der Ergebnisse können Anhaltspunkte zur kreativen und innovativen Verbesserung der „Befähiger" gefunden werden. Diese Dynamik des EFQM Kriterienmodells wird durch die Pfeile visualisiert.

Bei einer Selbstbewertung können Sie mit den Vorgaben arbeiten, oder diese an die Gegebenheiten in Ihrer Einrichtung anpassen. Durch die Bewertung ermitteln Sie den Reifegrad Ihrer Einrichtung, sowie den Teilkriterien zugeordnete „Verbesserungspotenziale" und „Stärken", die Sie zur Erweiterung Ihrer eigenen Leistungen nutzen können.

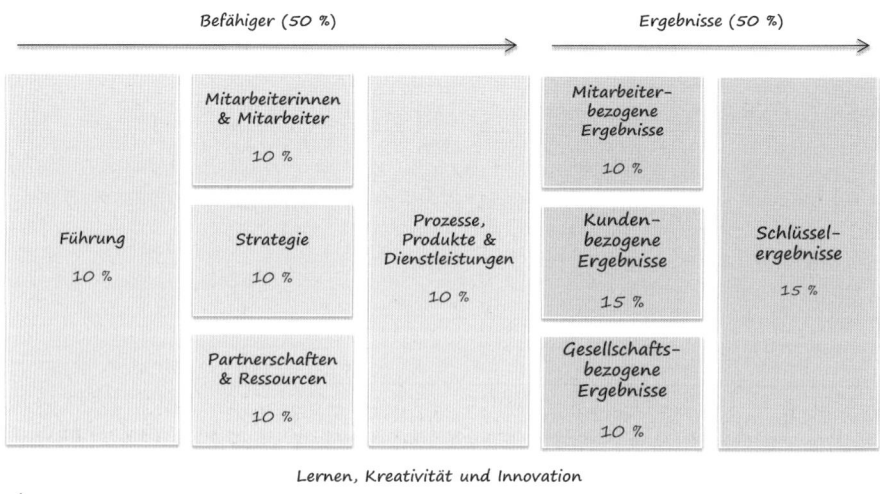

Praxistipp

Wenn Sie eine Selbstbewertung mithilfe des EFQM Kriterienmodells durchführen möchten, bietet Ihnen u.a. die deutsche Nationale Partnerorganisation der EFQM, die DGQ (www.dgq.de), weiterführende Unterlagen und Hilfen an.

Die RADAR-Logik

Die Methode zur Bewertung des EFQM Excellence Modells wird, nach den Anfangsbuchstaben der Teilschritte, RADAR-Logik genannt. Mit diesem strukturierten Bewertungsinstrument überprüfen Sie den Grad der Verankerung der Vorgaben des Modells in Ihrem Managementsystem. Die Bewertung erfolgt mithilfe von untergliederten Merkmalen:

- **Results**
  Bewertung der Ergebnisse bezüglich Relevanz, Umfang und Nutzen für die Interessensgruppen. Bewertung der Unternehmensleistung in Bezug auf positive Trends über mindestens drei Jahre,

- die Erreichung der geplanten Ziele,
- externe Vergleiche,
- auf die Tragfähigkeit des Leistungsniveaus für die Zukunft.

◆ Approach
Fundiertes und integriertes Vorgehen in Bezug auf Planung, Orientierung an Interessensgruppen und Prozessen, Integration in Unternehmensabläufe sowie Ausrichtung auf die Strategie.

◆ Deployment
Einführung und Angemessenheit der Umsetzung der relevanten Vorgehensweisen in Bezug auf deren Systematik, Schnelligkeit, Sinnhaftigkeit und Anpassungsmöglichkeiten bei Veränderung.

◆ Assessment & Refinement
Bewertung, d. h. Messung des Vorgehens bezüglich der Effektivität und Effizienz. Abschätzung, Priorisierung und Einführung von Verbesserungen und Innovationen mithilfe von Lernen und Kreativität in Bezug auf die Ergebnisse der Messungen.

Durch die Umbenennung von Review (Überprüfung) in Refinement (Verbesserung) im Jahr 2010 wurde der Gedanke der ständigen Verbesserung des PDCA-Zyklus komplett in das Modell aufgenommen und herausgestellt.

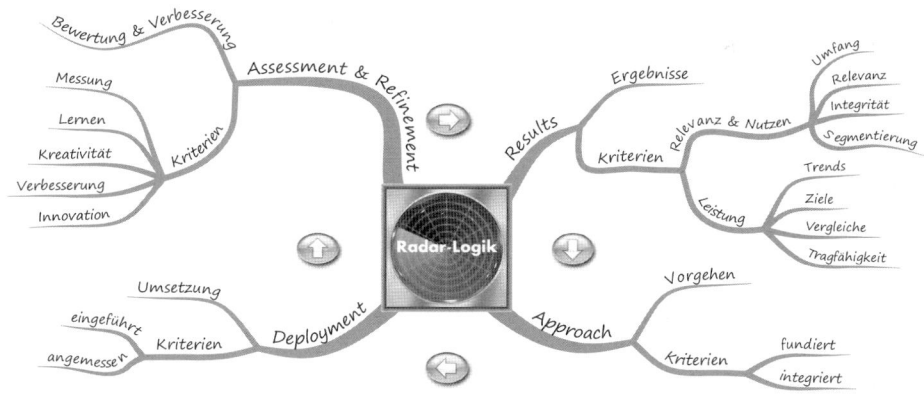

Sie können die RADAR-Logik auch als Werkzeug zur strukturierten Problemanalyse und zur Entwicklung Ihres QM-Systems verwenden. Zudem ist die RADAR-Matrix die Bewertungsmethode beim EFQM Excellence Award und Ludwig-Erhard-Preis.

Branchenspezifische Siegel und Zertifikate

Eine Studie zu Qualitätssiegeln und Zertifikaten in der deutschen Langzeitpflege hat das Zentrum für Qualität in der Pflege (ZQP) 2011 veröffentlicht. Die Studie ist auf den Internetseiten der ZQP kostenfrei erhältlich. Von den zwanzig dort untersuchten Verfahren sind siebzehn für den stationären Bereich anwendbar.

87 % der 182 im Rahmen der Studie befragten stationären Einrichtungen gaben an, sich an einem QM-System zu orientieren, dabei standen die DIN EN ISO 9001:2008 mit knapp 40 % sowie das Diakonie Siegel Pflege mit knapp 14 % im Vordergrund. Aber nur 41,5 % dieser stationären Einrichtungen waren auch tatsächlich zertifiziert oder hatten ein Siegel erlangt.

Die fünf marktführenden Verfahren wurden von großen Trägern initiiert, sind seit 2001 auf dem Markt und haben deutlich mehr als 100 Einrichtungen zertifiziert. Dazu zählen:

- **AWO Qualitätsmanagement Zertifikat:** für AWO-Einrichtungen und kooperative Mitglieder, Anbieter: AWO Bundesverband
- **Diakonie Siegel Pflege:** für diakonische Einrichtungen und Träger, Anbieter: Diakonisches Institut für Qualitätsentwicklung Diakonie Deutschland (DQE)
- **Paritätisches Qualitätssiegel in 4 Stufen:** für Mitglieder des Deutschen Paritätischen Wohlfahrtsverbandes und weitere interessierte Einrichtungen, Anbieter: PQ GmbH – Paritätische Gesellschaft für Qualität und Management
- **Pflege TÜV des bpa:** für alle Einrichtungen, Anbieter: Bundesverband privater Anbieter sozialer Dienste e. V. (bpa)
- **IQD Qualitätssiegel:** für alle Einrichtungen, Anbieter: Institut für Qualitätskennzeichnung von sozialen Dienstleistungen GmbH (IQD)

Die ersten der benannten vier Siegel und Zertifikate verknüpfen pflegespezifische Kriterien mit den Vorgaben der DIN EN ISO 9001 und eröffnen die Möglichkeit einer Tandemzertifizierung mit dieser Norm.

Größere Verbreitung haben außerdem die beiden folgenden Verfahren:

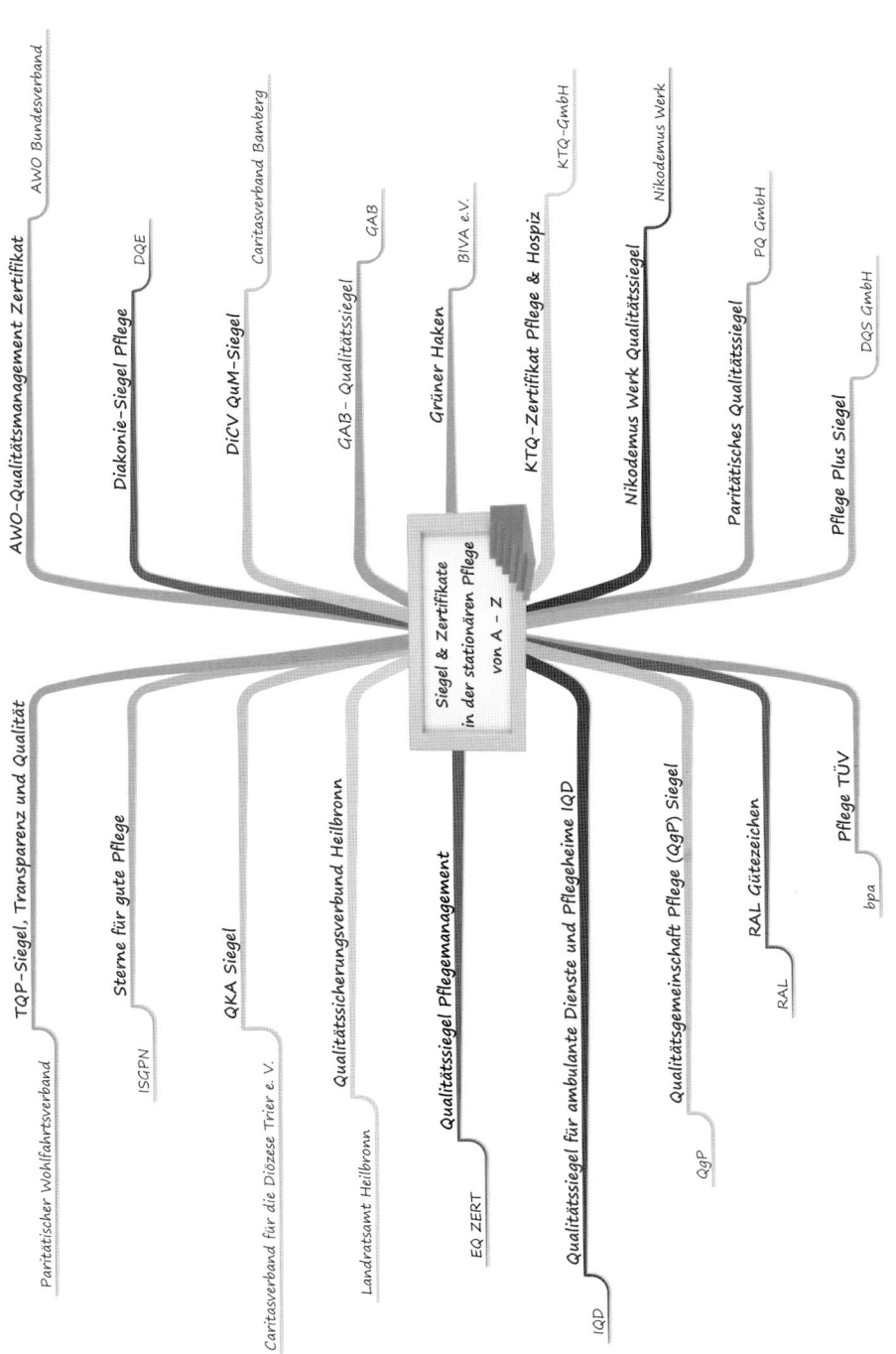

- Der grüne Haken: Dieser arbeitet nur mit ehrenamtlich geschulten Mitarbeitern und eigens auf die Lebensqualität der Bewohner abzielenden Fragen. Für eine Begutachtung können sich alle interessierten stationären Pflegeheime registrieren lassen. Die Kosten sind mit 300 bis 450 € pro Begutachtung vergleichsweise gering. Anbieter ist die Bundesinteressenvertretung der Nutzerinnen und Nutzer von Wohn- und Betreuungsangeboten im Alter und bei Behinderung (BIVA) e. V.

- Die KTQ (Kooperation für Transparenz und Qualität im Gesundheitswesen GmbH) bietet ebenfalls ein Verfahren zur Zertifizierung eines QM-Systems für Pflege und Hospize an. Das entsprechende KTQ-Manual wurde 2007 entwickelt und seitdem nicht mehr überarbeitet. So fehlen die aktuellen Vorgaben für die MDK-Qualitätsprüfungen. Auf der Webseite der KTQ finden sich ca. 30 Einrichtungen von denen 19 im Rahmen von Verbundverfahren mit Krankenhäusern oder Rehakliniken zertifiziert wurden. Insofern kann die Verbreitung dieses Verfahren für die Altenpflege als gering bewertet werden. Das KTQ-Verfahren stammt aus dem Krankenhausbereich und wird dort häufiger genutzt. Für die Umsetzung des Verfahrens ist eine umfangreiche Selbstbewertung notwendig, die dann durch ein Visitorenteam vor Ort überprüft wird. Das KTQ-Zertifikat ist drei Jahre lang gültig. Jährliche Zwischenprüfungen sind nicht vorgesehen, dies kann dazu führen, dass das QM-System in Vergessenheit gerät und erst im Jahr der Re-Zertifizierung wieder aktiviert und vorangetrieben wird.

Es gibt weitere Verfahren mit begrenzter regionaler Ausbreitung oder mit einer Konzentration auf die Verbesserung der Ergebnisse bei MDK-Qualitätsprüfungen. Zusätzlich gibt es noch pflegefachlich orientierte Auszeichnungen, wie z. B. das Projekt "Landesbutton Sturzpräventive Pflegeeinrichtung" in Nordrhein Westfalen.

Integrierte Managementsysteme (IMS)

Immer aktueller wird auch die Integration von weiteren Themen wie Arbeitsschutz und Umweltmanagement in die QM-Systeme. Ein Beispiel für ein solches integriertes Managementsystem ist das Präventionsangebot BGWqu.int.as, das als Komplettpaket für Arbeitsschutz und Qualitätsmanagement für Einrichtungen des Gesundheitswesens beworben wird. Basis dieses Angebots ist der Standard MAAS- BGW. Diese Managementanforderungen lassen sich u.a. mit der ISO 9001, EFQM und dem Diakonie-Siegel Pflege kombinieren. Die Berufsgenossenschaft für Gesundheitsdienste und Wohlfahrtspflege (BGW) stellt für die Umsetzung und Nutzung umfangreiche Arbeitshilfen, Beratung, Seminare und Fördermittel bereit.

DIN EN 15224:2012

Mit der DIN EN 15224 ist Ende 2012 eine Qualitätsmanagement-Norm für Dienstleistungen in der Gesundheitsversorgung erscheinen. Die Norm basiert auf der ISO 9001:2008 und beinhaltet darüber hinaus inhaltliche Ergänzungen für das Gesundheitswesen. Schwerpunkte sind klinische Prozesse sowie Risiken im Krankenhausbereich. Erste Zertifizierungen nach dieser neuen Norm werden voraussichtlich ab Mitte 2013 stattfinden. Ob diese Vorgaben auch Anwendung in Altenpflegeeinrichtung finden werden, muss sich zeigen. Möglicherweise werden – wie bei KTQ – Altenheime, die im engen Verbund mit Kliniken arbeiten, diese Norm nutzen.

Fazit

Zu den spezifischen Vor- und Nachteilen der verschiedenen benannten Verfahren macht die Studie der ZQP keine Aussage, da die erhobenen Daten dafür keine belastbaren Anhaltpunkte liefen konnten. Wollen Sie über die QM-Anforderungen der MDK-Prüfanleitung hinausgehen, ist sicherlich die Nutzung eines der marktführenden, altenpflegespezifischen Siegel hilfreich für die Umsetzung eines funktionierenden QM-Systems. Regionale Siegel können aufgrund der guten Benchmarking-Angebote interessant sein.

Auch sehr empfehlenswert ist die Nutzung des Diakonie Siegels Pflege in der Version 2.0. Der prozessorientierte Ansatz der ISO 9001 wird umgesetzt und das zu diesem Siegel gehörende Bundesrahmenhandbuch ist ein wertvoller Leitfaden für die Erstellung des einrichtungseigenen, pflegefachlich aktuellen QM-Handbuchs. Die dazu passende Auditcheckliste dient als Basis für interne Audits und eine mögliche externe Zertifizierung. Eine Überarbeitung des Diakonie Siegels Pflege ist für 2013 vorgesehen, in 2014 wird die neue Version voraussichtlich erhältlich sein.

Auch das Qualitätssiegel Pflegemanagement von EQ ZERT, das in 2012 die ISO PLUS-Zertifizierung abgelöst hat, stellt eine sinnvolle Erweiterung zur DIN ISO 9001 dar. Die zugehörige Auditcheckliste umfasst – zusätzlich zu den Normvorgaben – die relevanten fachlichen Kriterien und gesetzliche Qualitätsanforderungen. Dies ermöglicht den Aufbau eines umfassenden QM-Systems mit integrierten pflegefachlichen Inhalten.

Wenn Sie kein umfassendes QM-System einführen möchten, bieten die Vorgaben der MDK-Prüfanleitung einen Mindestrahmen für Ihr Qualitätsmanagement an. Sie sollten sich dabei aber nicht ausschließlich auf die Transparenzkriterien beschränken, da diese eher willkürlich ausgewählte QM-Inhalte umfassen. Unter Zuhilfenahme der kompletten Prüffragen und den dort nicht enthaltenen gesetzlichen Anforderungen, insbesondere in den Bereichen Umgang mit Medizinprodukten, Brandschutz und Arbeitsschutz, können Sie ein Basisgerüst für Ihr Qualitätsmanagement erarbeiten.

> **Praxistipp**
>
> Wählen Sie zur Umsetzung des Qualitätsmanagements ein anerkanntes und für die Anwendung in Alteneinrichtungen bearbeitetes Qualitätsmanagementsystem aus. Orientieren Sie sich dabei an den Zielsetzungen Ihrer Einrichtung sowie den Vorgaben Ihres Trägers. Durch die verantwortlichen Stellen erhalten Sie Arbeitshilfen, Checklisten und teilweise auch die Möglichkeit zur Fort- und Weiterbildung sowie zum kollegialen Austausch. Dieses ermöglicht Ihnen eine gezielte und schnellere Implementierung und Weiterentwicklung.

Implementierung und Aufrechterhaltung des QM-Systems

Einführung und Aufrechterhaltung von QM-Systemen ist eine komplexe Aufgabe, die sich auf die ganze Einrichtung und alle Beteiligten auswirkt. Da sich in der stationären Altenpflege schon viele der Einrichtungen an einem QM-System orientieren und dieses in den Arbeitsalltag integriert haben, steht derzeit die Aufrechterhaltung und ständige Verbesserung im Vordergrund der QM-Aktivitäten. Zu einer Implementierung oder Überarbeitung von QM-Systemen kommt es aber weiterhin. Gründe dafür sind beispielsweise die Neueröffnung oder Fusion von Einrichtungen, Trägerwechsel, schlechte Prüfergebnisse oder veränderte Prüf- und Normvorgaben.

Probleme bei der Umsetzung eines Qualitätsmanagementsystems

Bei der Umsetzung von QM-System können vielfältige Probleme auftreten. So kann fehlende Akzeptanz und Beteiligung von Führungskräften und Mitarbeitern dazu führen, dass Qualitätsmanagement als Störfaktor empfunden wird und kein gelebtes QM-System entstehen kann.

Fehlendes Wissen auf allen Ebenen kann – durch falsche Auslegung von Vorgaben und Normen – zu überhöhtem Dokumentationsaufwand führen. Auch die zu gering bemessene Bereitstellung von Ressourcen und fehlende interne Prüftätigkeiten hemmen die Qualitätsentwicklung.

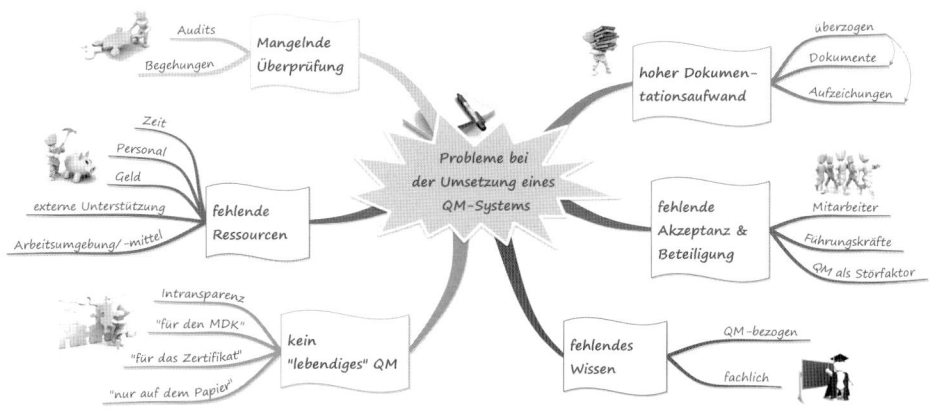

Schritt für Schritt zum QM-System

Die komplexen Aufgaben und Probleme bei der Umsetzung eines QM-Systems lassen sich mithilfe eines internen Qualitätsmanagementbeauftragten, mit Kooperationspartnern beispielsweise in einem Einrichtungsverbund oder mit der Unterstützung eines externen Beraters bearbeiten. Wichtig sind die planvolle Umsetzung sowie zusätzliche Schulungsmaßnahmen für den Qualitätsmanagementbeauftragten und die Mitarbeiter.

Am Anfang steht die Entscheidung und Selbstverpflichtung der obersten Leitung für ein QM-System, das Ausrichtung, Ziele, Aufgaben, Dienstleistungen und Produkte der Einrichtung berücksichtigt. Eine Bestandsaufnahme der bestehenden qualitätsrelevanten Regelungen und Vorgaben sowie ein Abgleich mit der tatsächlichen Praxis in der Einrichtung durch ein Audit – mit der passenden Auditchecklist – gibt anschließend einen Überblick über den Sollzustand. Der daraus resultierende Auditbericht mit Schwachstellen und Verbesserungsmöglichkeiten bildet die Grundlage für die Maßnahmenplanung. Diese lässt sich am effektivsten mithilfe eines zentralen Maßnahmenplans steuern. Jetzt werden die für das QM-System erforderlichen Elemente des Qualitätsmanagements unter Beteiligung der Mitarbeiter erarbeitet. Die entsprechenden Regelungen im QM-Handbuch werden dokumentiert, Umsetzungsschritte und Besprechungen protokolliert.

Um die ständige Verbesserung voranzutreiben, wird zur Aufrechterhaltung und Weiterentwicklung des QM-Systems die Bestandsaufnahme in Form von Audits und Begehungen wiederholt und der Kreislauf der Umsetzung startet von neuem. Ist das QM-System erfolgreich eingeführt, ist eine Zertifizierung möglich.

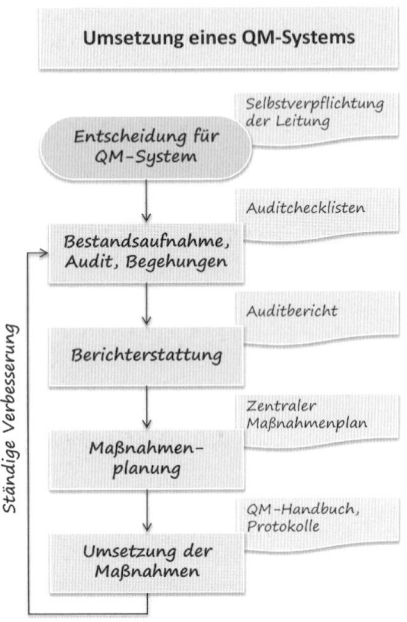

Auch wenn Sie nur Teile des QM-Systems überarbeiten wollen, sollten Sie mit einer Bestandsaufnahme oder einem Audit im relevanten Bereich beginnen und die nachfolgenden Schritte – wie oben beschrieben – durchlaufen, um den systematischen Prozess der ständigen Verbesserung zu nutzen.

Erfolgsfaktoren für eine gelungene Umsetzung des QM-Systems:
- Die aktive Beteiligung, Offenheit und Interesse der obersten Leitung in Bezug auf die Gestaltung des QM-Systems.
- Klare und bekannte Zielvorgaben und Unternehmensleitlinien.
- Ein qualifizierter, kommunikativer und innovationsfreudiger Qualitätsmanager – mit ausreichenden zeitlichen Ressourcen – als Motor der ständigen Verbesserung.
- Die Suche und Auswahl von einfachen, günstigen und praktikablen Lösungen.
- Ein kooperativer Führungsstil der Führungskräfte.
- Eine Beteiligung aller Mitarbeiterebenen an der Lösungsfindung.
- Lebendige Qualitätszirkelarbeit und Kommunikationsstrukturen.
- Der umfassende und ständige fach- und normbezogene Wissenserwerb und Wissenstransfer.
- Schnelle Reaktionszeiten bei Verbesserungsvorschlägen und Veränderungswünschen der Mitarbeiter.
- Eine „schlanke" QM-Dokumentation mit Reduktion auf die wesentlichen Inhalte.

- Standardisierte Prozesse und geklärte Schnittstellen.
- Die Verwendung von QM-Werkzeugen zur ständigen Verbesserung.
- Eine zentrale Steuerung der Prüftätigkeiten und Maßnahmenplanung.
- Die Einbindung und Nutzung von Instrumenten zur Organisationsentwicklung.

Zertifizierung

Die Zertifizierung ist eine Konformitätsbewertung, in der eine unparteiische, autorisierte Stelle überprüft, ob das QM-System Ihrer Einrichtung den gültigen Anforderungen entspricht. Anschließend bestätigt diese Prüfinstitution schriftlich (durch ein Zertifikat oder Zertifizierungsdokument), dass die Dienstleistungen die vorgeschriebenen Anforderungen erfüllen. Ein Zertifikat erlischt normalerweise nach drei Jahren.

Es gibt eine Vielzahl von Zertifizierungsstellen, die Qualitätsmanagementsysteme im Gesundheits- und Sozialwesen zertifizieren, beispielsweise:
- die Deutsche Gesellschaft zur Zertifizierung von Managementsystemen mbH, DQS,
- das Europäische Institut zur Zertifizierung von Managementsystemen und Personal, EQ ZERT,
- die TÜV Nord Cert GmbH,
- das Zertifizierungsinstitut für das Fachpersonal und die Einrichtungen des Sozial- und Gesundheitswesens, ZertSozial GmbH,
- die konfessionell orientierte proCum Cert GmbH Zertifizierungsgesellschaft,
- und die Social Cert GmbH, Gesellschaft zur Zertifizierung von Organisationen und Dienstleistungen im sozialen Bereich in Europa.

Für akkreditierte Zertifizierungsstellen gelten die Vorgaben der DIN ISO/IEC 17021:2011. Diese Norm soll gewährleisten, dass die Zertifizierungsverfahren kompetent, einheitlich und unparteilich umgesetzt werden und die verliehenen Zertifikate national und international anerkannt werden.

> **Praxistipp**
>
> Bei der Auswahl des Zertifizierers sollten Sie darauf achten, dass dieser bereits Erfahrung im Altenpflegebereich gesammelt hat und seinerseits durch die Deutsche Akkreditierungsstelle GmbH (DAkkS) geprüft und akkreditiert wurde, dies gewährleistet die nationale und internationale Anerkennung.

Zertifizierung – Ja oder Nein?

Qualitätsmanagementsysteme, die nach der DIN EN ISO 9001:2008 aufgebaut sind, können zertifiziert werden. Eigenständige oder trägerbezogen gestaltete QM-Systeme haben die Möglichkeit verschiedenste Qualitätssiegel zu erhalten, teilweise ist eine Tandemzertifizierung mit der ISO 9001 möglich.

Bislang ist eine Zertifizierung im Altenpflegebereich gesetzlich nicht vorgeschrieben. Die Nutzung und Orientierung an einem QM-Systems genügt den behördlichen Prüfanforderungen. Um den Kunden die Qualität nachweislich und transparent darzustellen und ihre internen Prozesse und Schnittstellen zu optimieren, unterziehen sich in den letzten Jahren eine stetig steigende Anzahl von Pflegeeinrichtungen einer externen Prüfung mit anschließender Auszeichnung.

Mit einem Zertifikat weist Ihre Einrichtung aus, dass ein Qualitätskonzept oder QM-System erfolgreich implementiert wurde. Ein Siegel ist jedoch kein Garant für eine gleich bleibend hohe Qualität, denn der ständige Verbesserungsprozess muss immer wieder durchlaufen und aufrechterhalten werden.

Inwieweit Qualitätssiegel und Zertifikate von zukünftigen Bewohnern und deren Angehörigen als Auswahlkriterium genutzt werden ist sicherlich regional verschieden. Hierzu sollten Sie Ihre Kunden befragen. Ein Kriterium sich für eine Zertifizierung zu entscheiden ist möglicherweise, dass viele Einrichtungen in Ihrem Bereich oder eine direkte Konkurrenzeinrichtung zertifiziert sind.

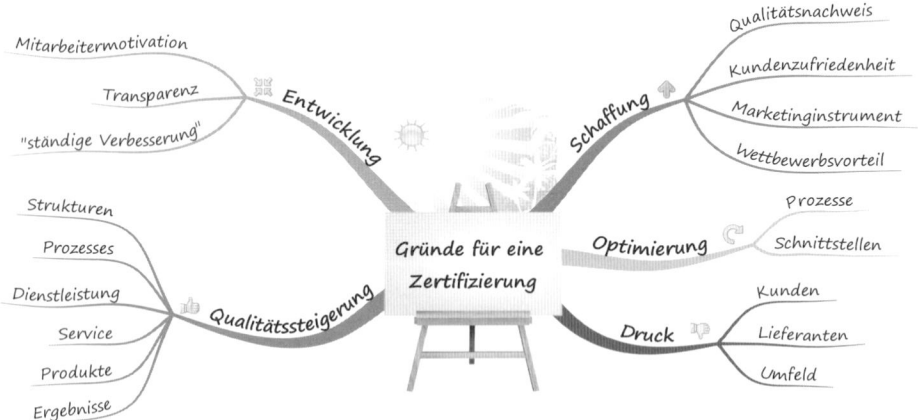

Eine Zertifizierung kann möglicherweise den Umfang einer Regelprüfung durch den Medizinischen Dienst der Krankenversicherung oder den Prüfdienst des Verbandes der privaten Krankenversicherung verringern, wenn das Prüfverfahren, sowie die unabhängige Sachverständigen oder Prüfinstanzen, den im § 114,4 SGB XI genannten Vorgaben entsprechen. Eine Zertifizierung ersetzt die Regelprüfung aber nie, da eine Prüfung der Ergebnisqualität weiterhin erforderlich ist.

Gegen eine Zertifizierung sprechen die damit verbundenen hohen Kosten, die flächendeckende Überprüfung im Rahmen der Pflegetransparenzvereinbarungen, die erforderlichen zeitlichen und personellen Ressourcen sowie die teilweise fehlende Nachfrage der Bewohner und Angehörigen nach Zertifizierungen. Jedoch kann das Qualitätsmanagementsystem Ihrer Einrichtung durch eine Zertifizierung entscheidende Impulse zur Weiterentwicklung auf dem Weg der ständigen Verbesserung erhalten.

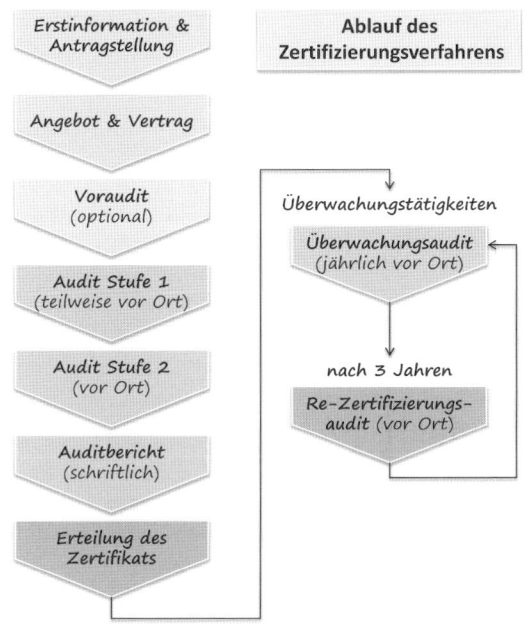

Voraussetzungen und Ablauf von Zertifizierungsverfahren

Vorbereitende Schritte

Wenn sich die oberste Leitung für die Durchführung eines Zertifizierungsverfahrens entscheidet, erfolgt der Vertragsabschluss nach Sammlung von Erstinformationen und Angeboten der verschiedenen Zertifizierungsstellen. Die Kosten der einzelnen Anbieter für das komplette Prüfverfahrens incl. der Zertifikatserteilung sind hierbei sehr unterschiedlich und ein nicht zu unterschätzender Faktor.

Als Voraussetzung für ein Zertifizierungsverfahren muss Ihre Einrichtung in der Regel ein vollständiges internes Audit, ein Qualitätshandbuch – seit mindestens drei Monaten freigegeben – und die erste Managementbewertung nachweisen.

Voraudit

Die Zertifizierungsstelle führt auf Wunsch eine Vorbegutachtung durch, um den Stand Ihres Qualitätsmanagementsystems abzuschätzen. Einrichtungen können diese Vorbegutachtung auch durch einen unabhängigen Auditor durchführen lassen und so die Anforderung erfüllen, ein komplettes internes Systemaudit vor der Zertifizierung nachzuweisen. Dieser Berater darf Sie auch – im Gegensatz zum Auditor der Zertifizierungsgesellschaft – bei der anschließenden Festlegung und Umsetzung der Maßnahmen beraten. Dies kann insbesondere vor der Erstzertifizierung den Erfolg des Prüfverfahrens sicherstellen.

> **Praxistipp**
>
> Einrichtungen der Altenpflege können das Kapitel 7.3 Entwicklung der DIN ISO 9001:2000 von der Zertifizierung ausschließen lassen. Dies ist sinnvoll, wenn Sie nicht in jedem Jahr ein neues Produkt oder eine neue Dienstleistung in Ihrer Einrichtung entwickeln und planen.

Audit der Stufe 1

Bei der Erstzertifizierung erfolgt das Audit in zwei Schritten. Im Audit der Stufe 1 werden die QM-Dokumentation auditiert und der Standort der Einrichtung bewertet. Im Fokus der Bewertung stehen zudem das grundsätzliche Verständnis für die Anforderungen der Norm sowie die geplante Umsetzung von internen Audits und der Managementbewertung. Die Beurteilung aller Vorgaben erfolgt – zumindest teilweise – vor Ort in den Räumlichkeiten der Einrichtung und kann zur Identifikation von Schwachstellen führen. Diese werden dokumentiert und dem Kunden mitgeteilt. Aufgrund der Ergebnisse wird der zeitliche Abstand zum Audit der zweiten Stufe bestimmt und Schwerpunkte für das Audit ausgewählt.

Audit der Stufe 2

Anschließend wird das Audit der Stufe 2 anhand eines mit der Einrichtung abgestimmten Auditplans durchgeführt. Hierbei erfolgen Begehungen, Interviews und Beobachtungen mit dem Ziel, die Wirksamkeit Ihres Managementsystems sowie die Umsetzung des Beschriebenen in der Praxis zu begutachten. Während der Begehungen und im Abschlussgespräch erfahren Sie Einzelheiten zum Auditergebnis und den festgestellten Haupt- und Nebenabweichungen.
Diese Abweichungen müssen vor Zertifikatserteilung behoben werden. Der Auditor entscheidet, ob dafür ein Nachaudit notwendig ist oder die Prüfung von Dokumenten und Aufzeichnungen genügt.

> **Praxistipp**
>
> Die Abstimmung des Auditplans mit der Zertifizierungsstelle sollte unbedingt in Rücksprache mit allen Beteiligten der Bereiche Ihrer Einrichtung erfolgen. Nur so können Sie sicherstellen, dass der Auditor zum vereinbarten Termin einen kompetenten Ansprechpartner findet, der den Bereich angemessen präsentieren kann. Es wirkt unprofessionell und stört den Auditablauf, wenn verantwortliche Personen nicht vorbereitet und ansprechbar sind.

Zertifikationserteilung

Als Abschluss dieser Prüfungen erhalten Sie einen Bericht mit den Auditfeststellungen und -schlussfolgerungen. Ist das Ergebnis positiv, empfehlen die Auditoren der Zertifizierungsstelle die Zertifikatserteilung und die Verleihung des Zertifikates an die Einrichtung. Dieses ist in der Regel drei Jahre gültig, kann veröffentlicht und zu Werbezwecken genutzt werden.

Jährliche Überwachungstätigkeiten

Das Zertifikat wird in den ersten beiden Jahren jeweils durch jährliche Kurzaudits bestätigt. In diesem Zusammenhang werden auch weitere Überwachungstätigkeiten umgesetzt, beispielsweise die Aktualisierung der Unternehmensdaten. Das erste Überwachungsaudit nach der Erstzertifizierung sollte spätestens zwölf Monate nach der Zertifizierung umgesetzt sein. Für die weiteren Audits beträgt der Umsetzungsspielraum ein Jahr plus/minus drei Monate.

Re-Zertifizierung

Nach drei Jahren wird die Planung und Durchführung eines erneuten umfassenden Re-Zertifizierungsaudits nötig, um das Zertifikat für weitere drei Jahre zu verlängern, hieran schließen sich dann wieder die jährlichen Überwachungstätigkeiten an. Ziel sollte es sein, in diesen Audits Verbesserungen im QM-System zu belegen und dadurch Stolz und Zufriedenheit bei allen Beteiligten zu erzielen.

Manche Einrichtungen entscheiden sich aber auch – aus verschiedensten Gründen – nach den drei Jahren gegen eine weitere Re-Zertifizierung und schließen keinen weiteren Vertrag mit der Zertifizierungsgesellschaft ab.

Elemente des Qualitätsmanagements

Der Ansatz für die erfolgreiche Entwicklung des Qualitätsmanagements Ihrer Organisation sollte aus mehreren Schritten bestehen, um die Anforderungen des zugrunde liegenden QM-Systems umzusetzen.

Ablaufphasen des internen Qualitätsmanagements

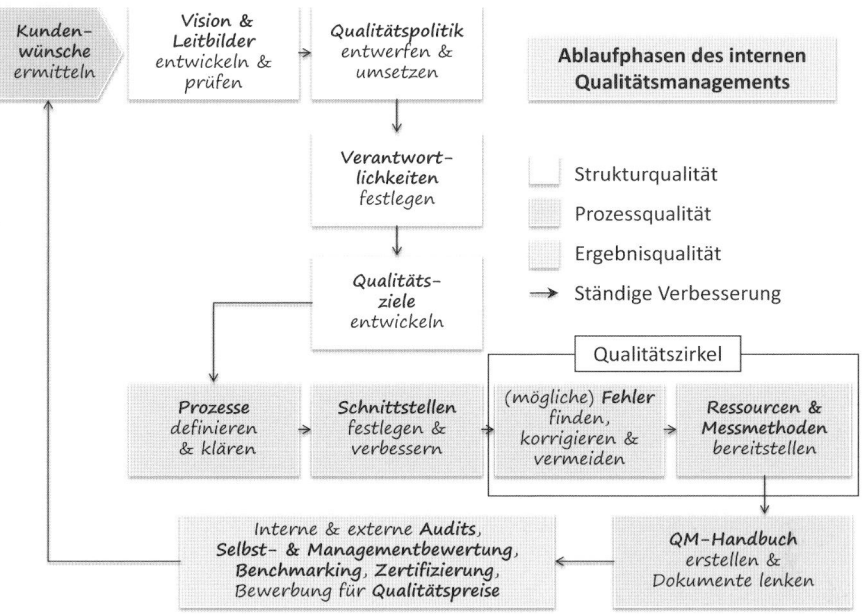

(Nach Bobzien et al. 1996, S. 80)

Ausgehend von der Ermittlung der Erfordernisse Ihres erweiterten Kundenkreises sollten Leitbilder, Qualitätspolitik sowie Qualitätsziele entwickelt und geprüft werden. Zum erweiterten Kundenkreis zählen z. B. Bewohner, Angehörige, Mitarbeiter, Träger, Kostenträger, Gesellschaft und Kooperationspartner. Um die Qualitätsziele zu erreichen, müssen Verantwortlichkeiten benannt, erforderliche Prozesse und Schnittstellen festgelegt und verbessert werden.

Mithilfe von Qualitätszirkelarbeit werden Ressourcen, Messmethoden sowie das Fehlermanagement ermittelt und umgesetzt. Die Dokumentation muss gelenkt und die notwendigen Dokumente im QM-Handbuch veröffentlicht werden. Die Überprüfung des QM-Prozesses kann durch intelligente Führungsinstrumente wie interne und externe Audits, Selbst- und Managementbewertungen sowie die Teilnahme an Benchmarkingprojekten, Zertifizierungsaudits und Qualitätswettbewerben erfolgen.

Alle diese Schritte unterliegen dem Prinzip der ständigen Verbesserung und sollten innerhalb Ihrer Organisation regelmäßig und mehrfach durchlaufen werden. Dieser Ansatz dient auch zur Aufrechterhaltung vorhandener QM-Systeme. Auf diese Weise stellt Ihre Organisation Vertrauen und Zufriedenheit aller Interessenspartner sicher.

> **Praxistipp**
>
> Die Reihenfolge, in der die einzelnen Ablaufphasen in Ihrer Einrichtung durchlaufen werden, ist nicht zwingend vorgeschrieben. Orientieren Sie sich dabei an den individuellen Gegebenheiten und Notwendigkeiten.

Die Einführung und Stabilisierung eines internen Qualitätsmanagementsystems stellt eine umfassende Veränderung Ihrer Organisation dar. Der Zeitaufwand der Umsetzung ist nicht zu unterschätzen und hängt von verschiedenen Faktoren ab, welche die folgende Grafik illustriert.

> **Praxistipp**
>
> Lassen Sie sich nicht von einem Stillstand oder vermeintlichen Rückschritten entmutigen. Der Aufbau eines QM-Systems verlangt von allen Beteiligten dauerhaftes Engagement neben den eigentlichen Aufgabenstellungen der jeweiligen Arbeitsbereiche. Offenheit, kreatives, qualitätsorientiertes Denken sowie Transparenz sind das Ziel, bedürfen aber ständiger Übung.

Kundenorientierung

„Es gibt kein schöneres Vergnügen als einen Menschen dadurch zu überraschen, dass man ihm mehr gibt, als er erwartet hat." (Charles Baudelaire)

Qualität stellen Sie nicht nur durch Ihre Produkte und Dienstleistungen dar, sondern auch durch Ihre Kundenorientierung. Externe und interne Kundenorientierung sind wesentliche Erfolgsfaktoren und sollten in Ihrem Leitbild, der Qualitätspolitik und den Qualitätszielen fest verankert sein.

Unter Kundenorientierung versteht man die Ausrichtung der Struktur, der Abläufe und Tätigkeiten sowie der Unternehmenskultur Ihrer Einrichtung auf die Erwartungen und Wünsche Ihrer Kunden. Bei einer sozialen Dienstleistung, wie der Altenpflege, sind Anbieter und Kunden oft jahrelang aufeinander angewiesen. So geht es darum, die jetzige und zukünftige Beziehung zu Ihren Kunden zu stabilisieren, positiv zu gestalten und weiterzuentwickeln. Handlungsleitend sind dabei auch die Selbstbestimmung und Teilhabemöglichkeiten Ihrer Kunden, der Bewohner und Angehörigen.

Wenn Sie Qualitätsmanagement betreiben, sollten Sie Ihre Aktivitäten auf die Bedürfnisse Ihrer Kunden zuschneiden und aus der Sicht Ihrer Kunden denken und handeln.

Kundenbegriff

Ein Kunde ist jeder, der Ihre Dienstleistungen und Produkte in Anspruch nimmt. Dies können Personen sein, die Ihrer Einrichtung angehören, aber auch außenstehende Personen und Organisationen. Der Kundenbegriff umfasst somit gleichermaßen externe und interne Kunden.

Zu den externen Kunden gehören Bewohner und deren Angehörige, Fremdfirmen, Zulieferer, der Gesetzgeber genauso wie die Gesellschaft und Gemeinde (Schulen, Kindergärten, usw.).

Die internen Kunden sind Eigentümer und Anteilseigner und insbesondere die Mitarbeiter und Führungskräfte der Einrichtung. Gerade diese sind auf andere Mitglieder der Einrichtung angewiesen und erhalten von diesen Leistungen. Dies erzeugt ein Netzwerk aus internen Kunden- und Lieferantenbeziehungen.

Die DIN EN ISO 9004 spricht hierbei von interessierten Parteien und einem erweiterten Kundenkreis mit den zugehörigen Erfordernissen und Erwartungen, die hier beispielhaft aufgeführt sind:

Interessenspartner	Erfordernisse und Erwartungen
Kunden (Bewohner, Angehörige, …)	Qualität, Vertragstreue, Erfüllung von Anforderungen, Preis und Lieferleistung von Produkten und Dienstleistungen, subjektive Zufriedenheit, Sicherheit
Eigentümer, Anteilseigner, Träger	Nachhaltige Rentabilität, Transparenz, Zukunfts- und Rechtssicherheit
Mitarbeiter der Organisation	Gute Arbeitsumgebung, Arbeitsplatzsicherheit, Anerkennung und Entgelt, Wertschätzung
Lieferanten und Partner	Gegenseitiger Nutzen und Kontinuität, sichere Geschäftsbedingungen, partnerschaftliche Zusammenarbeit
Gesellschaft	Umweltschutz, Image und Ansehen, ethisches und verantwortungsvolles Verhalten, Einhaltung von gesetzlichen und behördlichen Anforderungen
Kostenträger	Wirtschaftlichkeit, Einhaltung von gesetzlichen und behördlichen Anforderungen, Qualität, Transparenz
Nutznießer	Zufriedenheit

Es fällt sozialen Dienstleistern und deren Mitarbeitern teilweise schwer, den Kundenbegriff zu nutzen. Stattdessen wird lieber von Bewohnern oder Patienten gesprochen. Aber in dem Begriff Kunde stecken die althochdeutschen Worte „kund", für „gewusst, bekannt" und „Kundo", als Bezeichnung für „Bekannter, Einheimischer". Dies weist in die Richtung den Kunden als kundig für seine Belange zu sehen, sicherlich eine moderne und aktuelle Sichtweise.

Auch wenn unsere Kunden ihre Dienstleistungen teilweise nicht unmittelbar selbst, sondern indirekt über Steuern, Versicherungsbeiträge und Sozialabgaben zahlen und somit der Dienstleistungscharakter verwischt wird, hat sich das allgemeine Verständnis für Qualität und der Umgang mit dem Kunden im Laufe der Jahre gewandelt. Musste der Kunde früher nehmen, was er bekam, da die Qualität durch den Anbieter bestimmt wurde, so kann er heute zwischen verschiedenen Angeboten wählen. Der Anbieter muss nicht nur die Erwartungen der Kunden erfüllen, sondern noch übertreffen, da es ihm sonst nur noch schwer gelingt, wettbewerbsfähig zu bleiben.

Interessant ist in diesem Zusammenhang das Zitat von Avedis Donabedian:

> "It's easy to train people to use a certain vocabulary – for instance, calling people "customers" to whom we offer "products" – but this doesn't really change the culture or the awareness of the clinicians."

Sicherlich reicht es nicht aus, nur das Vokabular zu ändern in „Kunden" oder „Produkte" und „Dienstleistungen", um eine Kultur- oder Bewusstseinsveränderung zu bewirken. Dazu sind mehr Anstrengungen notwendig.

Eine Möglichkeit die Kundenorientierung in Ihrer Einrichtung zu stärken und zu fördern ist die Bearbeitung dieses Themas innerhalb eines Qualitätszirkels. Hier können Mitarbeiter aus unterschiedlichen Bereichen und verschiedenen Hierarchiestufen eingebunden werden. Hilfreich ist es, zu Beginn mit den Mitarbeitern gemeinsam die Kunden und Interessenspartner Ihrer Einrichtung zu bestimmen und zu beschreiben, hierzu können Sie das untenstehendes Mind Map® als Anregung nutzen. Eine Vorlage zur Erstellung eines eigenen „Kundenbaums" finden Sie im Download.

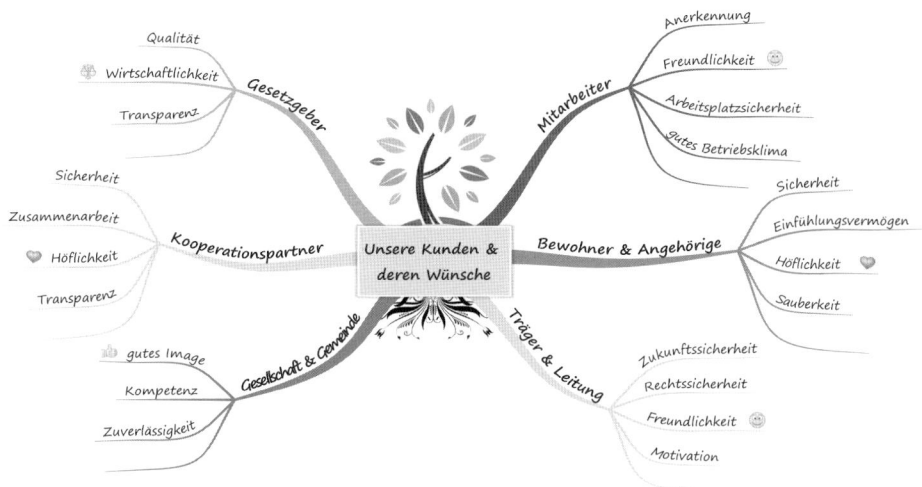

Nachdem Sie so die Frage: „Wer sind unsere Kunden und was erwarten diese?" beantwortet haben, können Sie gemeinsam mithilfe folgender Fragen das Thema beleuchten und kreative Lösungsmöglichkeiten finden und erproben:

- Was bedeutet für unsere Einrichtung Kundenorientierung?
- Was tun wir schon heute, um den Wünschen und Bedürfnissen unserer Kunden zu entsprechen?
- Was können wir noch lernen in Bezug auf unsere Kundenorientierung?
- Was können wir verbessern oder neu entwickeln?
- Was sollten wir unterlassen, womit schrecken wir Kunden ab?
- Was können wir tun, um unsere Kunden nachhaltig zu begeistern?

Praxistipp

Es gibt eine Normenreihe, die sich mit der Kundenzufriedenheit beschäftigt. Die normativen Dokumente DIN ISO 10001 bis 10004 sowie die DIN SPEC 77224 können Sie als Anregung nutzen, um die Steigerung der Kundenzufriedenheit in Ihrer Einrichtung weiter voranzutreiben. Sehr hilfreich sind dabei unter anderem die in Anhang A der DIN SPEC 77224 veröffentlichten Checklisten zur Selbstbewertung in Bezug auf Service Excellence und Kundenbegeisterung.

Kundenzufriedenheit

„Kundenzufriedenheit: Wahrnehmung des Kunden zu dem Grad in dem Anforderungen des Kunden erfüllt sind." (DIN EN ISO 9000:2005, 3.1.4)

Kundenzufriedenheit wird bestimmt durch den Grad der Übereinstimmung der Erwartungen Ihrer Kunden (Soll-Leistung), mit der dann tatsächlich wahrgenommenen Güte der Leistung (Ist-Leistung). Je mehr Ihre Dienstleistung mit den Erwartungen Ihrer Kunden übereinstimmt oder diese übertrifft, umso höher wird deren subjektive Zufriedenheit sein.

Hierbei spielen verschiedene beeinflussende Faktoren eine Rolle. Das individuelle Anspruchsniveau, der Sachverstand und das Wissen um alternative Dienstleistungen bilden zusammen mit dem Image der Einrichtung, deren Leistungsversprechen und Bestleistungen anderer Einrichtungen die Erwartungen der Kunden.

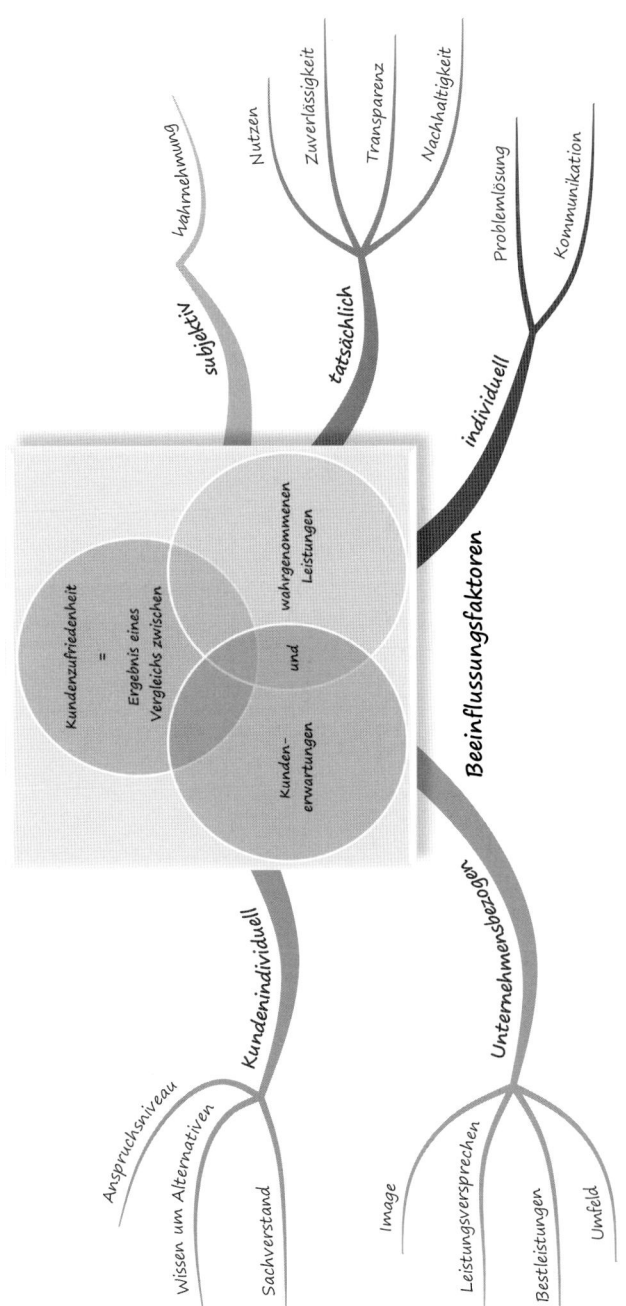

Die wahrgenommenen Leistungen werden auf diesem Hintergrund subjektiv bewertet, wichtig sind dabei für den Kunden der tatsächliche Nutzen und die Zuverlässigkeit der Leistung. Insbesondere wenn Probleme bei der Leistungserbringung auftreten, werden auch die individuellen Problemlösungen sowie die Kommunikation mit Mitarbeitern und Führungskräften der Einrichtung gewertet.

Dies zeigt, dass es nicht genügt, die Anforderungen der Kunden zu erfüllen, denn die subjektive Wahrnehmung ist hier ausschlaggebend für die Bewertung des Kunden. So kann eine Dienstleistung objektiv falsch sein und nicht dem neuesten Stand der medizinisch-pflegerischen Erkenntnisse entsprechen, wie beispielsweise das Anziehen von Kompressionsstrümpfen im Sitzen, ein Bewohner sich dieses aber ausdrücklich wünschen. Hier geraten Einrichtungen in Konflikt mit den Erwartungen der Kassen und Prüfbehörden, einen Ausweg bietet hier die Dokumentation der Wünsche sowie der Beratung des Bewohners.

Servicequalität

„Service heißt, mit den Köpfen der Kunden zu denken." (Axel Haitzer)

Ein entscheidendes Qualitätsmerkmal von Kundenorientierung liegt in der Ausprägung der Servicequalität. Diese spaltet sich auf in Basis-, Erwartungs- und Überraschungsqualität. Die Basisqualität ist in Bezug auf die Basisanforderungen der Kunden in den meisten modernen Einrichtungen stimmig.

Zielscheibe von Kritik ist zumeist die Erwartungsqualität, da die Leistungsanforderungen der Kunden hoch sind. Diese sehen teilweise nur die scheinbar hohen Pflegesätze. Die immensen Lohnkosten (Früh-, Spät- und Nachtdienst, Technischer Dienst, Sozialer Dienst, Verwaltung, usw.), in Verbindung mit einem von den Kostenträgern vorgegebenen knappen Stellenschlüssel, sind Ihnen nicht bewusst. Daraus resultieren zum Teil nicht zu realisierende Anforderungen und Wünsche (z. B. ständige Einzelbetreuung). Daher ist es wichtig, den Kunden das Profil und die Leistungen Ihrer Einrichtung deutlich zu machen (Leitbild, Leistungsverzeichnis, Beratungsgespräche, Heimvertrag usw.).

Um Überraschungsqualität zu erzielen und Ihre Kunden zu begeistern, sind entweder gute Ideen oder außergewöhnliche Anstrengungen notwendig (z. B. gemeinsame Veranstaltungen und besondere Ausflüge mit Bewohnern und Angehörigen, das zur Verfügung stellen von Gästezimmern usw.).

Begeisterung: *intensiv empfundene Freude eines Individuums, die daraus resultiert, dass Erwartungen in überraschender Weise übertroffen wurden. (DIN SPEC 77224:2011-07, 3.1)*

> **Praxistipp**
>
> Diskutieren Sie die Aussage „*Der Kunde macht uns keine Arbeit, er ist unsere Arbeit*" mit Mitarbeitern und Kollegen und Sie erhalten interessante Einblicke über das Verhältnis zur Kundenorientierung.

Überwachung und Messung der Kundenzufriedenheit und der Anforderungen

Sie benötigen Informationen und Daten, um den Grad der Kundenzufriedenheit und die Wünsche und Anforderung Ihrer Kunden zu bestimmen. An vielen Stellen können Sie diese ermitteln bzw. erfragen: im Erstgespräch, bei der Auswertung des Heimeinzugs, im Rahmen der Pflegevisite, am Angehörigenabend, in aktuellen Veröffentlichungen und Verordnungen. Als Werkzeuge zur Ermittlung dienen auch Kundenbefragungen und Analysen von internen und externen Daten, beispielsweise im Rahmen des Beschwerdemanagements oder in Form von Marktanalysen.

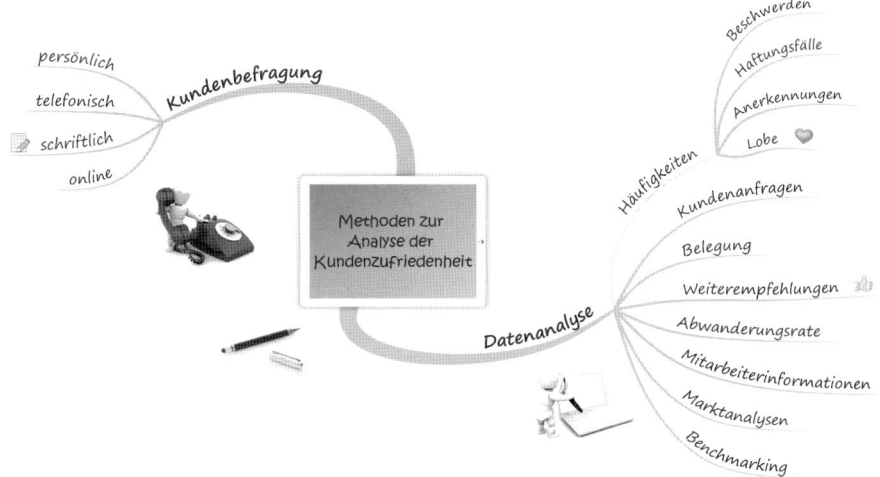

Informationen zu den Wünschen und Anforderungen Ihrer Kunden können Sie auch erhalten, indem Sie diese aktiv in die Qualitätszirkelarbeit einbinden. Der Apotheker kann mit Ihnen gemeinsam den Prozess „Umgang mit Medikamenten" erarbeiten, ein Mitglied des Heimbeirates bei einem Qualitätszirkel zur Wäscheversorgung mitwirken, so erhalten Sie direkt bei der Bearbeitung der Prozesse Anregungen zur Verbesserung Ihrer Dienstleistungen.

Vom Beschwerde- zum Meinungsmanagement

Wer das Jucken ein Übel nennt, der denkt gewiss nicht ans Kratzen."
(Christian Friedrich Hebbel)

Ein sachgerechter und effektiver Umgang mit Beschwerden, Anregungen und Verbesserungsvorschlägen ist ein wichtiges Qualitätsmerkmal und nützt der Entwicklung Ihrer Einrichtung genauso wie dem Wohlbefinden Ihrer Kunden. Rückmeldungen der Kunden lenken den Blick auf Problembereiche sowie Fehlerquellen und ermöglichen es, die eigene Leistung zu verbessern.

Aber auch in den MDK-Qualitätsprüfungen und den Begehungen durch die Heimaufsicht (nach jeweiligem Landesrecht) wird überprüft, ob Ihre Einrichtung Regelungen zum Umgang mit Beschwerden anwendet. Die Prüfbehörden kontrollieren, ob eine schriftliche Regelung zum Umgang mit Beschwerden, die Beschwerdeerfassung mit einem strukturierten Erfassungsbogen und die Beschwerdeauswertung als Jahresstatistik nachweislich vorliegen.

Unter dem Begriff Beschwerdemanagement sind alle systematischen Maßnahmen zusammengefasst, die eine Einrichtung nach geäußerter Unzufriedenheit eines Kunden unternimmt, um eine Zufriedenheit wieder herzustellen und die angeschlagene Kundenbeziehung wieder zu stabilisieren, Schwachpunkte und Anregungen systematisch zu erfassen und zu bearbeiten. Abgesehen von der Erhöhung der Kundenzufriedenheit ist die ständige Verbesserung der eigenen Leistung und Qualität ein vorrangiges Ziel.

Der Begriff Beschwerdemanagement hat seit jeher einen schlechten Beigeschmack und kann für Kunden eine negative Signalwirkung haben. Beschwerdemanagement steht oftmals synonym für Unstimmigkeiten und Stress, der Kunde fühlt sich als Bittsteller oder Nörgler. Vermehrt gehen Einrichtungen daher dazu über, alle Rückmeldungen (Beschwerden, Verbesserungsvorschläge und Lobe) der Kunden und Mitarbeiter als Feedback-, Hinweis- oder Meinungsmanagement zu bezeichnen, systematisch zu erfassen und zu bearbeiten.

- **Beschwerden** zeigen Unzufriedenheiten Ihrer Kunden auf und sind deshalb besonders bedeutsam. Sie offenbaren, an welcher Stelle Leistungen verbessert werden können. Indem Sie auf Beschwerden angemessen reagieren, haben Sie die Möglichkeit Bewohner, Angehörige, Besucher oder auch Mitarbeiter unmittelbar zufrieden zu stellen. Eine geringe Anzahl von Beschwerden ist noch kein Indikator für die Güte Ihrer Dienstleistung.
- **Eine Reklamation** liegt dann vor, wenn die Beschwerde einen Anspruch an Ihre Einrichtung darstellt, die der Kunde gegebenenfalls auch auf dem Rechtsweg mit juristischen Mitteln durchsetzen kann.

- **Lob** gibt Anhaltspunkte darauf, welche Leistungen vom Kunden besonders wertgeschätzt werden und kann sich positiv auf die Motivation der Mitarbeiter auswirken.
- **Verbesserungsvorschläge** und Anregungen geben wertvolle Hinweise, wie Sie noch besser werden und kreativ auf Veränderungen reagieren können.

Treten Sie unzufriedenen Kunden so schnell wie möglich gegenüber. Wenn Sie der Auseinandersetzung aus dem Weg gehen, wird sich der Beschwerdeführer ein anderes Ventil suchen. Heimaufsicht, Presse, Internet und Nachbarschaft sind nur eine kleine Auswahl. So entgeht Ihnen nicht nur die Möglichkeit, sich zu verbessern, sondern Sie verlieren potenzielle Kunden. Um aus einem unzufriedenen Kunden einen begeisterten Kunden zu machen, ist allerdings ein Höchstmaß an Diplomatie gefragt.

Bearbeiten Sie Beschwerden umgehend. Vieles lässt sich noch am gleichen Tag und innerhalb kürzester Zeit zur Zufriedenheit regeln. Zeigen Sie sich als Beschwerdeempfänger zuständig für einen schnellen und reibungslosen Ablauf. Bleiben Sie der Ansprechpartner, bis der Vorgang abgeschlossen ist. Ihr Kunde muss spüren, dass Sie ihn und sein Anliegen ernst nehmen. Erfolgreich gelöste Beschwerden haben eine nicht zu unterschätzende emotionale Wirkung auf Ihre Kunden, denn sie verstärken langfristig gesehen das Verbundenheitsgefühl des Kunden zu Ihrer Einrichtung.

Umfassende Ziele des Beschwerdemanagements sind:
- Steigerung der Servicequalität durch schnelle Reaktion auf das Anliegen des Kunden.
- Wiederherstellung der Kundenzufriedenheit bei gleichzeitiger Minimierung der negativen Auswirkungen.
- Vermeidung und Reduzierung von Fehlern und Folgekosten.
- Stärkung der Marktposition durch ständige Verbesserung.

Bereits im Heimvertrag sollte auf die Möglichkeit der Nutzung des Beschwerdemanagements und die Ansprechpartner in Ihrer Einrichtung sowie externe Stellen, wie Heimaufsicht und Verbraucherzentrale, hingewiesen werden. Zusätzlich sollten Sie in Ihrer Einrichtung zur Einführung und Umsetzung des Beschwerdemanagements die folgenden Punkte schriftlich regeln:
- Wie erfolgt die Einbindung in Leitbild, Wertekultur und Gesamtkonzept der Einrichtung?
- Wird das Beschwerdemanagement zentral oder dezentral bearbeitet (je nach Einrichtungsgröße)?
- Wer ist für den Gesamtprozess und die einzelnen Bearbeitungsschritte zuständig?
- In welchen Schritten soll die Bearbeitung durchgeführt werden?
- Wie werden die Mitarbeiter geschult?

- Mit welchen Arbeitsmaterialien erfolgt die Bearbeitung (Erfassungsbogen, Auswertungsstatistik in Word bzw. Excel oder in einer speziellen Software zum systematischen, zentralen Managen von Beschwerden und Ideen, z. B. Intrafox)?

Der Umgang mit Beschwerden, Anregungen und Verbesserungsvorschlägen fällt teilweise nicht leicht, da Eingaben nicht immer als konstruktive Kritik verstanden werden und Beschwerdeführer mit ihrem subjektiven Unrechtsempfinden als potenzielle Nörgler abgestempelt werden. Doch in jeder Beschwerde steckt Potenzial, das durch den offenen Umgang mit Kritik und Fehlern zu einer Steigerung der Zufriedenheit aller Beteiligten führen kann. Es sollte also in Ihrem Interesse liegen, eine Gesprächsebene mit Ihren Kunden zu schaffen, auf der Sie sich jederzeit sicher bewegen können, auch wenn Sie aus menschlichen, fachlichen oder ökonomischen Gründen nicht allen Wünschen gerecht werden können.

Das größte Optimierungspotenzial konzentriert sich auf der Mitarbeiterebene, da dort aufgrund der intensiven Kundennähe die meisten Beschwerden auflaufen. Die Leitungsebene erreicht meist nur einen Bruchteil dieser Beschwerden. Dementsprechend müssen die Mitarbeiter an der Basis auf konkrete Hilfestellungen zurückgreifen können, um dem Beschwerdeaufkommen adäquat entgegentreten zu können.

Durchführung
Gewöhnlich durchläuft die Bearbeitung von Beschwerden vier Phasen:
1. Beschwerdestimulierung
2. Beschwerdeannahme
3. Beschwerdebearbeitung und Reaktion
4. Beschwerdeauswertung

Im Beschwerdemanagement lassen sich Aufgaben im direkten und indirekten Beschwerdemanagementprozess unterscheiden.
Phase eins bis drei gehören zum direkten Beschwerdemanagementprozess, der alle Teilprozesse umfasst, die mit einem unmittelbaren Kundenkontakt verbunden sind. Zum indirekten Beschwerdemanagementprozess gehört die vierte Phase, diese definiert die Bausteine, die unternehmensintern wirksam werden und von denen der Kunde nur indirekt betroffen ist.

1. Beschwerdestimulierung

Zielsetzung der Beschwerdestimulierung ist es, für Beschwerdeführer wahrnehmbare Kontaktmöglichkeiten und Signale zu schaffen. Dies ist von besonderer Bedeutung, da Kunden oft nicht wissen, wo sie sich beschweren sollen. Bewährte Methoden zur Beschwerdestimulation sind:

- Eine offene Haltung der Mitarbeiter und Führungskräfte
- Das Tragen von Namenschildern mit Tätigkeitsbezeichnung
- Informationstafeln mit Fotos von Mitarbeitern der einzelnen Leistungsbereiche
- Aushang des aktuellen Organigramms
- Veranstaltungen für Angehörige
- Kundenbefragungen
- Schriftliche Hinweise auf das Beschwerderecht und Ansprechpartner, z. B. im Heimvertrag, auf Aushängen und auf Ihren Internetseiten
- Auslage von Meinungs- oder Beschwerdebögen
- Beschwerdesprechstunden

Auch der in den meisten Einrichtungen vorhandene „Kummerkasten" hat noch lange nicht ausgedient, denn er bietet die Möglichkeit, schriftlich und ggf. auch anonym, Hinweise oder Beschwerden zu hinterlassen. Für manchen Kunden immer noch ein wichtiges Kriterium. In stationären Einrichtungen der Altenpflege erfolgen die meisten Beschwerden persönlich, da durch die längere Verweildauer und den engen Kontakt individuelle Beziehungen sowohl zu den Bewohnern als auch zu den Angehörigen entstehen. In Krankenhäusern dagegen gehen die meisten Rückmeldungen schriftlich über die „Kummerkästen" bzw. den Post- oder Mailweg ein.

Im Vorfeld sollten Sie die Zuständigkeiten von Beschwerdeempfängern und Beschwerdebearbeitern sowie die Rückmeldefristen an den Beschwerdeführer festlegen. Wird nun eine Beschwerde geäußert, geht man zu den weiteren Phasen über.

> **Praxistipp**
>
> Es ist teilweise schwierig, über Jahre hinweg alle Mitarbeiter zur Mitwirkung im Beschwerdemanagement zu stimulieren, nutzen Sie dazu Ihre Teambesprechungen. Stellen Sie die folgende Frage: „Erinnern Sie sich daran, wann Sie sich das letzte Mal bei einer Organisation beschwert haben, was war positiv, was haben Sie negativ erlebt". In der anschließenden Diskussion können Sie diese Erfahrungen auf die Umsetzung des Beschwerdemanagements in Ihrer Einrichtung beziehen und gemeinsam Lösungswege erarbeiten.

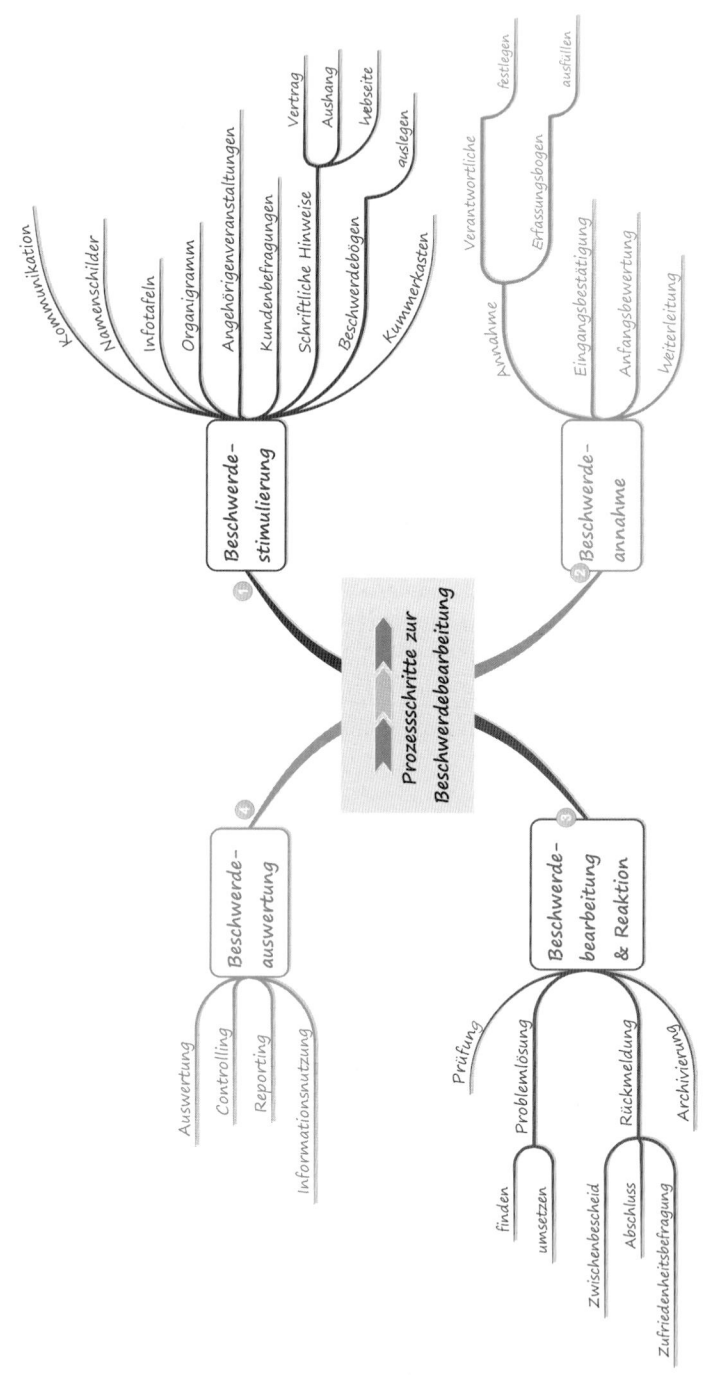

2. Beschwerdeannahme

Um bereits im Erstkontakt angemessen zu reagieren und alle relevanten Informationen zu erfassen, sollte Ihr Unternehmen den Beschwerdeeingang effizient organisieren und klare Verantwortlichkeiten verankern. Durch Zuhören und Erfragen wird das Feedback des Kunden erfasst und dokumentiert. Die Beschwerdeannahme und Erfassung erfolgt mithilfe eines eigens entwickelten Erfassungsbogens. In diesem können Sie ggf. auch Verbesserungsvorschläge und Lobe erfassen. Diesen Annahmebogen für Hinweise und Beschwerden können Sie auch in Mind Map® Form gestalten.

Praxistipp

Wenn Kunden sich beschweren und Sie die Beschwerde schriftlich festhalten möchten, kommt teilweise der Einwand: „Eigentlich sollte es gar keine Beschwerde sein, Sie müssen es nicht aufschreiben!". Erläutern Sie dem Kunden dann, dass für Sie die schriftliche Erfassung der Meinungsäußerung wichtig ist und Sie diese als Verbesserungsvorschlag für die Einrichtung nutzen möchten.

Die Beschwerde wird umgehend durch den Beschwerdeempfänger bewertet und ggf. an den entsprechenden Beschwerdebearbeiter des betroffenen Leistungsbereiches weitergegeben (in der Regel an einen Vorgesetzten). Dort sollte zeitnah eine Problemlösung erarbeitet und realisiert werden.

Praxistipp

Versuchen Sie die Beschwerden nicht zwischen „Tür und Angel" zu lösen, sondern setzen Sie sich mit dem Kunden in einen geeigneten Raum. Nachdem Ihr Gegenüber den ersten Dampf abgelassen hat, können Sie auch ein Getränk anbieten.

Hören Sie Ihren Kunden an, klären den Sachverhalt. Nehmen Sie den Kunden und seine Beschwerde immer ernst. Lassen Sie ihn möglichst ausreden und widersprechen Sie ihm nicht. Zeigen Sie Verständnis ("Ich kann Ihren Ärger gut verstehen, wir klären das!"). Die Anzahl der Beschwerdeführer, bei denen es sich um notorische Querulanten handelt, liegt meist unter 5 %.

Nehmen Sie den Beschwerdeinhalt als Information an, aber vermeiden Sie vorschnelle Schuldeingeständnisse oder Stehgreifdiagnosen. Bedanken Sie sich am Ende des Gespräches für die vorgetragenen Hinweise und Anregungen.

Feedbackannahme

Datum und Uhrzeit

Beschwerdeempfänger/Mitarbeiter

Beschwerdeführer/Kunde

Kontaktaufnahme
☐ Telefonisch ☐ Schriftlich ☐ Persönlich

Betroffener Leistungsbereich
☐ Pflege ☐ Betreuung
☐ Verwaltung/Geschäftsführung
☐ Hauswirtschaft ☐ Wäscherei
☐ Haustechnik

Falls erforderlich Weitergabe an / Datum

☐ Beschwerde ☐ Lob ☐ Verbesserungsvorschlag

Gegebene Zusage & Lösung, Datum und Unterschrift

Rückmeldung an Beschwerdeführer, Datum und Unterschrift

Gehen Beschwerden oder sonstige Meinungsäußerungen schriftlich ein, empfiehlt es sich, ein Eingangsschreiben an den Kunden zu senden oder sich per Telefon für die Meinungsäußerung zu bedanken. Über die erfolgte Bearbeitung sollte der Kunde ebenfalls schriftlich oder persönlich informiert werden.

Nach erfolgter Beschwerdestimulierung und Beschwerdeannahme gilt es die dritte Phase des Beschwerdemanagements, die Beschwerdebearbeitung und Reaktion, zu durchlaufen.

3. Beschwerdebearbeitung und Reaktion

Im Mittelpunkt der Beschwerdebearbeitung steht das Prüfen und Lösen des Kundenanliegens im Unternehmen. Sollte es länger dauern eine Lösung zu finden, sollten auch Zwischenbescheide an den Kunden erfolgen. In der Beschwerdereaktion findet die Rückkopplung vom Unternehmen zum Kunden statt. Als Output der Bearbeitung bietet das Unternehmen dem Beschwerdeführer eine Lösung für sein Anliegen an.

Gehen Sie auf den Kunden ein und bieten Sie, wann immer möglich, eine akzeptable und individuelle Lösung an. Setzen Sie diese Lösung schnell und möglichst unbürokratisch um. Schadenersatz leisten müssen Sie übrigens nur, wenn Sie einen Schaden fahrlässig oder vorsätzlich verursacht haben (entsprechend Heimvertrag).

Fragen Sie Ihren Kunden nach Abschluss des Beschwerdevorgangs, ob er mit der erfolgten Lösung und mit dem Beschwerdeverfahren zufrieden ist. Dies hilft Ihnen, den Beschwerdeprozess auszuwerten und stellt sicher, dass Sie auch den Blickwinkel Ihres Kunden miteinbeziehen.

Nach erfolgter Beschwerdebearbeitung sollte der Meinungsbogen ausgewertet und archiviert werden. Üblicherweise wird ein Durchschlag oder eine Kopie des Bogens auch an den Kunden weitergegeben.

4. Beschwerdeauswertung

Die vierte Phase des Beschwerdemanagements wird auch als indirekter Prozess bezeichnet, da er den Kunden nur indirekt betrifft, aber für die Weiterentwicklung Ihrer Einrichtung wertvolle Anregungen bieten kann. Durch eine systematische, regelmäßige Beschwerdeauswertung bilden Sie die Basis für ein serviceorientiertes Qualitätsmanagement, das Verbesserungen aus der Sicht ihrer Bewohner, Angehörigen und Mitarbeiter konsequent einfließen lässt.

Es empfiehlt sich die Auswertung am Ende eines Quartals oder auch am Jahresende vorzunehmen, indem Sie die Inhalte der archivierten Bögen statistisch erfassen. So erhalten Sie wichtige Hinweise, wo vermehrt Probleme auftreten und können daraufhin gezielter handeln.

Kriterien für die Auswertung können sein:
- die Anzahl der geäußerten Meinungen pro Jahr, sortiert nach Beschwerden, Verbesserungsvorschlägen und Loben,
- die Differenzierung nach Personengruppen, die ihre Meinung äußerten (Bewohner, Betreuer, Ärzte, usw.),
- die betroffenen Leistungsbereiche oder Berufsgruppen (Wäscherei, Küche, Pflege usw.),
- die Anzahl der Beschwerden mit haftungsrelevanten Aspekten (Reklamationen),
- die Häufung der dokumentierten Beschwerdevorgänge,
- die durchschnittliche Bearbeitungszeit von Beschwerden,
- die Erfassung, der aus der Bearbeitung resultierenden Verbesserungsmaßnahmen,
- die Bewertung der Wirksamkeit der umgesetzten Maßnahmen,
- den Grad der Zufriedenheit der Kunden mit der erfolgten Lösung und dem Beschwerdeverfahren.

Sinnvoll ist die Gegenüberstellung von Beschwerden und Loben, die in schriftlicher Form eingegangen sind. Auch die Gegenüberstellung von Ergebnissen aus Kundenbefragungen mit den im Beschwerdemanagement erfassten Problembereichen führt zu weiterem Informationsgewinn über
- das Verhältnis von Loben zu Beschwerden,
- problematische Leistungsbereiche und Verbesserungsmöglichkeiten,
- Trends,
- Effizienz und Effektivität des Beschwerdemanagements.

Die gewonnen Daten sollten im Rahmen regelmäßiger Reports an alle betroffenen Bereiche zurückgespiegelt werden und ggf. als Anlass für Maßnahmen zur Verbesserung genutzt werden.

> **Praxistipp**
>
> Eine qualitative Analyse von Beschwerden können Sie mithilfe eines Ishikawa-Diagramms oder eines Mind Maps® umsetzen. Die eigentlichen Problemursachen können so detailliert erhoben und Lösungen abgeleitet werden.

Selbsttest zum Beschwerdemanagement

Überprüfen Sie anhand dieser Top Ten im Selbsttest, wie effektiv Sie in Ihrer Einrichtung mit Beschwerden umgehen:

1. Hat die Bearbeitung von Beschwerden in unserem Unternehmen einen hohen Stellenwert?
2. Kümmern sich die Leitungskräfte persönlich um die Probleme unserer Kunden?
3. Reagieren wir auch auf schriftliche Beschwerden unmittelbar?
4. Wissen unsere Kunden, an wen sie sich mit ihren Beschwerden wenden müssen?
5. Ist die organisatorische Abwicklung von Beschwerden umfassend geregelt und bekannt? Wissen die Mitarbeiter, wie Sie sich im Beschwerdefall verhalten sollen?
6. Wird über jede Reklamation ein Protokoll angefertigt?
7. Werden die Protokolle ausgewertet?
8. Beheben wir die erkannten Mängel schnellstmöglich?
9. Fördern wir die Bereitschaft unserer Kunden, Mängel oder Unzufriedenheit ohne Bedenken vorzutragen?
10. Verbessern wir unsere Dienstleistungen stetig (Kaizen, Kontinuierliche Verbesserung – KVP)?

Praxistipp

Handlungsleitende Tipps und weitere Informationen zum Umgang mit Beschwerden bietet die DIN ISO 10002, die als Leitfaden für die Behandlung von Reklamationen in Organisationen nutzbar ist.

Kundenbefragung

Wer nicht neugierig ist, erfährt nichts.   *(Johann Wolfgang von Gothe)*

Zur Vorbereitung einer Kundenbefragung bestimmen Sie zunächst den zu befragenden Kundenkreis, z. B. Bewohner, Angehörige oder Mitarbeiter, sowie die Ziele der Befragung. Passend dazu wählen Sie die Befragungsmethode aus, erstellen den Fragebogen und legen die Rahmenbedingungen fest.

Die Kunden bewerten dann die Qualität verschiedener, ausgewählter Themenkreise, wie personelle, organisatorische, bauliche oder finanzielle Gegebenheiten. Durch die Auswertung der Antworten erhalten Sie eine Vielzahl von Anregungen zu Stärken und Verbesserungsmöglichkeiten Ihrer Organisation. Setzen Sie diese Ergebnisse auch in

Beziehung zu anderen Datenquellen, sinnvoll ist hier zur vertieften Analyse und Validierung ein Abgleich mit den Ergebnissen aus dem Beschwerdemanagement.

Kommunizieren Sie die Ergebnisse der Befragung und die daraus resultierenden Maßnahmen zur Verbesserung möglichst zeitnah und transparent, beispielsweise in der Heimzeitung. Setzen Sie die Maßnahmen in den relevanten Bereichen um. Zur Steuerung können Sie einen Maßnahmenplan nutzen, sinnvoll ist eine regelhafte Wirksamkeitsüberprüfung und Evaluation der Umsetzung.

Einen ausführlichen Leitfaden zur Überwachung und Messung der Kundenzufriedenheit mithilfe von Befragungen finden Sie in der DIN ISO/TS 10004

Nutzen Sie für die Kundenbefragung einen auf Ihre Bedürfnisse angepassten Fragenbogen. Hier einige Tipps zur Erstellung:
- Fertigen Sie ein Anschreiben oder einen Aushang, in dem Sie um Mithilfe bitten, die Ziele der Befragung erläutern und Hinweise zu Auswertung, Datenschutz sowie Vertraulichkeit und anschließender Veröffentlichung der Ergebnisse geben.
- Wählen Sie eine einladende Form (nicht zu umfangreich) mit geeigneter Schriftgröße (mindestens 12 Punkte).
- Stellen Sie klare Anwendungshinweise und eine kurze Ausfüllanleitung an den Anfang des Fragebogens.
- Verfassen Sie die Fragen in einer, an die Zielgruppe angepassten, klaren, eindeutigen und einfachen Sprache. Vermeiden Sie Fachausdrücke und verwenden Sie kurze Sätze.
- Verwenden Sie neutrale Formulierungen und vermeiden Sie Suggestivfragen.
- Strukturieren Sie die Fragen logisch: Fragen Sie beispielsweise zunächst allgemeine Abläufe in der Einrichtung ab und gehen dann zu den einzelnen Bereichen über. Fassen Sie dazu die Fragen zu Fragenkomplexen zusammen z. B. allgemeine Angaben, Verwaltungsdienstleistungen, Wäscherei, Reinigungsdienst, Wohnraumgestaltung, soziale Betreuung, Pflegedienst, Mahlzeiten und Haustechnik.
- Offene Fragen wie, „Haben Sie Anmerkungen oder wünschen Sie sich weitere Angebote?", laden dazu ein, Wünsche und Erwartungen zu bekunden. Sie erhalten so eine Vielzahl von Antworten, die teilweise aber aufwändig zu bewerten sind.
- Einfacher auszuwerten sind geschlossene Fragen, wie „Die Mahlzeiten sind appetitlich und schmackhaft angerichtet und zubereitet" oder „Sind Sie mit der Reinigung Ihres Zimmers zufrieden?" Für geschlossene Fragen bieten Sie verschiedene Antwortalternativen an, wie z. B. „trifft voll zu", „trifft zu", „trifft eher nicht zu", trifft überhaupt nicht zu". Eine Wertungsskala mit einer geraden Zahl von Möglichkeiten z. B. --/–/+/++ ist sinnvoller als eine mit einer ungeraden Anzahl, da bei der ungeraden Anzahl oft der mittlere Wert gewählt wird.

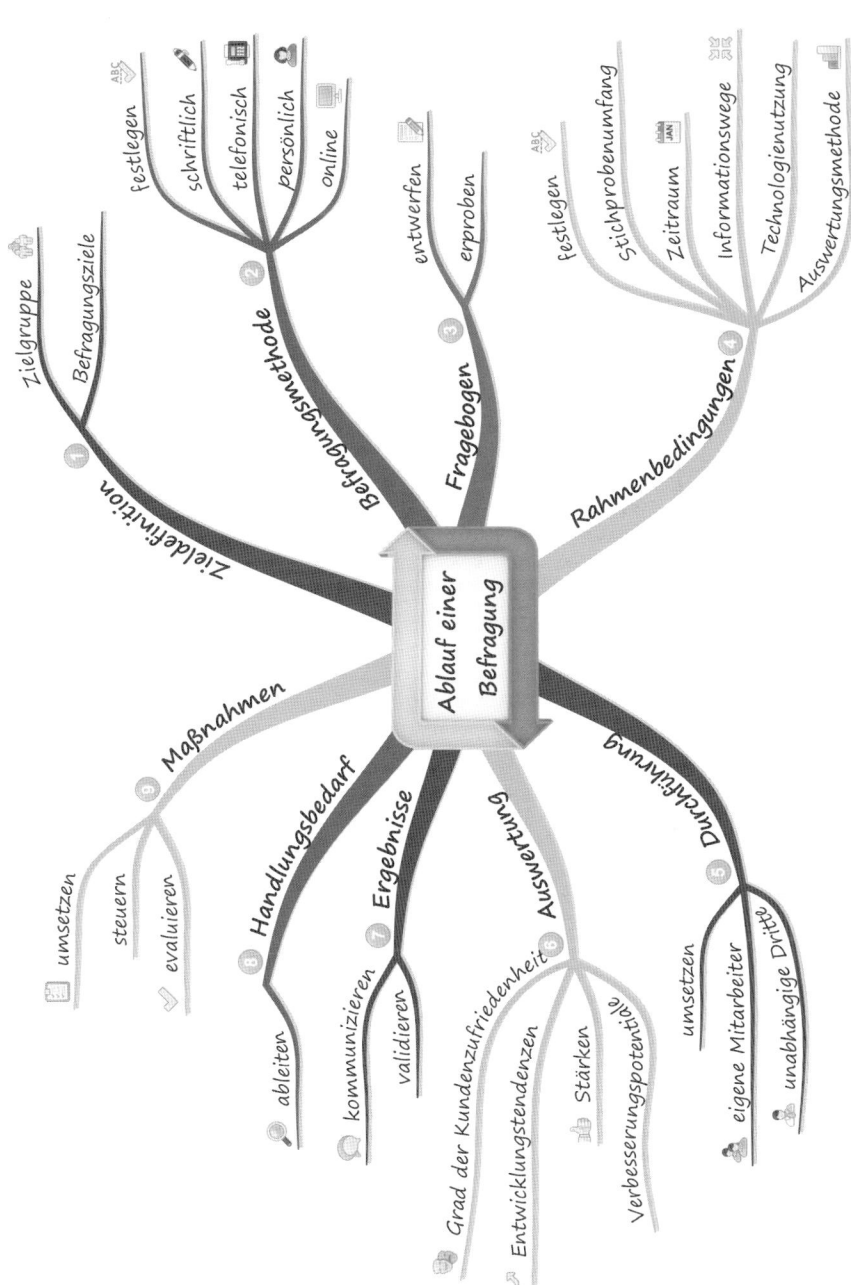

- Prüfen Sie den Fragebogen mit einer kleinen Gruppe von Befragungsteilnehmern vorab, um eventuelle Schwächen beheben zu können.

> **Praxistipp**
>
> Bei Bewohner- und Angehörigenbefragungen in unseren Einrichtungen hat sich das Versenden der Fragebögen mit der Bewohnerrechnung, in Verbindung mit einem bereits adressierten Rückumschlag, als sehr erfolgreich erwiesen. Auf diese Weise stellen Sie sicher, dass alle zu Befragenden den Fragebogen erhalten und diesen ungestört ausfüllen können. Die Rückgabe kann anonym per Post oder direkt in eine in der Einrichtung aufgestellte Box erfolgen.

Die Befragung der Bewohner in der Altenpflege bringt spezifische Probleme mit sich:

1. Bewohner können eine Abhängigkeit gegenüber der Einrichtung empfinden, dies kann zu positiveren Antworten führen und dazu, dass Kritik nicht geäußert wird.

Um dieses Risiko zu umgehen, könnten die Datenerfassung und Befragung durch unabhängige Dritte erfolgen.

2. Konzentration und das Verständnis für die Fragen kann durch Demenz oder andere Erkrankungen gestört sein.

Hier kann es notwendig sein, auf andere Instrumente zurückzugreifen, um das Wohlbefinden von Menschen mit Demenz zu ermitteln und zu dokumentieren. Mögliche Assessmentwerkzeuge sind u. a.:
- das Cardiff Lebensstilverbesserungsprofil für Bewohner stationärer Einrichtungen (CLIPPER)
- das Heidelberger Instrument zur Erfassung von Lebensqualität bei Demenz (H.I.L.D E)
- das Resident Assessment Instrument II (RAI)
- Qualidem
- Dementia Care Mapping (DCM)
- die Profilerstellung des Wohlbefindens – individuelles Profil

Letzteres Verfahren, auch Bradford Dementia Skala genannt, hat sich in der Anwendung im Einrichtungsalltag bewährt. Die Profilerstellung erfolgt mit einem Zeitaufwand von ca. fünf bis zehn Minuten pro Bewohner (insofern notwendige Vorinformationen erhoben wurden) und ermöglicht die Ableitung von handlungsleitenden Maßnahmen. Bevor Sie das Instrument anwenden, sollten Sie sich mit diesem auseinandersetzen und sich und Ihre Mitarbeiter mit dessen Inhalten vertraut machen.

> **Praxistipp**
>
> Die Arbeitshilfe „Wie geht es Ihnen?" – Konzepte und Materialien zur Einschätzung des Wohlbefindens von Menschen mit Demenz, Band 3, erhalten Sie als Print oder im Download unter www.demenz-service-nrw.de. Diese beinhaltet eine Anleitung für die Profilerstellung des Wohlbefindens sowie weitere Informationen zum personzentrierten Ansatz von Tom Kitwood. Viele Anbieter von Dokumentationssystemen haben diese Skala auch bereits in ihr Sortiment eingebunden.

Marktanalyse

„Bevor Sie handeln, müssen Sie Ihr Umfeld transparent machen!"

(Quelle unbekannt)

Den Markt zu analysieren bedeutet für Sie, Ihr Dienstleistungsumfeld und die Marktgegebenheiten (Konkurrenz, Kostenträger, politische Entwicklungen) so objektiv und facettenreich wie möglich zu erforschen. Dazu tragen Sie mithilfe von verschiedenen Fragestellungen Informationen zusammen, um sich mit Ihrer Einrichtung und Ihrem Dienstleistungsangebot am Markt positionieren zu können. Dies gestaltet sich teilweise sehr arbeits- oder kostenintensiv, der Aufwand lohnt sich aber. Eine gute Analyse Ihres Dienstleistungsumfeldes gibt Ihnen Werkzeuge an die Hand, mit denen Sie Ihre Position deutlich steigern können. Selbst Trends können durch die Marktanalyse rechtzeitig erkannt werden.

Planen Sie deshalb eine regelmäßige, zumindest jährliche Marktbeobachtung in Ihren betrieblichen Alltag ein. Belegen Sie die Ergebnisse Ihrer Marktanalyse anhand von Studienergebnissen, Zahlen, Kennzahlen, Branchenvergleichen.

Fragestellungen für die Marktanalyse

Kundenkreis:
Mit welchen Kunden haben Sie es zu tun? Setzen Ihre Kunden mehr auf Qualitätsmerkmale (z. B. Einzelzimmer) oder eher auf einen niedrigen Preis? Wie aufwändig wird es sein, den Kunden den Nutzen eines neuen Dienstleistungsangebotes zu erklären? Wie treu sind Ihre Kunden? Wie verlaufen Entscheidungsprozesse? Welche Informationserwartung haben die Kunden? Welche Erwartungen haben Ihre zukünftigen Kunden?

Dienstleistung:
Wie genau sind Ihre Dienstleistungen beschaffen? Wie hebt sich Ihr Angebot von denen anderer Anbieter ab? Warum sollten sich Bewohner und Angehörige für Ihre Einrichtung entscheiden? Wie können Sie Ihre Dienstleistung angemessen auf veränderte Marktbedingungen anpassen?

Mitbewerber:
Kennen Sie die Mitbewerber sowie deren Preise und Angebotspalette? Wie groß ist der Gesamtmarkt, wie viele Mitbewerber haben Sie? Können benachbarte Märkte für Sie wichtig sein (ambulante Pflege, Tagespflege, Behindertenhilfe, Krankenhäuser,...)? Wie sind die Gewohnheiten, Motivationen, Bedürfnisse, Einstellungen und Erwartungen der dortigen Kunden? Gibt es bestimmte Marktentwicklungstendenzen? Welche Trends sind erkennbar?

Marktsegment:
Untersuchen Sie den Wettbewerb hinsichtlich Dienstleistungserbringung, Preispolitik, Werbung und Image. Wie schwer ist es für Sie, diesen Markt zu besetzen? Welche Spielregeln gelten in Ihrem Marktsegment? Wie sind die Marktanteile verteilt? Welche Projekte sind in Planung? Wer sind Ihre Kooperationspartner? An welchen Netzwerken sollten Sie sich beteiligen? Welche gesetzlichen Entwicklungen sind absehbar?

Öffentlichkeitsarbeit:
Ob sich Ihre Dienstleistung verkaufen lässt, hängt im Wesentlichen auch von einer gut geplanten Öffentlichkeitsarbeit ab. Welche Maßnahmen führen Sie durch? Wie effektiv sind diese? Welche örtlichen Strukturen sind üblich? Wie hoch ist der Werbeaufwand der Konkurrenz? Welche Informationswege bevorzugen die Kunden?

Selbstbild und Werteorientierung:
Analysieren Sie sich selbst hinsichtlich Ihrer Wertvorstellungen, Ihres Images, Ihres Produkts, Ihrer Öffentlichkeitsarbeit und auch Ihres Potenzials. Wie hebt sich Ihre Dienstleistung vom Markt ab? Kann sich Ihr Angebot bei veränderten Marktbedingungen schnell genug anpassen? Welchen Marktanteil streben Sie an? Welche Einstellung haben potenzielle Kunden gegenüber Ihrer Einrichtung und Ihrem Dienstleistungsangebot?

Informationsquellen

Damit Sie Ihre Marktanalyse erstellen können, benötigen Sie umfangreiches und gezieltes Informationsmaterial. Die Art der Information bestimmt jeweils die Methode, mit der sie zu gewinnen ist. Sie können vorhandenes, bereits für andere Zwecke erhobenes Material auswerten, also Sekundärforschung betreiben oder selbst mündliche oder schriftliche Umfragen bei potenziellen Kunden starten (Primärforschung). Die wichtigsten Informationsquellen zeigt Ihnen das untenstehende Mind Map®.

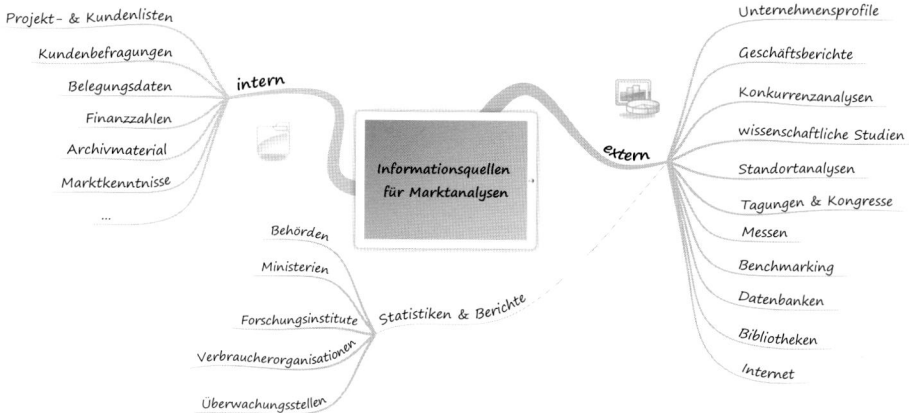

Praxistipp

Sammeln Sie ständig Informationsmaterialen zu Marktforschungszwecken, damit Sie die geeigneten Informationen für bestimmte Zwecke parat haben und Trends erkennen. Eine Vielzahl von branchenrelevanten Informationen finden Sie auf den Downloadseiten des Vincentz Networks (www.vincentz.net). Besonders wertvoll sind aber auch kleinräumige Untersuchungen, die durch örtliche Hochschulen oder Forschungsinstitute zur Stadtteilentwicklung erstellt werden.

Leitbilder

"Corporate Identity ist der abgestimmte Einsatz von Verhalten, Kommunikation und Erscheinungsbild nach innen und außen auf der Basis eines sich dadurch mit Leben füllenden Unternehmensleitbilds mit dem Ziel einer nachhaltigen Unternehmensentwicklung." (Kiessling und Babel 2007, S. 23)

Das Leitbild – als Ausdruck der Unternehmensidentität – kann auch als die "Zehn Gebote" oder die Verfassung einer Einrichtung betrachtet werden, denn mit ihm bekennt sich die Einrichtung zu ihrem Selbstverständnis. Was aber noch viel wichtiger ist, das Leitbild gibt den Mitarbeitern und Kunden Leitlinien an die Hand, mit denen sie sich orientieren und identifizieren können. Zudem spiegelt es die Philosophie und grundsätzlichen Vorgehensweise einer Einrichtung wider.

Ein Leitbild kann viele Ziele und Funktionen haben, die das folgende Mind Map® anschaulich bebildert.

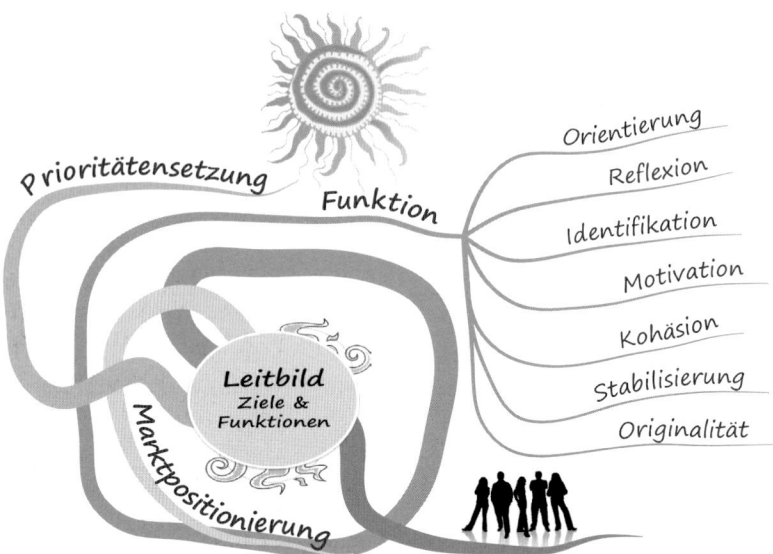

Als Richtschnur für Entscheidungen hat das Leitbild Orientierungsfunktion für Management und Mitarbeiter. Insbesondere im Rahmen von Entwicklungsphasen ist die Reflexionsfunktion hilfreich. Die Motivationsfunktion sorgt für eine positive Grundhaltung und Identifikation mit dem Unternehmen. Zusammenhalt und das Gefühl der Zusammengehörigkeit in der Einrichtung wird über die Kohäsionsfunktion des Leitbildes erzeugt. Bei knappen Ressourcen helfen die Leitgedanken bei der Prioritätensetzung. Zudem wird über ein aussagekräftiges Leitbild Klarheit für den Kunden und ein geschärftes Profil vermittelt, dieses verhilft zur Positionierung am Markt. Bei Veränderungen greift die Stabilisierungsfunktion eines haltgebenden Leitbildes. Über ein selbst erarbeitetes und individuell gestaltetes Leitbild kann das Wertesystem und die Einrichtungskultur aufgezeigt und die Originalitätsfunktion genutzt werden.
Somit stellt das Leitbild die Grundlage für das Handeln eines Unternehmens dar, dessen Werte, Normen und Einstellungen sich in der täglichen Arbeit wiederfinden sollten. Große Unternehmen und Verbände signalisieren schon seit vielen Jahren durch ihre Leitbilder ein innovatives Management und Kundenfreundlichkeit. Da Gesetzgebung und Kostenträger im Rahmen der externen Überprüfungen des Qualitätsmanagements

die Entwicklung von Leitbildern einfordern, haben die meisten Altenpflegeeinrichtungen zumindest das obligatorische Pflegeleitbild erarbeitet.

Innerhalb von Sozialarbeit und Pflege hat das Leitbild allerdings schon eine wesentlich längere Tradition. So gilt als das älteste übermittelte Leitbild der Pflege das Gelübde von Florence Nightingale. Es beinhaltete unter anderem berufliche Zielformulierungen, die Orientierung an den Bedürfnissen der Kranken, eine Schweigeverpflichtung und die Ablehnung der Verabreichung schädlicher Medikamente.

Wichtig ist, dass ein Leitbild als Ausgangspunkt für eine gewollte Entwicklung und Veränderung der betrieblichen Realität gesehen und genutzt wird. Es ist nur der Auftakt, kein Projekt, das irgendwann endet.

Unterscheidung der Leitbildarten

Generell unterscheidet man zwei Arten von Leitbildern, das Gesamtleitbild und die Teilleitbilder.

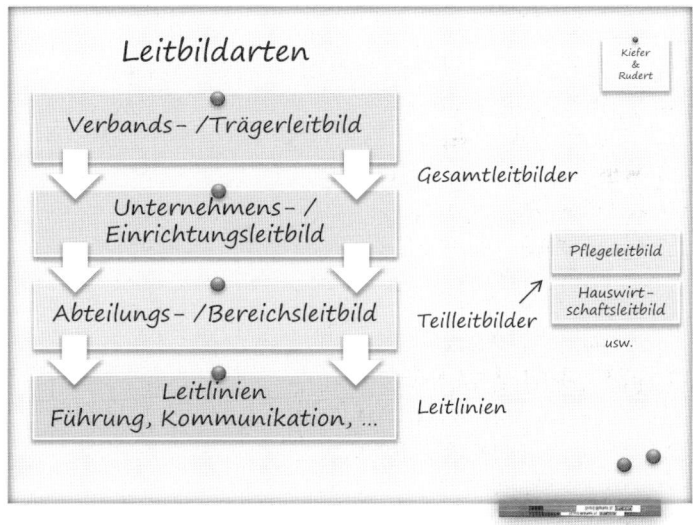

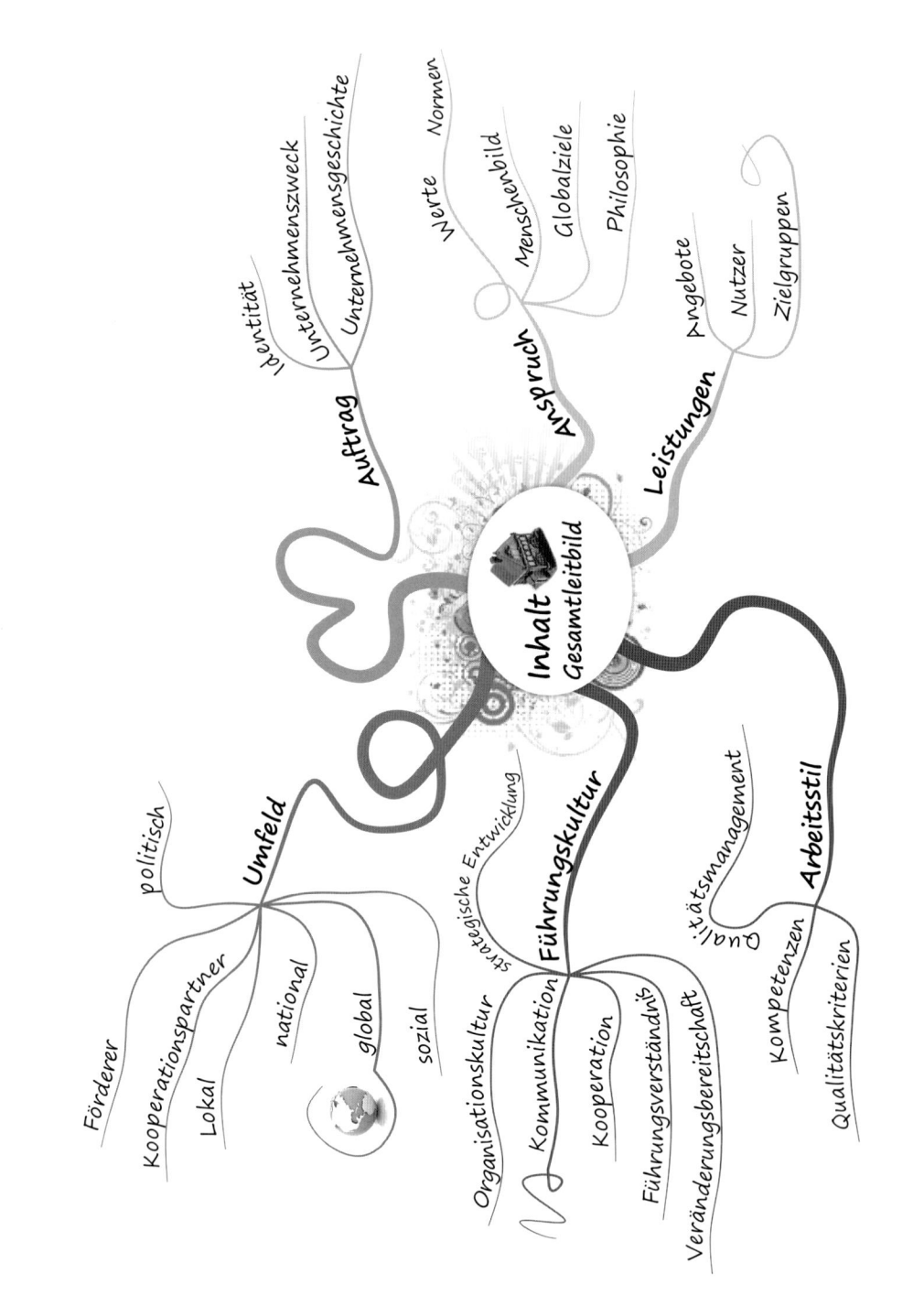

Zu den Gesamtleitbildern gehören u. a. Trägerleitbild, Verbandsleitbild und Einrichtungsleitbild. Gesamtleitbilder beinhalten die schriftliche Vorstellung des Unternehmens und geben einen Eindruck von dessen Unternehmensgeschichte und Unternehmenszweck. Inhalte sind auch Aussagen zu Normen, Werten und Einstellungen, zur Qualitäts- und Organisationsentwicklung sowie zur Orientierung nach Innen und Außen. Die Grundaussagen des Gesamtleitbildes sollten sich in den Teilleitbildern wieder finden.

Zu den Teilleitbildern zählen beispielsweise Pflegeleitbild, Therapieleitbild, Küchenleitbild und Hygieneleitbild, da sie nur einen Teilbereich eines Unternehmens abbilden. Die Teilleitbilder stellen die inhaltliche Grundlage des fachbezogenen Handelns dar. Sie bieten eine Orientierungshilfe für alle in diesem Bereich tätigen Mitarbeiter und deren Kunden.

Zu Verwirrung kommt es häufig, wenn in der Einrichtung von „dem Leitbild" gesprochen wird, ohne das spezifiziert wird, um welches Leitbild es sich handelt. Besser ist es das Leitbild beim Namen zu nennen und vom „Pflegeleitbild" oder „Einrichtungsleitbild" zu sprechen.

Ergänzend und zur Präzisierung der Leitbildelemente können zu bestimmten Themen oder Bereichen Leitlinien erstellt werden. Diese Erweiterung kann u.a. sinnvoll sein zur Kundenorientierung, zum Führungsverhalten und zum Verhalten der Mitarbeiter (Corporate Behavior), zur Unternehmenskommunikation (Corporate Communications) und zum Erscheinungsbild des Unternehmens (Corporate Design).

> **Praxistipp**
>
> Die Leitbildfindung bietet einen guten Einstieg in die Qualitätsarbeit. Auch die Überarbeitung oder moderate Weiterentwicklung des Leitbildes kann wertvolle Impulse zur Qualitätsentwicklung geben und die Werteorientierung fördern.

Kernelemente des Leitbilds

"Wer Visionen hat, sollte zum Arzt gehen"   *(Helmut Schmidt)*

Auch wenn ein Leitbild wie aus einem Guss wirkt, sollte es mehrere Basiselemente beinhalten. Zu diesen Elementen gehören Motto, Leitidee und Vision sowie die Ausführung der Leitsätze.

Das Motto

Das Motto besteht meist aus einem kurzen, prägnanten Slogan, wie z. B. „Miteinander Mensch bleiben". Es soll Leitidee und Leitsätze auf den Punkt bringen und bereits einen kleinen Einblick in die Philosophie der Einrichtung geben. Ein Motto sollte einprägsam sein und im Kopf bleiben, dies stellen Sie durch eine anschauliche Wortwahl, eine eingängige Sprachmelodie bzw. eine Gestaltung in Reimform sicher.

Aber auch bei einem Motto ist unbedingt auf die Stimmigkeit zu achten, es muss zur Einrichtung und zum Auftrag passen, da es ansonsten falsche Hoffnungen weckt oder lächerlich wirkt. Auf allzu reißerische und großspurige Formulierungen sollte daher verzichtet werden.

Leitidee und Vision

Die Leitidee verschriftlicht die Vision, benennt die ursprüngliche Aufgabenstellung der Einrichtung und beschreibt das Bestreben des Unternehmens zukünftigen Problemen und Anforderungen entgegenzutreten.

In der Entstehungsgeschichte vieler Einrichtungen stand am Anfang eine Leitidee wie z. B. „Kinder zu fördern" oder „alte Menschen zu pflegen". Der Sinn des Unternehmens und der Nutzen für den Kunden und die Gesellschaft werden so dargestellt. So kann der Leser sich ein Bild davon machen, mit wem er es zu tun hat und welchen Nutzen er daraus ziehen kann. Diese Sinndarstellung kommt in Leitbildern teilweise leider zu kurz.

Die Vision wiederum bringt Menschen zum engagierten Handeln und setzt Energie und Kreativität frei (z. B. „ Wir begleiten den Menschen im Sinne unserer christlichen Überzeugung."). Gute Visionen sind anschaulich formuliert und zeigen ein mentales Bild einer erstrebenswerten und erreichbaren Zukunft.

Die Leitsätze

Leitidee und Vision werden erst durch die ausformulierten Leitsätze richtig fassbar. In den Leitsätzen finden sich Basiswerte, grundlegende Ziele und Kernaussagen (z. B. „Sicherung und Weiterentwicklung von Qualität haben für uns hohe Priorität"). Die Leitsätze zeigen, was die Einrichtung zu leisten fähig ist, wo deren besondere Kompetenz liegt und was deren Eigenständigkeit ausmacht. Oftmals beziehen sich diese Ausführungen auch auf das Zusammenspiel von Mitarbeitern und Führungsebene, das

Verhältnis zu den Kunden, zu Gesellschaft und Umwelt sowie zur nachhaltigen Unternehmensentwicklung.

Anforderungen an ein Leitbild

Damit ein Leitbild seiner Funktion gerecht wird, muss es bestimmte Anforderungen erfüllen. Es sollte anschaulich die angestrebte Entwicklungsrichtung aufzeigen und gleichzeitig Werte und Gefühle ausdrücken. Die aufgezeigten Visionen dürfen nicht zu hoch aufgehängt werden, sondern müssen realisierbar, wahr und aufeinander abgestimmt sein. Die in Gegenwartsform und positiv formulierten Aussagen beschränken sich auf das Wesentliche sowie die Stärken der Einrichtung und sollten über eine langfristige Gültigkeit verfügen. Sie sollten das Leitbild dazu nutzen – unter Beteiligung aller Mitarbeiter und Führungskräfte – die Einzigartigkeit Ihres Unternehmens auszudrücken.

Verfassen Sie Ihr Leitbild in Thesenform, das heißt mit kurzen und eingängigen Formulierungen, die ohne Begründungen die vorrangigen Ziele und Grundsätze der Einrichtung erfassen. Im Gegensatz zu einer Konzeption ist der Seitenumfang möglichst gering zu halten. Bei Leitbildern, die einen Umfang von ein bis zwei Seiten überschreiten, bietet sich die Erstellung einer zusätzlichen einseitigen Kurzfassung an.

> **Praxistipp**
>
> Verfassen Sie ihr Leitbild in einer anschaulichen Sprache, die Angehörige und Mitarbeiter auch ohne die Übersetzung eines Sozialwissenschaftlers verstehen.

Wird bei der Leitbildentwicklung zu Floskeln gegriffen, die professionell klingen, aber sich im Verhalten der Mitarbeiter nicht widerspiegeln, verliert sich die Glaubwürdigkeit. So könnte ich mir vorstellen, dass ein kritischer Angehöriger nach Genuss des Leitbildes mit folgenden Worten auf einen Mitarbeiter zutritt: "Ich finde es ja sehr bemerkenswert, dass Sie Ihre Aufgaben mit einem ausgeprägtem Bewusstsein für Qualität und Verantwortung erfüllen und dafür alle Möglichkeiten nutzen, Ihre soziale und fachliche Kompetenz zu stärken und zu erhöhen, aber noch bemerkenswerter würde ich es finden, wenn Sie meinen Vater bei schönem Wetter mit dem Rollstuhl in den Garten fahren würden."

Häufig wird auch zu Formulierungen gegriffen, in denen versichert wird, die Individualität des Einzelnen in einem Höchstmaß zu unterstützen. Ein Vorsatz, der sicherlich seine Berechtigung hat. Wenn die Einrichtung, die diese Aussage verfasst hat, aber nicht einmal über Einzelzimmer verfügt und die Mitnahme eigener Möbel untersagt, ist dieser Leitsatz absolut kontraproduktiv. Das muss nicht heißen, dass der Bewohner in dieser Einrichtung generell schlecht gepflegt oder betreut wird, dennoch sollte bei solchen Bedingungen, die Individualität des Einzelnen bei den Ausführungen nicht so stark in den Vordergrund gestellt werden.

Auch die Kommunikation (Corporate Communications) und das Verhalten (Corporate Behaviour) nach innen und außen sollten in sich stimmig sein und mit den Aussagen des Leitbildes konform gehen. So wirkt es befremdend, wenn ein Unternehmen sich im Leitbild als wertschätzend und sozial ausgibt, der Umgang mit Mitarbeitern oder Kunden aber eher auf das Gegenteil schließen lässt.

Praxistipp

Benutzen sie nicht zu allgemeingültige Floskeln und Schlagwörter, sondern versuchen Sie wirklich die einrichtungsspezifische Arbeitsweise abzubilden.

Die Entstehung des Leitbildes

Damit ein Leitbild seine Funktion erfüllen und tragen kann, ist der Einbezug der Mitarbeiter eine unumgängliche Voraussetzung. Erfüllen Sie das Bedürfnis der Mitarbeiter mitzusprechen und an Entscheidungen beteiligt zu sein. Die wertvollen Praxiserfahrungen lassen Sie in den Gesamtprozess einfließen. Umso stärker es Ihnen gelingt, alle Beteiligten in den Dialog der Leitbildfindung einzubeziehen, umso weniger Motivationsarbeit ist im Nachhinein bei der täglichen Umsetzung der Leitsätze notwendig.

Zum methodischen Vorgehen empfiehlt sich die Impulsgebung durch die Steuergruppe, die einen klaren zeitlichen Rahmen und einen flexiblen Ablaufplan festlegt. Die Steuergruppe sorgt auch für die Bildung eines Qualitätszirkels und die Bereitstellung der notwendigen Ressourcen wie z.B. Zeit, geeignete Räumlichkeiten, Moderatoren und die finanziellen Mittel. Bei neuen oder sehr großen Einrichtungen können auch gegebenenfalls externe Berater eingesetzt werden.

Der Ablauf einer Leitbildentwicklung lässt sich in zwei Stufen aufgliedern. Die erste Stufe umfasst das Hinterfragen des eigenen Verhaltens sowie die Analyse des Selbstbildes („Wie sehen wir unsere Einrichtung?") und des Fremdbildes („Wie sieht ein Außenstehender unsere Einrichtung?").

Zur zusammenfassenden Darstellung bietet sich im Rahmen der Leitbilderstellung die Umsetzung einer SWOT-Analyse an. Per Kärtchenabfrage werden Stärken („hohe Kreditwürdigkeit") und Schwächen („altes Gebäude"), sowie Chancen („eine Marktnische ausbauen") und Risiken („häufiger Leitungswechsel") innerhalb einer Arbeitsgruppe ermittelt. Stärken und Chancen arbeiten Sie in die Aussagen des Leitbildes ein, Schwächen und Risiken bieten Ihnen Ansatzpunkte für Entwicklungsprojekte nach der Leitbilderstellung. Das untenstehende Mind Map® kann als Vorlage zur Umsetzung Ihrer SWOT-Analyse genutzt werden.

Als Moderationstechniken zum Einstieg in die Leitbildentwicklung einigen sich außerdem Qualitätswerkzeuge wie das Brainstorming oder das Verwandschaftsdiagramm. Auch der Einsatz von Mind Maps® hat sich bewährt, da diese insbesondere kreatives Potenzial abfragen und einen spielerischen, gehirngerechten Ansatz haben.

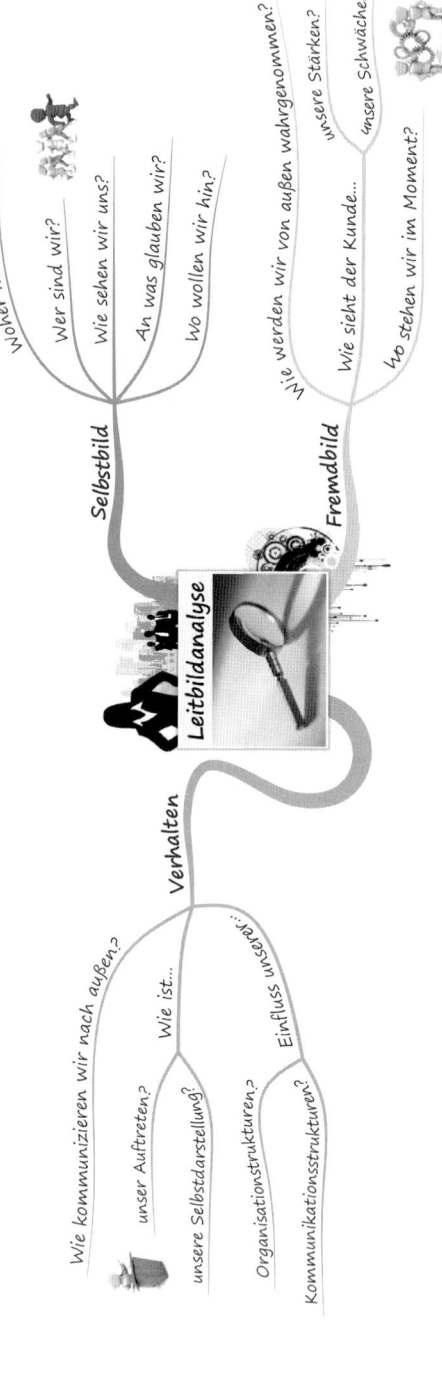

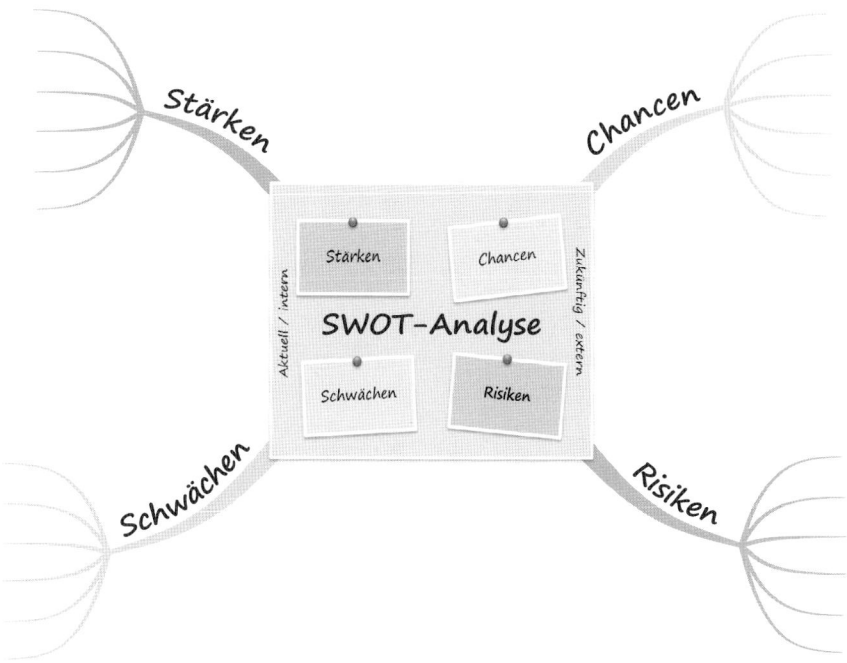

Aber auch eine Großgruppenmoderation und die Beteiligung der ganzen Belegschaft an der Leitbildentwicklung ist möglich, beispielsweise über die kommunikative „World Café" Methode. Bei dieser werden in entspannter „Kaffeehausatmosphäre" und in kleinen, sich immer wieder neu mischenden Untergruppen, die Antworten zu zwei bis drei unterschiedlichen Fragen gemeinsam erarbeitet und auf Papiertischdecken festgehalten. Eine Reflexionsphase schließt das „World-Café" ab, die Ergebnisse werden mitgenommen und können nach der Auswertung in die Leitbildthesen einfließen.

> **Praxistipp**
>
> Wenn Sie mehr über Sinn, Zweck und Einsatzmöglichkeiten der einfachen Dialogmethode „World-Café" erfahren möchten, finden Sie über die Firma Neuland (www.neuland.eu) weitergehende Literatur und Hilfsmittel zur Umsetzung und Gestaltung.

Die zweite Stufe beinhaltet die unterschiedlichen Arbeitsschritte der Leitbilderstellung. Obwohl die Phasen der Leitbildentwicklung aufeinander aufbauen, können sie sich durchaus zeitlich überschneiden, wobei die unterschiedliche Fragestellungen und Arbeitsschritte zu beachten sind.

Je nach Größe der Einrichtung kann bei konsequenter Durchführung die Leitbildentwicklung nach einem Zeitraum von einem halben bis zu einem ganzen Jahr abgeschlossen sein.

In der Praxis gibt es unterschiedliche Herangehensweisen bei der Erstellung eines Leitbildes. Eine Möglichkeit wäre das Leitbild komplett von der Leitungsebene erstellen zu lassen. So würden Kosten und Zeit gespart und die Vorstellungen der Geschäftsführung finden sich Eins zu Eins wieder. Der Nachteil wäre allerdings, dass Erfahrungen und Wissen der Mitarbeiter nicht mit einfließen und die Mitarbeiter das Leitbild ignorieren, da es keine Identifizierungspunkte bietet.

Der umgekehrte Weg ist nicht besser, denn steht die Geschäftsführung nicht hinter dem Leitbild, sind alle Bemühungen der Mitarbeiter vergebens. Auch die Möglichkeit fertige Leitbilder zu erwerben, bei denen nur noch der Name der Einrichtung eingefügt werden muss, führt wohl kaum zu einem akzeptablen und ernstzunehmenden Ergebnis.

Am praktikabelsten ist es daher, einen Entwurf durch die Leitungsebene erstellen zu lassen, um dann den Mitarbeitern die Gelegenheit zu geben eigene Vorstellungen einzufügen und Zustimmung oder Kritik zu äußern, so dass alle aktiv beteiligt sind.

> **Praxistipp**
>
> Einen kostenfreien umfassenden Ratgeber zur Leitbildentwicklung können Sie bei der BGW (Berufsgenossenschaft für Gesundheitsdienste und Wohlfahrtspflege) unter www.bgw-online.de erhalten. Anhand vieler Praxisbeispiele aus dem Gesundheits- und Sozialwesen wird die Entwicklung und Implementierung von Leitbildern als Beitrag zur Unternehmensentwicklung beschrieben.

Eine Methode, die wir häufig anwenden, nimmt diesen Gedanken auf. Die Leitungsebene erstellt einen Fragebogen mit den grundlegenden Leitsätzen. Dieser Fragebogen wird an alle Mitarbeiter verteilt. Diese können nun die ihnen wichtigen Leitsätze ankreuzen, ergänzen und neue Aspekte hinzufügen. Aus dem Ergebnis dieser Aktion wird ein erster Entwurf erarbeitet, der wiederum zur Diskussion gestellt wird. So entsteht in einem überschaubaren Zeitrahmen ein praxisnahes Leitbild, an dem jeder Mitarbeiter mitgewirkt hat. Dann verwundert es einen nicht, wenn Mitarbeiter auf die Frage des MDK-Prüfers „Wie ist denn Ihr Leitbild entstanden?", antworten „Das haben wir gemacht!"

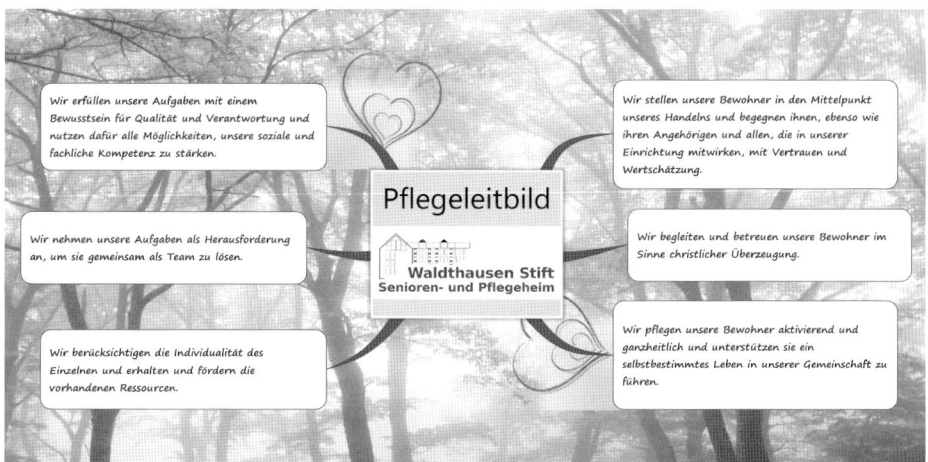

Praxistipp

Das fertige Leitbild, ohne weiterführende Aussagen, sollte nicht länger als eine Din A 4-Seite sein. Sie können es auch in Form eines Mind Maps® grafisch ansprechend gestalten und präsentieren.

Abgrenzung zu Konzeption und Qualitätspolitik

Die Abgrenzung des Leitbildes zur Konzeption fällt manchen Erstellern schwer, obwohl die Kriterien an sich sehr einfach und logisch sind. Ein Hinweis auf eine schlechte Abgrenzung ist oftmals schon am Umfang des Leitbildes erkennbar. Bei unseren Recherchen fanden wir unter anderen das Leitbild einer Pflegeeinrichtung mit einem Umfang von 26 Seiten.

Ein Leitbild sollte vom Umfang her wesentlich knapper und globaler sein als eine Konzeption, da es keine fundierte Analyse der Organisationsprozesse und Strukturen enthält. Differenzierte Leistungsbeschreibungen und fachliche Begründungen haben in einem Leitbild genauso wenig zu suchen.

Die Abgrenzung des Leitbildes zur Qualitätspolitik ist etwas komplizierter, da die Übergänge fließend sind. Vergleicht man in der Fachliteratur die jeweiligen Definitionen, stößt man häufig auf gleiche Inhalte. Man kann das Leitbild als Präambel für die Qualitätspolitik betrachten.

Unterstützung

Wenn Sie Unterstützung benötigen, ist es sinnvoll, sich einer Qualitätsinitiative anzuschließen. Innerhalb von Netzwerkgruppen werden dort die Mitgliedseinrichtungen auf der Grundlage einer Basisnorm systematisch begleitet. Bei den Zusammenkünften der Netzwerkgruppen werden Inhalte gemeinsam erarbeitet und Qualitätsentwicklungsprozesse, wie die Leitbildentwicklung, unterstützt. Gleichzeitig wird die Erstellung eines individuellen QM-Handbuches vorangetrieben und Mitarbeiter der Einrichtungen erhalten die Möglichkeit zu Qualitätsmanagementbeauftragten ausgebildet zu werden.

> **Praxistipp**
>
> Besorgen Sie sich, z. B. im Internet, Leitbilder anderer Pflegeeinrichtungen und Organisationen (Lufthansa, Mercedes …) und nutzen diese als Anregung für eigene Formulierungen.

Einsatzmöglichkeiten und Umsetzung

Zunächst gilt es das Leitbild intern und extern, mündlich und schriftlich zu kommunizieren. Die mündliche Kommunikation durch Führungskräfte ist entscheidend, um die Mitarbeiter für das Leitbild zu gewinnen und zu begeistern, dies kann beispielsweise über Mitarbeiterversammlungen, in Dienstbesprechungen und im Rahmen der Einarbeitung neuer Mitarbeiter geschehen.

Die schriftliche Kommunikation sollte als Unterstützung dienen und nicht als alleiniges Instrument der Vermittlung und Umsetzung eingesetzt werden. Mögliche schriftliche Kommunikationsmedien sind Broschüren, das Internet, Aushänge, und Geschäftsberichte. Sie können Ihr Leitbild auch auf Mousepads, Bildschirmschonern, oder Leitsatz-Würfeln werbewirksam in Szene setzen.

Um die Impulse des Leitbildes im Arbeitsalltag zu festigen und umzusetzen, haben wir verschiedene Einsatzmöglichkeiten erprobt.

- **Projektarbeit und Workshops**
  Nehmen Sie sich einzelne Punkte des Leitbildes vor und setzen Sie diese im Rahmen einer Projektarbeit oder in Leitbildworkshops um. Thematisieren Sie Inhalte in Strategieklausuren und bei Führungskräftetreffen und wiederholen Sie die SWOT-Analyse regelmäßig.

- **Entscheidungshilfe**
Mit den Leitsätzen vor Augen lassen sich manche Problemstellungen leichter bewältigen. Das Leitbild kann Entscheidungen unterstützen und bei Dienstbesprechungen und Teamsitzungen als hilfreiches Werkzeug dienen.

- **Einstellungsgespräche**
Vergleichen Sie bei Einstellungsgesprächen die Vorstellungen des Bewerbers mit den Inhalten Ihres Leitbildes und beachten Sie, wie er darauf Bezug nimmt. Sie können auch dem Bewerber das Leitbild im Vorfeld aushändigen und im anschließenden Gespräch die gemeinsamen Ansätze und Vorstellungen abgleichen. Bei einer Einstellung macht es Sinn, Leitbilder dem Arbeitsvertrag als Anlage beizufügen.

- **Mitarbeiter- und Konfliktgespräche**
Bei Konfliktgesprächen mit Mitarbeitern können Standpunkte und Fehlleistungen anhand des Leitbildes transparent gemacht und erklärt werden.

- **Fortbildungsplanung**
Bei der Erstellung eines Fortbildungsprogramms kann anhand des Leitbildes überprüft werden, wo noch der Bedarf besteht, die Vision der Einrichtung zu unterstützen und voranzutreiben.

- **Qualitätszirkelarbeit**
Zur Weiterentwicklung einzelner Leitbildthemen bietet sich die Gestaltung von Leitlinien an, z. B. zum Lebensweltkonzept, zum Umgang mit Sterbenden oder zur Kundenorientierung. Die Erarbeitung innerhalb eines Qualitätszirkels bindet die Mitarbeiter mit ein und lässt das Leitbild plastisch und lebendig werden.

- **Öffentlichkeitsarbeit**
Im Rahmen der Öffentlichkeitsarbeit ist es sehr hilfreich, sich mit dem Leitbild bei Veranstaltungen in der Kirchengemeinde, Altenklubs etc. vorzustellen und es so als Gesprächsgrundlage zu nutzen.

- **Präsentation in der Einrichtung**
In der eigenen Einrichtung empfiehlt sich das Trägerleitbild gut sichtbar in der Eingangshalle oder auch vor der Verwaltung zu platzieren. Das Pflegeleitbild wiederum ist gut auf dem Wohnbereich oder in der Nähe des Dienstzimmers aufgehoben. Aber auch hier können Sie Ihre Kreativität beweisen. So kamen die Mitarbeiter einer unserer Einrichtungen auf die Idee, das Leitbild wie ein Kunstwerk auf einer Staffelei, mit Fotos, Unterschriften und einem Grußwort versehen, am Haupteingang schmuckvoll zu präsentieren.

Pflegeleitbild im Waldthausen Stift, Essen

Praxistipp

Gehen Sie kreativ mit Ihrem Leitbild um. So verhindern Sie, dass es in einer Schreibtischschublade verschwindet oder in einer Ecke verstaubt und von Mitarbeitern und Kunden nicht wahrgenommen wird.

Weiterentwicklung des Leitbildes

Erwarten Sie nicht, dass nach Beendigung der Leitbildentwicklung sowie der Verabschiedung und Umsetzung des Leitbildes die Ziele wie von selbst erreicht werden. Um die angestrebte Vision zu erfüllen, muss ständig neue Energie aufgebracht werden.

Damit das Leitbild auch tatsächlich mit der Unternehmensrealität korrespondiert, sind entsprechende Anpassungen an veränderte Unternehmens und Umweltsituationen sinnvoll. Auslöser für Aktualisierungen oder Veränderungen Ihres Leitbildes können unter anderem folgende Anlässe sein:
- Veränderung der externen Rahmenbedingungen,
- Strategieänderungen,
- Strukturänderung,
- Fusionen,
- Verkauf von Unternehmensteilbereichen,
- Änderung der Unternehmensphilosophie
- oder die Reaktion auf Mitarbeiter- und Kundenbefragungen.

Für den Leitbildprozess gelten somit auch die Regeln des Kaizen, der Philosophie der ständigen Verbesserung. Es empfiehlt sich das Leitbild zumindest alle drei Jahre zu überprüfen und bei Bedarf anzupassen und zu überarbeiten. Untersuchen Sie, wie glaubwürdig die im Leitbild angesprochenen Werte sind und ob sie dem heutigem Stand Ihrer Einrichtung noch entsprechen. Der Leitbildprozess selbst ist nie abgeschlossen.

Praxistipp

Als Grundlage zur Weiterentwicklung Ihres Leitbildes in Bezug auf die Umsetzung der Rechte hilfe- und pflegebedürftiger Menschen können Sie die Aussagen der Pflege-Charta nutzen. Diese befasst sich ganz konkret mit den Rechten zur Förderung von Selbstbestimmung, auf Privatheit, auf Teilhabe am sozialen Leben und auf ein Sterben in Würde. Die Charta und weitere Arbeits- und Schulungsmaterialien können auf den Internetseiten der Pflege-Charta kostenfrei heruntergeladen werden.

Qualitätspolitik, Qualitätsplanung und Zielfindung

Was ist die Qualitätspolitik?

- Eine Vision?
- Zielstrebiges Handeln?
- Eine Bezeichnung für übergeordnete Ziele?

Die Antwort auf diese Fragen gibt uns die DIN EN ISO 9000:2005 (3.2.4). Letzteres trifft zu:

> „Qualitätspolitik bezeichnet „übergeordnete Absichten und Ausrichtungen einer Organisation zur Qualität, formell ausgedrückt durch die oberste Leitung".

Durch die schriftliche und verbindliche Festlegung von erwünschten Ergebnissen und den zum Erreichen der Ergebnisse notwenigen Ressourcen setzen Qualitätspolitik und Ziele handlungsleitende Schwerpunkte. Mithilfe der Aussagen in der Qualitätspolitik legen Sie den Rahmen für Zielfindung und -bewertung fest.

Wie unterscheidet sich die Qualitätspolitik vom Leitbild?

Beide verbinden drei Aspekte.

- Erstens sorgen Sie bei den schnellen Veränderungen in der heutigen Zeit für **Orientierung** innerhalb Ihrer Einrichtung.
- Die zweite Aufgabe ist die **Profilierung** der Besonderheiten Ihrer Organisation nach innen und außen.
- Drittens erzeugen Sie **Kohäsion**, also Zusammenhalt zwischen den Abteilungen Ihrer Einrichtung, durch gemeinsame übergeordnete Standards.

So ist der Übergang zwischen Qualitätspolitik und Leitbild teilweise fließend, der Begriff Leitbild hat jedoch eine längere Tradition im sozialen Bereich. Das Leitbild beschreibt zumeist die Leitideen, die Unternehmensphilosophie und Grundsätzliches zum Vorgehen der Organisation.

Dagegen formulieren Sie mithilfe der Qualitätspolitik die Verpflichtungserklärung der obersten Leitung sowie der gesamten Einrichtung zur Qualität. Außerdem finden sich hier die Grundsätze, Ziele und Absichten Ihres Qualitätsmanagements. Die Qualitätspolitik muss im Einklang mit den übergeordneten Vorgaben des Leitbildes und der Gesamtpolitik der Organisation stehen. Sie können aber auch die Aussagen zur Qualitätspolitik direkt in Ihr Leitbild integrieren und nur ein Dokument erstellen.

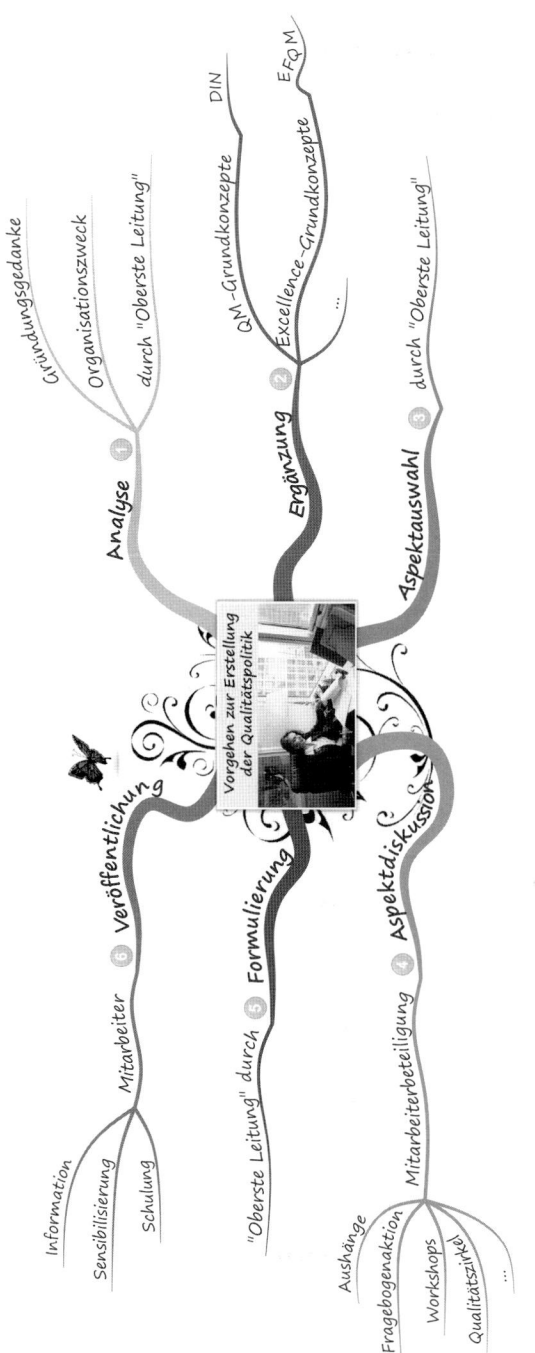

Wie erarbeiten Sie die Qualitätspolitik für Ihre Einrichtung?

Verantwortlich für die Festlegung der Qualitätspolitik ist die oberste Leitung. Aber ebenso wie bei der Erarbeitung des Leitbildes ist die Beteiligung der Mitarbeiter am Erstellungsprozess wichtig, damit diese sich mit der Qualitätspolitik verbunden fühlen und darin wiederfinden können.

Die oberste Leitung sollte bei der Entwicklung der Qualitätspolitik zunächst den Gründungsgedanken der Organisation analysieren und durch weitere qualitätsrelevante Aspekte ergänzen.

> **Praxistipp**
>
> Nutzen Sie bei der Erstellung der Qualitätspolitik entweder die acht Grundsätzen des Qualitätsmanagements der DIN EN ISO 9000er Normenreihe oder die acht Grundkonzepte der Excellence des EFQM-Excellence Modells als Ergänzung.

Die ausgewählten Aussagen sollten dann mit den Mitarbeitern diskutiert werden. Als Forum können hier z. B. Qualitätszirkelarbeit, Aushänge oder Workshops dienen. Anschließend formuliert die oberste Leitung die Qualitätspolitik der Einrichtung und sorgt für die Veröffentlichung und die Information der Mitarbeiter.

Inhalte der Qualitätspolitik

Mit der Qualitätspolitik definiert Ihre Einrichtung die Vorgaben, die Kunden erwarten können. Sie sollten aussagekräftige und prägnante Aussagen zu allen Aspekten der Qualität finden.

Beschreiben Sie, wer Ihre Qualitätspolitik formuliert, verbreitet sowie aktualisiert und wie Sie sicherstellen, dass diese von allen Mitarbeitern verstanden und umgesetzt wird. Benennen Sie Ihr Qualitätsmanagementsystem und die strategische Bedeutung von Qualität in Ihrer Einrichtung. Stellen Sie die Rolle von Leitung und Mitarbeitern bei der Umsetzung des Qualitätsmanagements und den Stellenwert Ihrer Kunden, Lieferanten und Geschäftspartner dar. Zudem sollten Sie Aussagen zur Planung, Festlegung und Bewertung der Qualitätsziele, zur Bereitstellung von Ressourcen und zur ständigen Verbesserung der Qualität Ihrer Einrichtung einfügen.

Typische oberste Ziele der Qualitätspolitik sind die Steigerung der Kundenzufriedenheit, die Verpflichtung der Organisation zur Qualitätsentwicklung und zu wirtschaftlichem

Handeln. Zusätzlich bedeutsam sind auch Aspekte der Gesetzgebung, der Umweltverträglichkeit und Nachhaltigkeit.

> **Praxistipp**
>
> Die Niederschrift der Qualitätspolitik Ihrer Organisation sollte möglichst nicht mehr als eine DIN A 4 Seite umfassen, um einprägsam und überschaubar für die Mitarbeiter zu sein.

Qualitätsplanung

Die Qualitätsplanung umfasst die Planung des Qualitätsmanagementsystems sowie die Festlegung der Qualitätsziele durch die Geschäftsleitung. Dabei müssen die zur Umsetzung notwendigen Ressourcen ermittelt und berücksichtigt werden. Die Gestaltung des Qualitätsmanagementsystems orientiert sich an den zu erreichenden Qualitätszielen und beschreibt die Prozesse, Mittel und Wege, die zur Erreichung dieser Ziele genutzt werden. Zudem sollte im Rahmen der Planung des Qualitätsmanagementsystems auch bedacht werden, wie dessen Funktionsfähigkeit bei Änderungen gesichert werden kann.

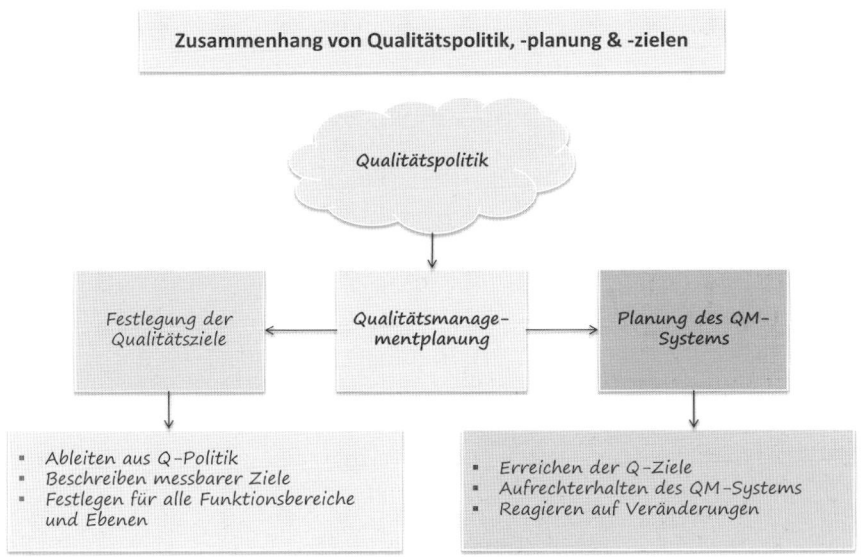

Beispiel für den QM-Kalender													
Monat/Jahr **Aufgabe, Häufigkeit, Verantwortlicher?**	Januar	Februar	März	April	Mai	Juni	Juli	August	September	Oktober	November	Dezember	Folgejahr
Managementbewertung und Qualitätsplanung 1x jährlich, GF/QMB													
Aktualität der Handzeichenliste, quartalsweise, HL/PDL													
Auswertung Beschwerdemanagement, 2 x jährlich, QMB													
Mitarbeiterentwicklungsgespräche, 1 x jährlich, jeweilige Vorgesetzte													
Fachliteratur, 1 x jährlich auf Aktualität prüfen, HL													
Auswertung Fortbildungsteilnahme, quartalsweise, Fortbildungsbeauftragter													
Ermittlung Fortbildungsbedarf (Auswertung Teilnehmerrückmeldung, Befragung in den Einrichtungen Anfang Sept.) Erstellung Fortbildungsplan (ab Ende September), Fortbildungsbeauftragter													
Medikamentenschrank prüfen, halbjährlich, Apotheker und HL/PDL													
Kundenbefragung, alle 2 Jahre, QMB													
Überprüfung der Brandschutz-/ Notfallordner, 1 x jährlich, HL													
…													
Quartalscheck (QMB)													

Planung und Steuerung der Qualitätsmaßnahmen und Aufgaben

Eine Vielzahl von Mitarbeitern ist für die verschiedensten Aufgaben im Rahmen des Qualitätsmanagements zuständig. Hier ist es schwierig, den Überblick zu behalten. Ein hilfreiches Werkzeug zur Planung und Steuerung der wichtigsten qualitätsrelevanten Aufgaben in Ihrer Einrichtung ist der gemeinsame QM-Kalender. Alle verantwortlichen Mitarbeiter nutzen den QM-Kalender, planen am Jahresanfang, wer, wann, welche Aufgabe umsetzen soll und notieren fortlaufend die Eingaben für Ihren Bereich. Der Qualitätsmanagementbeauftragte führt diese regelmäßig zusammen und überprüft die Vollständigkeit der Umsetzung.

Praxistipp

Weitere bewährte Werkzeuge zur Planung und Steuerung der qualitätsrelevanten Aufgaben sind Plantafeln (siehe Kanban im Kapitel „Kaizen") sowie die gemeinsame Nutzung von Outlookkalendern.

Qualitätsziele

Die Qualitätsziele Ihrer Einrichtung sollten von Leitbild und Qualitätspolitik abgeleitet werden und auf den dort beschriebenen Werten beruhen. Diese geben den Rahmen für die Zielfindung vor, also beispielsweise die Zufriedenstellung der Bewohner und Mitarbeiter, die ständige Verbesserung der Dienstleistungen oder die Berücksichtigung gesetzlicher oder sonstiger Forderungen.

Mit Zielen zu arbeiten, ermöglicht es Ihnen den Erfolg der Arbeit zu erkennen und zu bewerten. Das Handeln ohne klare Zielformulierung ist eine Quelle der Unzufriedenheit, bei Mitarbeitern sowie Kunden, da der bewertbare Rahmen für die Dienstleistung fehlt.

Eine Definition für Qualitätsziele

Ein Qualitätsziel beschreibt nach DIN EN ISO 9000:2005 (3.2.5) „etwas bezüglich Qualität Angestrebtes oder zu Erreichendes" in angegebenen Funktionen oder funktionalen Teilbereichen. Ein Ziel ist eine Selbstverpflichtung und eine gedankliche Vorwegnahme eines erstrebten Zustands in der Zukunft und beantwortet Fragen wie:
- „Was soll in Zukunft anders sein?"
- „Inwiefern soll die Zukunft anders sein?"

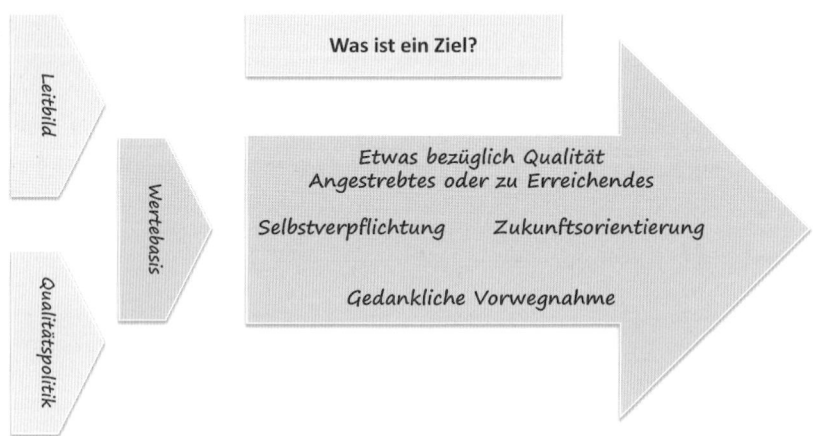

Für alle Funktionsbereiche und Ebenen innerhalb der Einrichtungsstruktur sind Ziele zu beschreiben. Direkt auf die Kunden bezogene Ziele werden Primärziele genannt. Ziele, die sich auf den Betrieb der Einrichtung beziehen, z. B. auf Abrechnung, Buchhaltung oder Dienst- und Urlaubsplanung, gelten als Sekundärziele.

Bei der Formulierung der Ziele sind Regeln zu beachten, die sich mit der **S.M.A.R.T Formel** beschreiben lassen. Zielformulierungen sollten kurz, prägnant und einprägsam und dabei:

- **spezifisch-konkret**, d. h. exakt beschrieben, widerspruchsfrei, auf einen Adressaten oder Zustand bezogen, auf das Wesentliche konzentriert sein und keine Vergleiche wie „besser", „günstiger" oder „mehr" enthalten,
- **messbar**, d. h. mit Messgrößen hinterlegt sein und überprüft werden,
- **aktiv-beeinflussbar**, d. h. im Wesentlichen durch eigene Anstrengung, aber nicht „wie von selbst" erfüllbar sein und eine Selbstverpflichtung enthalten,
- **realistisch**, d. h. eine erreichbare Herausforderung sein,
- **terminiert**, d. h. zeitlich festgelegt sein (zumindest auf der Ebene der konkreten Handlungsziele), um wirklich einen Anreiz zum Tätigwerden zu bilden.

Zudem ist es sinnvoll, ein Ziel positiv zu formulieren, um Anspornend Bilder und Motivation zu bieten. Negative Formulierungen beschreiben dagegen Vermeidungsziele. So beinhaltet z. B. die Aussage „Bewohner sollen sich keinen Dekubitus zuziehen" ein Vermeidungsziel, besser ist die positive Formulierung „Wir sorgen ständig für eine intakte Haut der Bewohner".

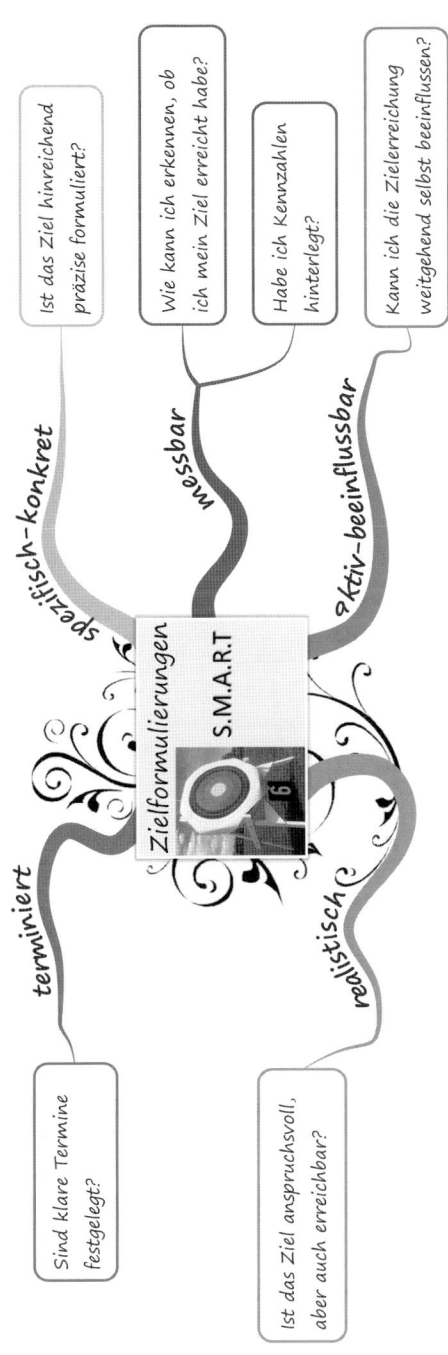

Sinnvoll ist auch die Verschriftlichung der Ziele im Rahmen der Managementbewertung, durch Protokolle, Zielvereinbarungen und Pflegeplanungen etc., um die Verbindlichkeit zu steigern. Bei der Formulierung ist auf die Gegenwartsform zu achten, z. B. „Neue Mitarbeiter sind nach drei Monaten eingearbeitet".

Die folgende Geschichte, aus der Zeit vor der Euroeinführung in Europa, schildert anschaulich, dass es nicht einfach ist, sich klare Ziele zu setzen:

Wünschen ist eine Kunst!
oder: Eine Geschichte darüber, wie schwer es fällt, sich klare Ziele zu setzen.

Die Wunschmaschine stand nämlich so schmutzig und staubig auf dem Tisch, wie sie vorher oben auf dem Speicher gestanden hatte.
„Was soll denn das Licht bedeuten?", fragte Herr Taschenbier. „Das ist das Zeichen, dass die Maschine startbereit ist", erklärte das Sams. „Du musst den Hebel auf EIN stellen und deinen Wunsch dort oben in den Trichter hineinsprechen. Wenn er erfüllt ist, stellst Du den Hebel auf AUS. Das ist alles."

Herr Taschenbier stellte den Hebel auf EIN und überlegte. Das Lichtchen begann ganz schnell zu blinken.
„Ich wünsch' mir ganz viel Geld!", sagte Herr Taschenbier in den Trichter.
„Wohin?", flüsterte ihm das Sams zu. „Du musst sagen, wohin Du es Dir wünschst, sonst landet es irgendwo …"
„Ach so: Ich wünsche mir ganz viel Geld hier in dieses Zimmer!"

Die Maschine gab einen Summton von sich, und das rote Licht hörte auf zu blinken. Herr Taschenbier schaute sich um. Neben der Maschine auf dem Tisch lag ein Fünfmarkstück, das vorher nicht dagelegen hatte. Auf dem Stuhl entdeckte er einen Zwanzigmarkschein, auf dem Teppich unter dem Tisch noch einmal drei Geldscheine.

„Ist das alles?", fragte Herr Taschenbier ein wenig enttäuscht. „Das soll ganz viel Geld sein?" Er hob die drei Scheine vom Boden auf und betrachtete sie. „Dreimal zehn Dollar! Was soll ich denn mit amerikanischem Geld?!"

„Das ist ganz bestimmt nicht alles. Du musst nur danach suchen", sagte das Sams. „Hier schau, im Schuh: sieben Fünfzig-Lire-Münzen! Und da im Buch: ein Hundert-Rubel-Schein! Schau mal in die Lampe: acht Schweizer Franken und ein Zehnmarkschein! Hier in der Vase: vierzehn Dinar! Es ist genau so, wie Du es gewünscht hast, es ist ganz viel Geld im Zimmer. Du musst es nur finden."

„Ich merke schon, ich habe wieder einmal nicht genau genug gewünscht", sagte Herr Taschenbier. „Ich werde es gleich noch einmal versuchen: „Ich wün¬sche, dass hier auf diesem Stuhl ein ganzer Waschkorb voll mit deutschen Geld steht!", Die Maschine begann wieder zu blinken und zu summen. Gleich darauf stand ein ganzer Waschkorb voller Pfennige auf Herrn Taschenbiers Stuhl.

Herr Taschenbier ärgerte sich. „Wieder falsch!", sagte er unwillig. „Ich kann doch nicht in ein Geschäft gehen und mit lauter Pfennigen bezahlen. Bevor ich wieder wünsche, muss ich mich erst mal hinsetzen und alles genau durchdenken."

Textauszug aus: Am Samstag kam das Sams zurück. Paul Maar
© Verlag Friedrich Oetinger, 1985 Hamburg.

Welchen Nutzen haben Ziele?

Die Formulierung von Zielen ermöglicht es Ihnen und Ihrer Einrichtung:
- **Klarheit** zu gewinnen, durch Schaffung von Orientierungshilfen und eines gemeinsames Verständnisses aller Beteiligten,
- **Effektivität** zu steigern, durch differenzierte Aussagen zum Grad der Zielerreichung,
- **Effizienz** zu steigern, durch eine Bewertung des Zielnutzens in Bezug zu den dazu notwendigen Ressourcen,
- **Evaluation und Qualitätsentwicklung** einzuleiten, durch Erfolgskontrolle mithilfe der festgelegten Kriterien zur Überprüfung des Zielerreichungsgrades.

Das Ziel gibt vor, WOHIN ein Prozess führen soll.

Die Maßnahmen entscheiden, WIE das Ziel erreicht werden soll.

Zielhierarchie

Ziele werden auf verschiedenen Ebenen der Einrichtung entwickelt. Hieraus ergibt sich eine hierarchische Anordnung von über- und untergeordneten Zielen. Die übergeordneten Ziele haben eine längere Wirksamkeit als die in den unteren Hierarchieebenen. So werden Leitbilder weniger häufig überprüft und verändert als Handlungsziele und die dazugehörigen Maßnahmen und Messgrößen.

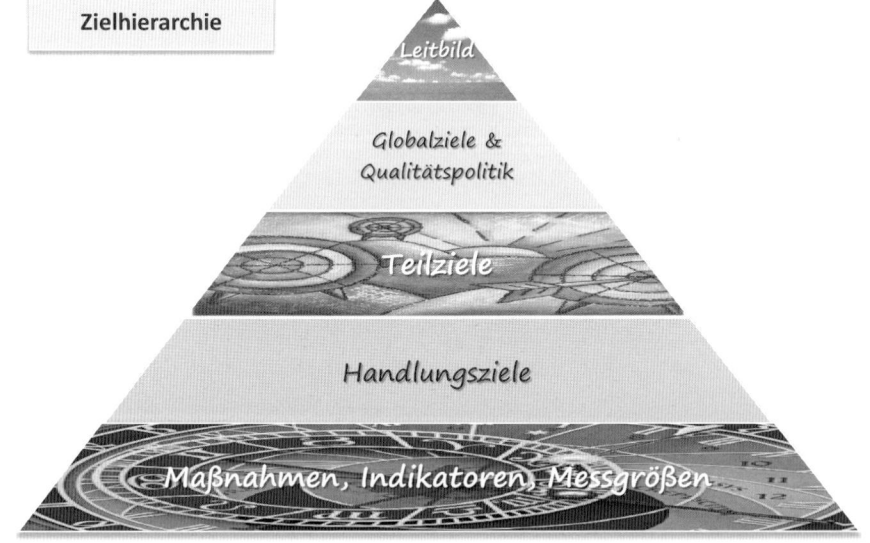

Im **Leitbild** finden sich grundsätzliche Leitsätze zum Selbstverständnis und den Absichten der Organisation.

Globalziele finden sich z. B. in der **Qualitätspolitik** wieder, konkretisieren die Aussagen des Leitbildes und beschreiben einen erwünschten Zustand, der durch die Teilziele und Tätigkeiten erreicht werden soll.

Mehrere **Teilziele,** z. B. in der Leistungsbeschreibung, verdeutlichen zusammengenommen ein Globalziel.

Handlungsziele, z. B. in der Pflegeplanung eines Bewohners, können unmittelbar durch Tätigkeiten oder Arbeitsabläufe erreicht werden.

Zur Umsetzung und Überprüfung der Ziele werden **Maßnahmen, Indikatoren** und **Messgrößen** geplant, genutzt und ausgewertet.

> **Praxistipp**
>
> Die Hierarchieebenen der Zielpyramide werden in der Literatur unterschiedlich benannt. Vergewissern Sie sich bei den einzelnen Begriffen, welche Ebene gemeint ist.

Die Zielhierarchie ist eine Hilfe, um
- den großen Organisationszielen auf der Spur zu bleiben und diese bis ins konkrete Handeln zu verfolgen.
- den Bezug vom übergeordneten Zweck zu den alltäglichen Teilzielen zu finden und damit durchgängige Klarheit über Einrichtungs-, Prozess- oder Projektzweck bis zur einzelnen Maßnahme und dem dahinter liegenden Handlungsziel zu schaffen.
- vom einzelnen Handlungsziel aus, über die übergeordneten Teilziele, hin bis zum Leitbild Klarheit zu geben.
- auf den verschiedenen Zielebenen den Blick für Wahlmöglichkeiten zu eröffnen.
- globale Zielaussagen in konkrete Handlungsanweisungen und sinnvolle Arbeitsschritte zu untergliedern.

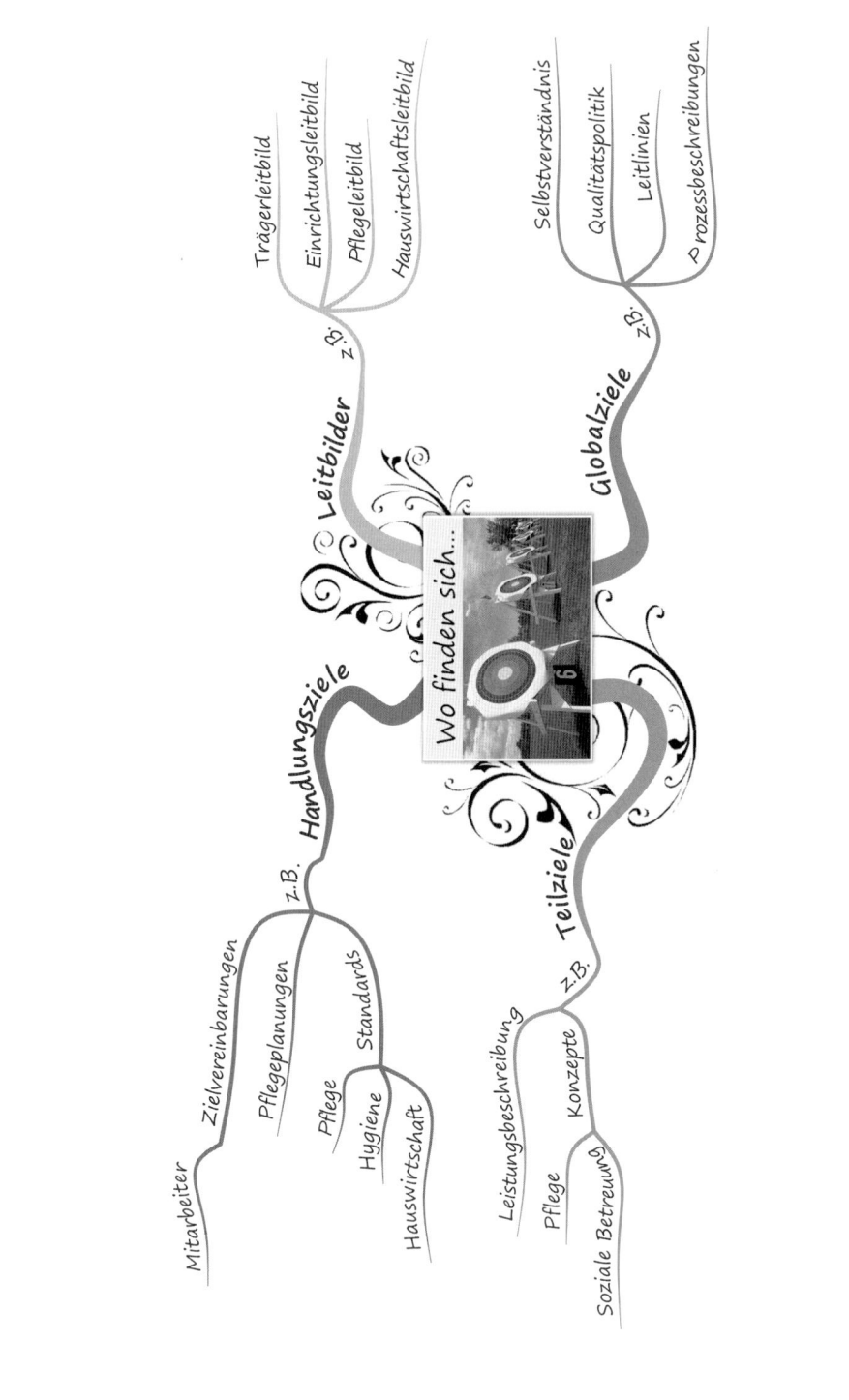

Die folgende Matrix gibt Ihnen ein Beispiel für die Konkretisierung eines Ziels vom Leitbild bis zum Handlungsziel:

Zielkonkretisierung	
Zielhierarchie	**Beispiel**
Leitbild	Der Bewohner steht im Mittelpunkt unseres Handelns.
Globalziel	Wir erbringen eine individuelle, persönliche und fachgerechte Pflege.
Teilziele	• Die zuständigen Bezugspflegekräfte erstellen und überprüfen alle sechs bis acht Wochen die individuellen Pflegeplanungen für jeden Bewohner. • Wir setzen die Vorgaben des Expertenstandards „Ernährungsmanagement zur Sicherstellung und Förderung der oralen Ernährung in der Pflege" um.
Handlungsziel	Mögliche Ziele in einer Pflegeplanung zu AEDL 5, Essen und Trinken: • Bewohnerin hält den BMI von 20 kg/m2 • Bewohnerin hat die Möglichkeit, bedarfsgerechte Speisen und Getränke zu sich zu nehmen
Maßnahmen	Mögliche Maßnahmen: • Bevorzugte Getränke und Speisen anbieten bzw. bereitstellen • Erstellung und Nutzung einer individuellen Ernährungs- und Flüssigkeitsplanung. • Einfuhrkontrolle und Dokumentation im Trink-/Ernährungsprotokoll. • Zum Essen und Trinken motivieren durch Anbieten von Wunschgetränken und Speisen (z. B. Malzbier und süße weiche Speisen) in bewohnereigenem Essgeschirr (Lieblingstasse). • Bereitstellung der gefüllten Ess- und Trinkgefäße in Reichweite des Bewohners.
Indikatoren, Messgrössen	• Erreichte Ernährungs- und Flüssigkeitsmenge anhand des Trink-/Ernährungsprotokolls, • Gewicht und BMI, • Hautbeschaffenheit und Urinfarbe, • …

Typische Handlungsziele, die Pflegekräfte in unseren Einrichtungen täglich nutzen, sind die Zielfestlegungen im Rahmen der Pflegeplanungen der Bewohner. Der Regelkreis der Pflegeplanung ist ein erprobtes Schema zur Verbindung von Zielen und Maßnahmen.

Gerade der Umgang mit der Pflegeplanung zeigt uns deutlich die Schwierigkeiten aber auch die Vorteile exakter Zielformulierungen. Auch hier sollte sorgfältig nach der S.M.A.R.T-Formel vorgegangen und eine strikte Trennung von Zielen und Maßnahmen eingeübt werden.

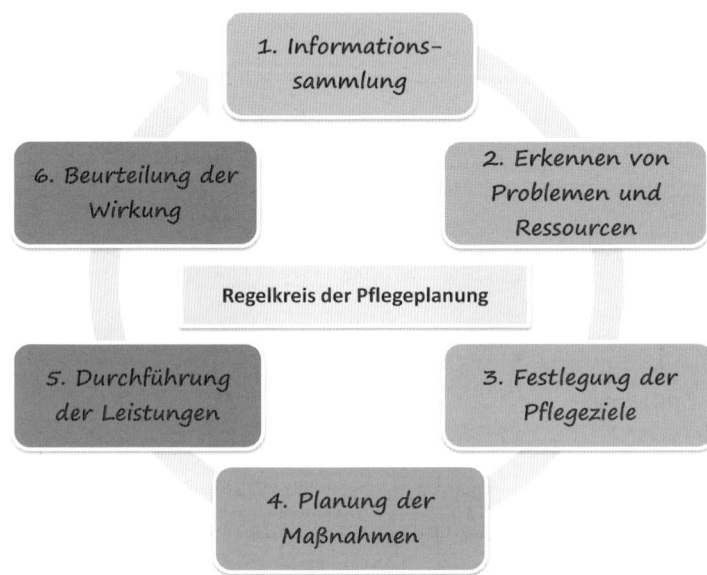

Ein weiteres Schema zur Ziel-Maßnahmen-Verbindung bietet die folgende Matrix:

Schema zur Ziel-Maßnahmen-Verbindung *(nach Michael Patton)*		
Ziel:	Indikatoren, Messgrößen:	Maßnahmen, Aktivitäten, Interventionen:
Welche Veränderungen sollen sich einstellen?	Woran werden wir merken, dass diese Veränderungen eingetreten sind?	Wie, womit oder wodurch wollen wir dieses Ziel erreichen?
1. Senkung des Papierverbrauchs in der Einrichtung um 5 % innerhalb eines Jahres	• Anzahl der verbrauchten Papierpakete • Anzahl der Kopien • Anzahl der Ausdrucke	• Papierloser Datentransfer über Firmennetzwerk und Internet • Papier doppelseitig bedrucken • Fehldrucke als Schmierpapier verwenden • …
2. …	• …	• …

Kennzahlen, Messgrößen und Indikatoren

Zur Planung und Steuerung aller Bereiche Ihrer Einrichtung benötigen Sie ein fundiertes Kennzahlensystem, das sich aus den strategischen Zielen ableitet und alle wesentlichen Perspektiven und Bereiche abbildet.

Ein Controlling mit betriebswirtschaftlichen Kennzahlen ist für Ihre wirtschaftliche Betriebsführung unumgänglich, um die Ertrags- und Finanzsituation langfristig zu steuern und zu lenken. Diese Kennzahlen zur Kostenstruktur sind über die Finanzbuchhaltung und Softwareprogramme zur Heimverwaltung gut zusammenführbar und direkt nutzbar.

Über rein finanzielle Sachverhalte hinaus sollten Sie aber auch Kennzahlen erheben, die Dienstleistungsziele, Prozesse und Verbesserungsmaßnahmen steuern. Diese Daten sind ein wichtiges Instrument, um Veränderungen rechtzeitig zu erkennen, zu bewerten und entsprechend darauf zu reagieren.

Gerade im Bereich der sozialen Dienstleistungen fällt es den Mitarbeitern teilweise schwer, konkrete Messgrößen, Indikatoren und Kennzahlen für die praktische Arbeit mit Zielen zu entwickeln und zu benennen. Die Frage „Ist soziale Arbeit denn überhaupt messbar" wird häufig gestellt. Die Mitarbeiter sind im Umgang mit Messgrößen, anders als im Industriebereich, nicht geübt. Die Verwendung von Zahlen ist nicht selten mit Widerstand besetzt.

Quellen für Messgrößen finden Sie unter anderem durch:
- die Erarbeitung von Soll-Ist-Gegenüberstellungen, z. B. in Form von Checklisten.
- die Nutzung von Standards mit zahlenmäßigen Vorgaben, z. B. die nationalen pflegerischen Expertenstandards.
- die Durchführung von internen und externen Audits.
- die Auswertung von Kunden- und Mitarbeiterbefragungen.
- die Ergebnisse des Beschwerdemanagements und der Fehleranalyse.
- die Analyse von Daten, z. B. der Bilanz, der Tourenplanung oder der Fehlzeiten.
- die Initiierung von Benchmarkingprozessen.
- die Verwendung von Qualitätswerkzeugen, z. B. paarweiser Vergleich, Radardiagramm oder Fehlersammelkarte.

Anforderungen an Messgrößen

„Alles sollte so einfach wie möglich sein, aber nicht einfacher." (Albert Einstein)

Die ermittelten Messgrößen müssen unter anderem:
- eindeutig bezeichnet, aussagekräftig, tatsächlich messbar und zahlenmäßig erfassbar sein.
- Objektiv, valide und charakteristisch für das Merkmal sein und die Realität wiedergeben.
- genau sein, d. h. mehrere Messungen müssen präzise zum gleichen Ergebnis führen.
- empfindlich (sensitiv) sein, um so auch auf Änderungen des gemessenen Merkmals in richtiger Weise reagieren zu können.
- zuverlässige (reliable) und vergleichbare Werte erbringen, durch eine geringe Manipulierbarkeit und eine geeignete Messmethode, insbesondere wenn Menschen als Sensoren eingesetzt werden.
- verständlich sein, dadurch dass Messergebnisse sowie Zusammenhänge zwischen diesen für den Anwender begreifbar (tangibel) sind.
- Einflussmöglichkeiten bieten, so dass der Benutzer aufgrund der Messgrößen Steuerungsmaßnahmen ergreifen kann.
- verzögerungsfrei ermittelt werden, damit die Reaktionszeit zwischen einer Veränderung des Merkmals und der Anzeige der Messgröße möglichst kurz ist.
- unaufwändig und durch festgelegte Erfassungsverantwortliche zu ermitteln sein, um den Messaufwand im Alltag möglichst gering zu halten.

Was sind Kennzahlen?

Mit Kennzahlen bilden Sie zahlenmäßig erfassbare Tatbestände und Entwicklungen in präziser und konkreter Form ab. Es sind Messgrößen, die auf Daten über Tätigkeiten, Ergebnissen, dafür eingesetzten Ressourcen und erzielten Wirkungen beruhen und eine Aussagekraft über diese Daten erlauben. Kennzahlen fassen diese Datenmassen zusammen und verdichten diese zu einer konzentrierten Form.

Für jeden Anwendungszweck gibt es den geeigneten Kennzahlentyp:
Einzelwerte, Summen, Differenzen oder Mittelwerte können Sie ohne weitere Berechnung als **absolute Kennzahlen** darstellen. Beispielwerte dafür sind die Anzahl der Plätze in Ihrer Einrichtung, die Fehlzeiten oder die Anzahl Ihrer Mitarbeiter. Die Bedeutung der absoluten Einzelwerte wird aber erst offensichtlich, wenn Sie diese mit anderen Messgrößen vergleichen.

Durch den Vergleich entstehen **relative Kennzahlen,** diese geben das Verhältnis eines Teilwertes zum Gesamtwert an. Eine Größe wird an der anderen gemessen, dadurch entsteht eine größere Aussagekraft, so ist es beispielsweise sinnvoll, die jährliche Anzahl der Stürze Ihrer Kunden in Bezug zur Anzahl der Stürze im Vorjahr zu setzen.

Abläufe, Inhalte und Aktivitäten eines Prozesses messen Sie mit **Prozesskennzahlen.** Oft wird in den Einrichtungen schon umfangreiches Datenmaterial erzeugt, auf das Sie in diesem Fall zurückgreifen können. Verwaltungsprozesse messen Sie unter anderem mithilfe der Anzahl offener Posten, mit der Zeit für die Fertigstellung der Heimabrechnungen oder der Anzahl der geschulten Mitarbeiter.

Das Resultat der Prozesse bilden Sie mit **Ergebniskennzahlen** ab und bewerten so den Einrichtungserfolg. Hier sind zum einen finanzielle Kennzahlen hilfreich, aber auch nichtfinanzielle Kennzahlen, wie der Grad der Kunden- bzw. der Mitarbeiterzufriedenheit.

Um alle Unternehmensbereiche abzubilden sind bewohner-, wirtschafts- und arbeitsbezogene Kennzahlen zu bilden, die an den übergreifenden Prozesszielen ausgerichtet sind. Diese Kennzahlen machen eine komplexe Realität überschaubar und sensibilisieren für wichtige Aspekte, die sonst möglicherweise nicht wahrgenommen würden. Sie ermöglichen den in der DIN EN ISO 9000er Normenreihe geforderten „sachbezogenen Ansatz der Entscheidungsfindung" durch nachprüfbare Daten. Diese ersetzen intuitive Urteile und machen eine realistische Überprüfung und Diskussion möglich.

Durch die Zusammenführung von Kennzahlen haben Sie die Chance, verschiedene Perspektiven miteinander zu verknüpfen und Zusammenhänge zu erfassen. Sie erkennen Ursachen und Wirkungen, ob und wie sich beispielsweise Schulungen zur Kontrakturprophylaxe auf das Vorkommen von Kontrakturen bei den Bewohnern, auf die Bewohner- und Mitarbeiterzufriedenheit und die Dokumentationsqualität in Ihrer Einrichtung auswirken. So erhalten Sie Aussagen über das Verhältnis von Maßnahmen und Ergebnissen.

> **Praxistipp**
>
> Nutzen Sie Kennzahlen, um Tendenzen und Planerreichung aufzuzeigen, sowie Periodenvergleiche und Abweichungsanalysen auch zwischen den verschiedenen Bereichen zu ermöglichen (Benchmarking).

Es gibt viele Möglichkeiten, um für Tätigkeiten, Prozesse und Bereiche aussagekräftige Kennzahlen zu ermitteln:
- Belegungsdaten (Belegungsgrad, Ausfallzeiten durch Krankenhausaufenthalte der Bewohner, Belegungsstand nach Pflegestufen),
- Sachkosten (allgemein und in verschiedenen Bereichen),
- Krankenstand der Mitarbeiter,
- Überstunden der Mitarbeiter (allgemein und in verschiedenen Bereichen),
- Anzahl der durchgeführten Fortbildungsangebote, Anzahl und Rückmeldungen der Teilnehmer,
- Fachkraftquote,
- durchgeführte Pflegevisiten und deren Ergebnisse,
- Anzahl der Erstbesuche, die zum Einzug führen,
- Anzahl der Angebote und der Nutzer der Angebote der sozialen Betreuung,
- Anzahl der Beschwerden, Lobe und Verbesserungsvorschläge (insgesamt und in verschiedenen Bereichen), Dauer der Beschwerdebearbeitung,
- Kunden- oder Mitarbeiterzufriedenheit (allgemein und in verschiedenen Bereichen),
- Kerntemperatur der verteilten warmen und kalten Speisen etc.

Die daraus resultierenden Kennzahlen können z. B. wie folgt beschrieben werden.
- Unser Haus ist zu 96 % belegt.
- Unsere Bewohner sind wie folgt eingestuft: 31 % in Pflegestufe I, 49 % in Pflegestufe II und 20 % in Pflegestufe III.
- Die durchschnittliche Dauer der Bearbeitung der Beschwerden beträgt zwei Tage.
- Pro Bewohner wird zweimal jährlich eine Pflegevisite durchgeführt.
- In diesem Jahr erreichen wir eine Umsatzsteigerung von 15 %.
- Der Zufriedenheitsindex von Bewohner und Angehörigen beträgt 94 %.

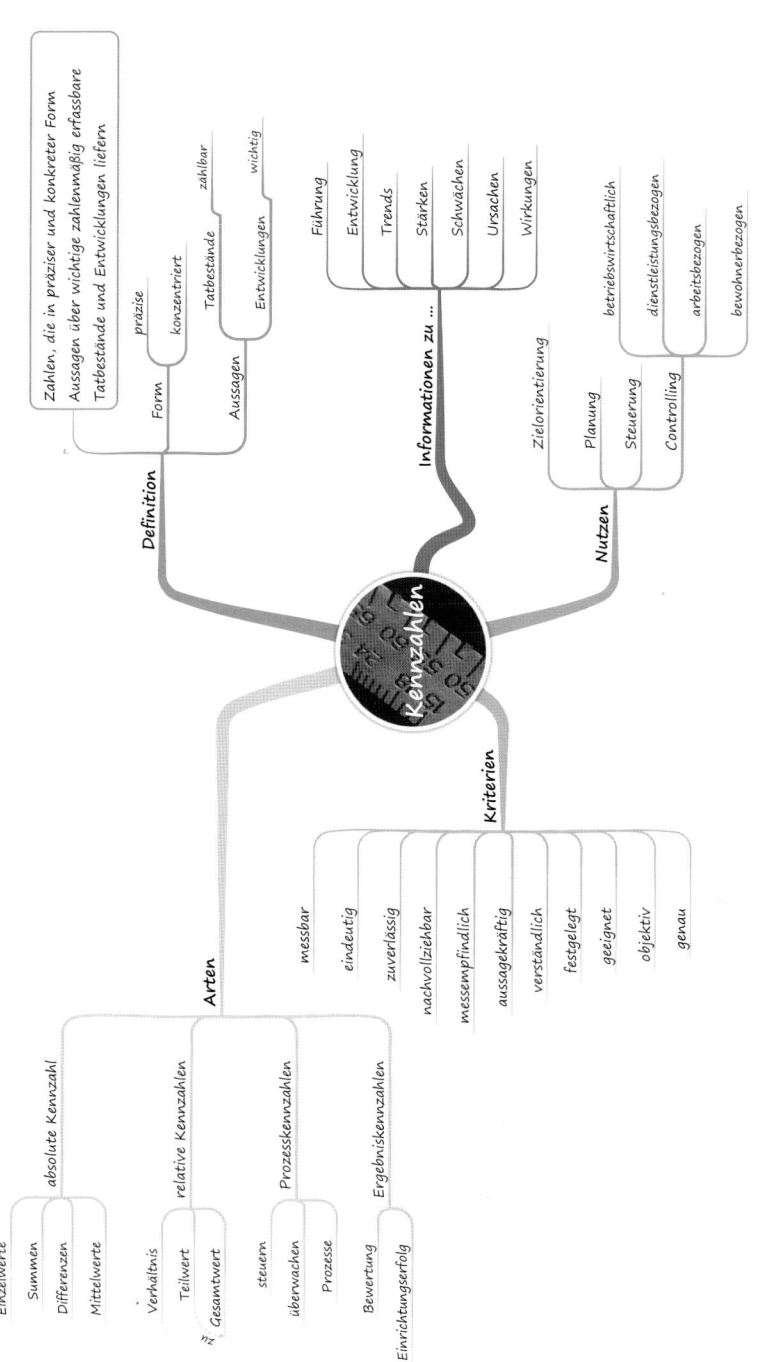

Die Aufgaben von Mess- und Kennzahlensystemen

Das Ermitteln und Zusammenführen von sinnvollen Messgrößen ermöglicht die Positionierung von einzelnen Prozessen, Produkten und Dienstleistungen, sowie Ihrer gesamten Organisation. Als Bewertungsgrundlagen können Sie beispielsweise Punktesysteme (0 – 1000 Punkte), prozentuale Bewertungen (0 – 100 %) oder Symbole (☺☺☹) nutzen. Messsysteme geben durch die Festlegen von Sollwerten für Planung und Verbesserung Ziele vor und erfüllen im Rahmen von Soll-Ist-Vergleichen eine Regelungsfunktion.

Durch Messsysteme schaffen Sie zudem die Voraussetzung für die, in der Norm geforderten **Verifizierungen** und **Validierungen**.
Mit dem Begriff **Verifizierung** ist die Bestätigung der Erfüllung bestimmter festgelegter allgemeiner Anforderungen gemeint, z. B. allgemeingültiger gesetzlicher Normen. Verifizierung ist ein Ergebnis einer Qualitätsprüfung sowie ein objektiver Nachweis in Form einer Messgröße.
Validierung ist ein Unterbegriff der Verifizierung und beschreibt die Bestätigung der Erfüllung festgelegter spezieller Anforderungen, z. B. für den Gebrauch oder die Anwendung in Ihrer Einrichtung oder durch einen einzelnen Kunden.

Kennzahlensysteme

Kennzahlensysteme sind ein wichtiges Steuerungsinstrument mit Frühwarnfunktion für ein QM-System. Denn einzelne Kennzahlen reichen bei vielen Sachverhalten in Organisationen nicht aus, um diese genau beurteilen zu können. Es ist daher sinnvoll, mehrere Kennzahlen zu benutzen. Zusammengenommen bilden diese das Kennzahlensystem: Ihren Kompass für die Kommunikations- und Steuerungsleistungen auf allen Organisationsebenen.

Für eine genaue Unternehmensanalyse ist eine zu große Anzahl von Kennzahlen jedoch nicht besonders hilfreich. Diese beinhalten die Gefahr, dass der jeweilige Nutzer beliebige Kennzahlen und Interpretation wählt, die seinen Zielen am besten entsprechen. Daher ist eine gewisse Systematik erforderlich. Hier sollte eine überschaubare Anzahl von wirklich aussagekräftigen und geeigneten Kennzahlen gewählt werden, die mit konkreten Zielen hinterlegt sind. Ein Kennzahlensystem sollte aus 15 bis 20 übergeordneten Zahlen bestehen.

Definiert werden Kennzahlensysteme als eine systematische Zusammenführung von Kennzahlen, die über denselben Sachverhalt aus verschiedenen Perspektiven informieren und in ihrem Zusammenhang auf ein übergeordnetes Ziel ausgerichtet sind. Das Kennzahlensystem sollte die für die Managementbewertung erforderlichen Eingaben enthalten.

Aufbau eines Kennzahlensystems

Bauen Sie Ihr Kennzahlensystem mit dem Leitungsteam Ihrer Einrichtung auf und beachten Sie dabei:
- die relevanten Prozesse für Prozesskennzahlen,
- Leitbild, Qualitätspolitik, strategische Vorgaben und Ziele,
- die dauerhafte Verfügbarkeit der Daten,
- die Relevanz für die Unternehmenssteuerung,
- sowie eine möglichst einfache Erhebungsverantwortung.

Entscheiden Sie sich für Kennzahlen, die Vergleiche mit anderen Einrichtungen ermöglichen und berücksichtigen Sie bei der Auswahl insbesondere die Kundenperspektive.

Stellen Sie fest, ob die von Ihnen benötigten Kennzahlen schon irgendwo in Ihrer Einrichtung erhoben werden. Anschließend benennen Sie Verantwortliche, die Daten regelmäßig zu einem bestimmten Zeitpunkt (Wochen-, Monats-, Quartalsende) weiterleiten oder direkt aufbereiten, dabei helfen ihnen die Fragen:
- Wer erhebt welche Daten?

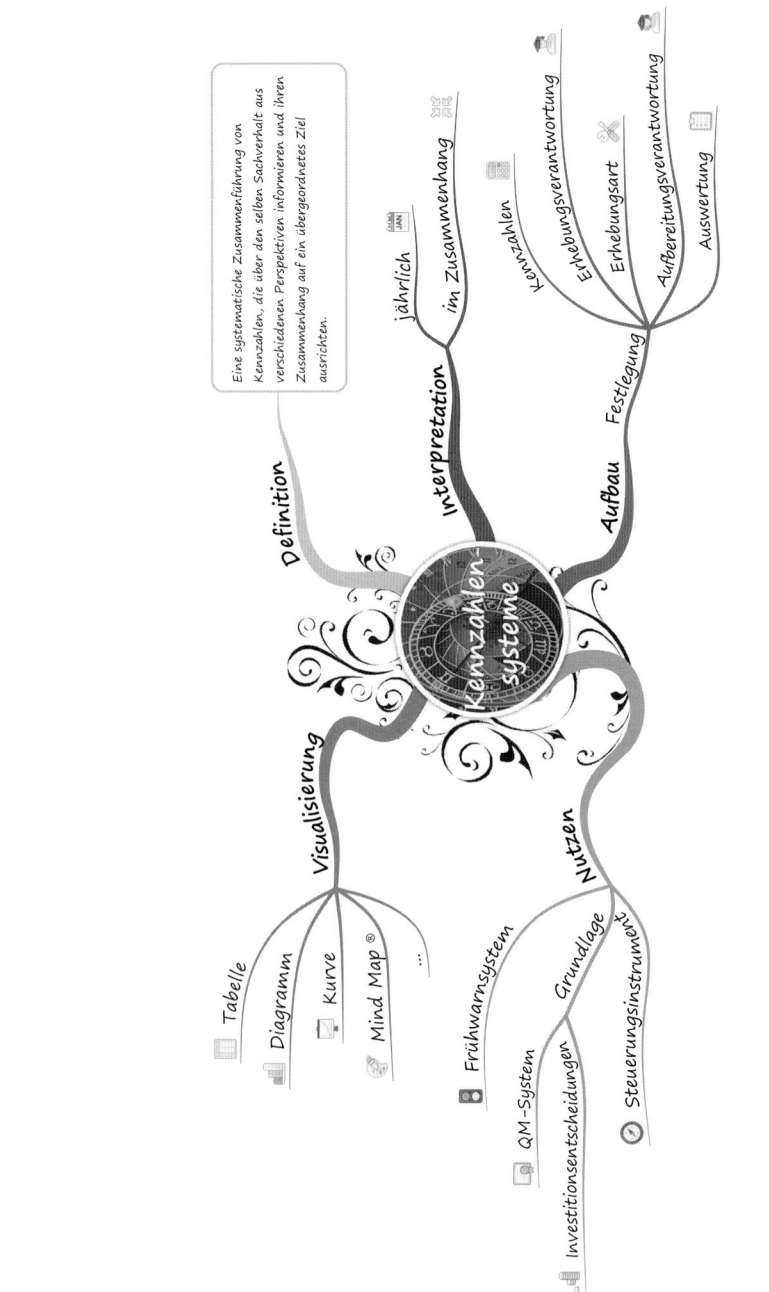

- Welche Datengrundlage ist relevant?
- Welcher Stichtag ist zur Datenerhebung geeignet?
- Wer bereitet einzelne, bzw. die gesamten Daten auf?
- Wie soll die grafische Visualisierung erfolgen, als Tabelle, Diagramm, Kurve oder Ähnliches?

Für die Darstellung von Kennzahlen sind Qualitätswerkzeuge gut geeignet. Verwenden Sie numerische Qualitätswerkzeuge, um die Daten gebündelt zu sammeln und aufzubereiten. Dies erleichtert die anschließende Auswertung im Team.

Mit einer Matrix bzw. Tabelle stellen Sie Beziehungen zwischen Eigenschaften von zwei oder mehr Themen her. Ein Anwendungsbeispiel dafür ist die Lieferantenbewertung. In Form eines Säulen- oder Balkendiagramms können Sie ebenfalls Merkmale und Ereignisse vergleichen und gleichzeitig Rangfolgen darstellen, wie es beispielsweise bei der qualitativen Auswertung der Pflegevisite hilfreich ist. Verlaufsdiagramme helfen Ihnen Veränderungen in ihrer zeitlichen Abfolge zu überwachen, so kann ein Verlaufsdiagramm zur prozentualen Verteilung der Stürze nach Uhrzeiten und Wohnbereichen wertvolle Anregungen für die Gestaltung der Dienstabläufe geben.

Die Auswahl der geeigneten Methode hängt von der Art der Daten ab, dazu sollten Sie die entsprechenden Werkzeuge kennen. Durch die Verwendung von Vorlagen, zum Beispiel in Excel, erleichtern Sie sich die Erstellung. Im Kapitel „Qualitätswerkzeuge" erhalten Sie weitere Anregungen zu diesem Thema.

Bewerten Sie die Kennzahlen regelmäßig. Legen Sie dazu kontinuierliche Auswertungstermine fest, in denen Sie im Leitungsteam die Zahlen, Daten und Fakten bewerten und die Zielerreichungsgrade verfolgen. Dies kann im Rahmen von bereits geplanten Teamsitzungen erfolgen und dort protokolliert werden. Sie können Teile dieser Bewertungen auch veröffentlichen, um Transparenz gegenüber Ihren Bewohnern, den Angehörigen und Mitarbeitern oder weiteren Interessenspartnern zu schaffen.

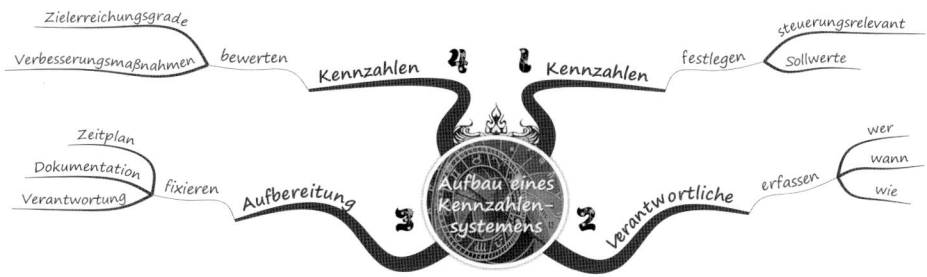

Vier Schritte zum Aufbau und zur Planung Ihres Kennzahlensystems

1. **Legen Sie im Leitungsteam Kennzahlen fest**
   Orientieren Sie sich dabei an Ihren Zielen und Prozessen, achten Sie auf die einfache und dauerhafte Verfügbarkeit sowie die Steuerungsrelevanz der Daten und benennen Sie Sollwerte.
2. **Bestimmen Sie Verantwortliche und die Art der Erfassung**
   Halten Sie möglichst schriftlich fest, wer, auf welche Art, welche Daten, wann und wie erheben soll.
3. **Fixieren Sie die Aufbereitungsverantwortung**
   Den Zeitplan, die graphische Visualisierung und die Dokumentation der Daten durch die verantwortlichen Mitarbeiter sollten Sie vorgeben.
4. **Bewerten Sie die Kennzahlen**
   An kontinuierlichen, festgelegten Terminen prüfen Sie im Leitungsteam die Zielerreichungsgrade, passen wenn nötig Soll-Werte an und planen weitere zielbezogene Verbesserungsmaßnahmen.

Schema zur Kennzahlenerfassung

Die nachfolgende Matrix kann zur gezielten Darstellung und Verknüpfung von Prozessen, Zielen und Kennzahlen in Ihrer Einrichtung genutzt werden.

Schema zur Kennzahlenerfassung

Prozess/ Kennzahl	Berechnung	Datenquelle	Verantwortlich	Soll	Ist	Eingriffsgrenze	Datenweitergabe an
Speisenverteilung Geregelte Ausgabetemperatur nach gesetzlichen Vorgaben/ Gradzahl	Messung mit Temperaturfühler	tägliche Temperaturmesslisten für kalte und warme Speisen	Küchenleiter	warm≥65° kalt ≤10°		Sofort bei Unter- bzw. Überschreitung	Einrichtungsleitung
...							

Es gibt auch verschiedene Kennzahlensysteme, die von kommerziellen Anbietern und Trägern für Einrichtungen der Altenhilfe angeboten werden. Dort erhalten Sie vorgefertigte Erfassungsbögen, die dann durch den Anbieter ausgewertet und grafisch aufbereitet werden.

Praxisbeispiel – Mithilfe von Kennzahlen das Ernährungsmanagement in Ihrer Einrichtung verbessern

Wenn beispielsweise die Noten Ihrer Einrichtung zu ernährungsrelevanten Fragen im Rahmen der MDK- Prüfung schlechter als der Landesschnitt sind, kann dies für Sie als Leitung der Anlass dafür sein, den Umgang mit dem Thema Ernährungsmanagement in Ihrer Einrichtung zu verbessern. Mithilfe von Kennzahlen können Sie die Zielvorgaben und die strategische Ausrichtung dieser Qualitätsverbesserung entwickeln und dabei gleichzeitig einen Nachweis für die Umsetzung des PDCA-Zyklus liefern.

Planungsphase – Plan

In der Planungsphase nehmen Sie eine Ist-Analyse vor und erheben dazu relevante Kennzahlen zum Thema Ernährungsmanagement, beispielsweise durch die:
- qualitative Auswertung der Ergebnisse aus der Pflegevisite
- zusammenfassende Beurteilung der Beschwerden, Reklamationen, Fehlermeldungen und Verbesserungsvorschlägen von Bewohnern, Angehörigen und Mitarbeitern.
- Ermittlung der MDK-Note zu den relevanten Prüffragen, als Gesamt- und Einzelwerte.
- regelmäßige Erhebung der Anzahl aller Bewohner mit Ernährungsdefizit pro Wohnbereich.
- Nutzung von Resultaten aus Bewohner-, Angehörigen oder Mitarbeiterbefragungen.
- die Beurteilung von Ergebnissen aus Audits, Begehungen und anderen Prüfungen.
- Bewertung der Anzahl und des Erfolgs von Schulungen und Qualitätszirkeln zum Thema.
- Erhebung der Kosten der Vollverpflegung pro Person/Tag sowie der Entsorgungskosten der Speiseabfälle pro Quartal.

Mithilfe dieser Kennzahlenauswahl betrachten Sie im Leitungsteam den Themenbereich Ernährung aus verschiedenen Perspektiven und Arbeitsbereichen, relativieren oder bestätigen Ergebnisse. Bewerten Sie gemeinsam diese Anhaltspunkte und konkretisieren Sie ihre Zielformulierung.

Sie haben beispielsweise eine Gesamtnote in den relevanten MDK-Fragen von 2,3. Legen Sie jetzt eine absolute Größe fest, die Sie erreichen wollen, z. B. auf welchen Wert die von Ihnen festgestellte Note gesteigert werden soll. Mit diesem Soll-Wert legen Sie die

Kennzahl fest, mit der Sie Ihren Zielerreichungsgrad ermitteln können. Legen Sie auch einen Zeitraum fest, in dem das Ziel erreicht werden soll.

Ihre Zielformulierung lautet dann beispielsweise: „Verbesserung der Benotung der ernährungsrelevanten MDK-Prüffragen von 2,3 auf 1,3 innerhalb eines halben Jahres". Sie können noch weitere Teilziele ergänzen, beispielsweise die Steigerung der Bewohnerzufriedenheit im Bereich Ernährungsmanagement um 10 % innerhalb eines Jahres oder das Senken der Speisenabfälle durch Vermeidung von Überproduktion um 8 % in Jahresfrist.

Planen Sie auf Grundlage dieser Ziele geeignete Maßnahmen und legen die Zeitpunkte fest, an denen weitere Messungen zur Erhebung von Zahlen, Daten und Fakten erfolgen sollen.

Maßnahmen, die Sie zur Zielerreichung ergreifen, sollten individuell auf die Gegebenheiten in Ihrer Einrichtung abgestimmt sein, es bieten sich unterschiedliche Schritte an: Idealerweise initiieren Sie einen Qualitätszirkel mit Mitarbeitern aus Pflege und Küche zur gemeinsamen Bearbeitung der Schnittstelleproblematiken. Zusammen mit den Mitarbeitern sammeln und bewerten Sie in diesem Rahmen Ideen zur Verbesserung des Prozessablaufes und der genutzten Formulare. Als Ergebnis einigen Sie sich auf eine Regelung zum Ernährungsmanagement, in der Aussagen zur Risikoerfassung, zu individuellen Maßnahmen für die Bewohner aber auch zur Kommunikation der Bereiche untereinander beschrieben sind sowie die relevanten Messungen festgelegt und geplant werden.
In den Qualitätszirkeln können die Mitarbeiter kreativ werden: So fotografierte in einer Einrichtung die Küchenleitung eine Auswahl von Mahlzeiten in drei unterschiedlichen Portionsgrößen, um dem Pflegepersonal die Berechnung von Kalorien und Portionsgrößen anschaulicher zu machen. Zusätzlich wurden die Bestellformulare für den einzelnen Bewohner und die Bereiche erweitert und deren regelmäßige Nutzung umgesetzt.

Umsetzungsphase – Do
Machen Sie die Mitarbeiter mit den Ergebnissen der Planung – im Rahmen einer Dienstbesprechung, eines Training oder einer Schulung vertraut – und führen Sie dann einen Probelauf mit den Mitarbeitern eines Wohnbereichs durch.

Prüfphase – Check
Setzen Sie die geplanten Messungen um und werten Sie mit deren Hilfe den Probelauf aus. Durch eine simulierte MDK-Prüfung mit ausgewählten Fragen zum Ernährungsmanagement erheben Sie beispielsweise die relevanten Notenwerte, gleichen den Soll-

mit dem Istwert ab und bewerten so den Zielerreichungsgrad. So überprüfen Sie die Wirksamkeit Ihrer Maßnahmen.

Aktionsphase – Check
Ist das Ergebnis für Sie noch nicht befriedigend, können Sie dieses durch einen erneuten Umlauf des PDCA-Zyklus verbessern. Geeignete Ergebnisse standardisieren Sie in Ihrem Qualitätsmanagementhandbuch und führen Sie in der gesamten Einrichtung ein.

Nachweis der einzelnen Schritte
Dokumentieren Sie die einzelnen Schritte in Form von Statistiken, Auswertungen, Protokollen und mithilfe eines Maßnahmenplans, dann können Sie die Ergebnisse für das Leitungsteam, Ihre Mitarbeiter und Prüfbehörden transparent steuern und belegen.

Probleme bei der Verwendung von Kennzahlen

Bei der Bewertung der gewonnenen Daten ist Vorsicht geboten. Allgemein besteht die Tendenz Zahlen mit einer Bewertung zu verknüpfen. Zahlen sagen aber nur etwas aus im Zusammenhang mit der Situation, in der sie gewonnen wurden und müssen in Bezug zu den übergeordneten Zielen gewertet werden. So weist z. B. eine geringe Anzahl von Beschwerden in Ihrer Einrichtung nicht unbedingt auf eine hohe Kundenzufriedenheit, sondern möglicherweise auf eine mangelhafte Beschwerdestimulation oder -annahme hin. Hier könnten Daten aus Kundenbefragungen als zusätzlicher Indikator dienen.

Zum Schluss hier noch eine kleine Anmerkung zur Bewertung statistischer Daten: Bei einer Kennzahl oder einem statistischen Wert (hier z. B. dem Durchschnitt = arithmetisches Mittel) geht es darum, möglichst elegant eine große Datenmasse zu einer einzigen aussagekräftigen kompakten Zahl zu verdichten. Allerdings haftet allen statistischen Mittelwerten das Problem an, dass sie oft große Schwankungen verschleiern, denn sie sagen nichts über die statistische Streuung um diesen Mittelwert aus. In diesem Zusammenhang wird immer wieder gerne der "Uralt"-Statistiker-Witz von Franz Josef Strauß erwähnt:

> „Zwei Männer sitzen im Wirtshaus, der eine verdrückt eine Kalbshaxe, der andere trinkt zwei Maß Bier. Statistisch gesehen ist das für jeden ein Maß Bier und eine halbe Haxe, aber der eine hat sich überfressen und der andere ist total besoffen."

Verantwortlichkeiten und interne Kommunikation

„Zwei Menschen für dasselbe verantwortlich zu machen, garantiert Fehler."
(William E. Deming)

Für ein funktionierendes Qualitätsmanagementsystem ist es von fundamentaler Bedeutung, dass jeder Prozessschritt einem verantwortlichen Mitarbeiter namentlich zugeordnet wird. Diese Zuordnung der Verantwortungen und Befugnisse wird schriftlich festgehalten und innerhalb der Einrichtung bekannt gemacht. Jeder einzelne kennt so seinen Aufgabenbereich und ist verantwortlich für das Gelingen der Dienstleistung oder die fachgerechte Erstellung des Produktes.

Die Qualifikationen und Fähigkeiten der Mitarbeiter sind entsprechend der zugeordneten Tätigkeiten zu ermitteln und ggf. in Form von Schulungsmaßnahmen sicherzustellen (Eine Prozessbeschreibung zum Thema „Fortbildungen" finden Sie im Kapitel „Prozessmanagement"). Klar definierte Verantwortlichkeiten und transparente Prozesse geben dem Mitarbeiter Sicherheit, helfen Ihm bei der täglichen Arbeit und tragen zur Motivation und zum Bewusstsein über den Wert seiner Arbeit bei.

Organigramm

Zur grafischen Darstellung der Aufgaben, Kompetenzverteilung und Weisungsbefugnisse sowie als Grundlage für die Stellenbeschreibungen dient das Organigramm. Durch die verschiedenen, mit Linien verbundenen Ebenen, auf denen Kästchen mit Funktion und Namen des Mitarbeiters angeordnet sind, werden die Hierarchiestrukturen auf einen Blick deutlich. Innerhalb dieser Darstellung fällt dem Qualitätsmanagementbeauftragten eine Sonderrolle zu, denn er wird in der Regel als Stabsstelle ausgewiesen, die durch ein Dreieck oder einen Kreis dargestellt wird. Durch die Stabsstelle fällt er aus der Hierarchie heraus und ist der Geschäftsleitung direkt zugeordnet.

Das Organigramm lässt sich in drei Hauptebenen, bestehend aus oberer, mittlerer und unterer Leitungsebene, unterteilen. In der oberen Leitungsebene finden sich Vorstand, Geschäftsführung, und Einrichtungsleitung wieder. Die mittlere Leitungsebene wird z. B. durch PDL, Verwaltungsleitung und Hauswirtschaftsleitung abgedeckt. In der unteren Leitungsebene sind zumeist die Bereichsleitungen angesiedelt. Dann folgen die Mitarbeiter der einzelnen Bereiche. Selbstverständlich können auch die Stellvertreter der Leitungskräfte deutlich gemacht werden.

Es gibt auch Mitarbeiter, die dem Einrichtungsleiter direkt unterstellt, anderen Mitarbeitern gegenüber aber nicht weisungsbefugt sind, z. B. in den Bereichen Haustechnik und soziale Betreuung.

Die schematische Darstellung einer idealtypischen **Stab-Linien-Organisation** zeigt die folgende Grafik:

Praxistipp

Hängen Sie das Organigramm an geeigneter Stelle aus und veröffentlichen Sie es auf Ihren Internetseiten. So machen Sie Ihren Kunden und Mitarbeitern den hierarchischen Aufbau Ihrer Einrichtung deutlich.

Die Komplexität des Organigramms steigt mit der Einrichtungsgröße und der Anzahl der Fachabteilung. Für eine Zertifizierung kann es sinnvoll sein, auch die Beauftragten mit Sonderaufgaben ins Organigramm mit aufzunehmen und detailliert aufzuführen.

Abweichend von oder ergänzend zu der oben gezeigten Stab-Linien-Aufteilung des Organigramms gibt es die Möglichkeit der **Matrixorganisation.** Hierbei gibt es zusätzlich zu den Bereichsleitern Experten für bestimmte Fachaufgaben, die dann zusätzlich fachliche Weisungsbefugnis in Bezug auf die Mitarbeiter haben. Diese wird durch zusätzliche horizontale Linien im Organigramm kenntlich gemacht.

Beispielsweise kann im Rahmen der Matrixorganisation die Hauswirtschaftsleitung oder der Leiter der Haustechnik – die für mehrere Häuser eines Trägers zuständig sind – die fachliche Leitung gegenüber den Bereichsmitarbeitern innehaben. Bei diesem Modell bleibt die dienstliche Weisungsbefugnis beim jeweiligen Einrichtungsleiter. Vorteil ist die Entlastung der Leitungskraft in Bezug auf Fachaufgaben, nachteilig können sich hier mögliche Kompetenzkonflikte auswirken.

Praxistipp

Gerade für den Qualitätsmanagementbeauftragten ist die richtige Positionierung im Organigramm von entscheidender Wichtigkeit. Die Stabsstelle sollte an der obersten Leitung (geschäftsführender Einrichtungsleiter, Geschäftsführung, Vorstand) angesiedelt sein, um genug Befugnisse zur Umsetzung der notwendigen Aufgaben zu haben. Die Abgrenzung zu den Kompetenzen und Befugnissen der weiteren Führungskräfte sollte eindeutig und transparent erfolgen. Mehr Informationen dazu finden Sie im Kapitel „Qualitätsmanagementbeauftragte".

Mitarbeiter mit Sonderaufgaben

Im Altenpflegebereich gibt es eine Vielfalt von, teilweise gesetzlich vorgeschriebenen, Sonderfunktionen, die einzelne Mitarbeiter zusätzlich zu ihrem eigentlichen Aufgabenbereich wahrnehmen. Vom Datenschutzbeauftragen, über den Fortbildungsbeauftragten bis hin zum Sicherheitsbeauftragten.

Zumindest die gesetzlich geforderten Beauftragten sollten Sie in der Einrichtung benennen. Es empfiehlt sich deren Aufgabenbereiche in Form von Tätigkeitsbeschreibungen oder Standards innerhalb des Qualitätshandbuches festzulegen, um die zusätzlichen Verantwortungsbereiche der jeweiligen Mitarbeiter im Unternehmen zu klären und bekannt zu machen. Im Organigramm bzw. der Geschäftsverteilungsmatrix sollten die Beauftragten ebenfalls aufgeführt werden.

Beispiele für Sonderfunktionen

Fortbildungskoordinator **Hygienefachkraft**
Datenschutzbeauftragter Medizinproduktebeauftragter
Hygienebeauftragter
Pflege
Sicherheitsbeauftragter Arbeitssicherheitsfachkraft
Betriebsarzt Brandschutzbeauftragter
EDV-Koordinator **Praxisanleiter**
Kontinenzbeauftragter

Geschäftsverteilungsmatrix

Als Ergänzung zum Organigramm, zur Verdeutlichung und übersichtlichen Darstellung der Verantwortungsbereiche, Funktionen und Sonderbeauftragten, bietet sich die Nutzung einer Geschäftsverteilungsmatrix an.

Muster: Geschäftsverteilungsmatrix					
Funktions-bezeichnung	Bereichs-bezeichnung	Name (Titel, Vorname, Nachname)	Stellvertretung (Titel, Vorname, Nachname, Kürzel der Funktions-bezeichnung)	Vorgesetzter (Ansprechpartner)	
				(Funktions-bezeichnung)	(Titel, Vorname, Nachname)
Geschäftsführer	Betriebsleitung			Aufsichtsrat	
Einrichtungs-leitung	Betriebsleitung			GF	
Qualitätsmanage-mentbeauftragter	Stabsstelle Quali-tätsmanagement			GF	
Pflege					
Pflegedienst-leitung	Pflegebereich			Einrichtungs-leitung	
Wohnbereichs-leitung A	Wohnbereich A			PDL	

Muster: Geschäftsverteilungsmatrix					
Funktions-bezeichnung	Bereichs-bezeichnung	Name (Titel, Vorname, Nachname)	Stellvertretung (Titel, Vorname, Nachname, Kürzel der Funktions-bezeichnung)	Vorgesetzter (Ansprechpartner)	
				(Funktions-bezeichnung)	(Titel, Vorname, Nachname)
Wohnbereichs-leitung B	Wohnbereich B			PDL	
...	...			PDL	
Verwaltung					
Verwaltungslei-tung	Lohn/Buchhal-tung, Personal, Heimverwaltung			Einrichtungs-leitung	
Hauswirtschaft					
Hauswirtschafts-leitung	Hauswirtschaft			Einrichtungs-leitung	
Küche	Hauswirtschaft			HWL	
Soziale Betreuung					
Mitarbeiter Soziale Betreuung	Soziale Betreuung			Einrichtungs-leitung	
Alltagsbegleiter nach § 87b SGB XI	Soziale Betreuung			Einrichtungs-leitung	
Haustechnik					
Haustechniker	Haustechnik			Einrichtungs-leitung	
Mitarbeiter – und Bewohnervertretung					
(Heim-)beirat	Bewohner-vertretung				
Betriebsrat/Mitar-beitervertretung	Betriebsrat/Mitar-beitervertretung				
Sonderfunktionen					
Hygienefachkraft	Hygiene				
Hygienebeauf-tragte	Hygiene Hauswirt-schaft				
Hygienebeauf-tragte	Hygiene Pflege				
Betriebsarzt	Arbeitsmedizin (extern)				

Muster: Geschäftsverteilungsmatrix					
Funktions-bezeichnung	Bereichs-bezeichnung	Name (Titel, Vorname, Nachname)	Stellvertretung (Titel, Vorname, Nachname, Kürzel der Funktionsbezeichnung)	Vorgesetzter (Ansprechpartner)	
				(Funktions-bezeichnung)	(Titel, Vorname, Nachname)
Datenschutz-beauftragte	Datenschutz				
Fachkraft für Arbeitssicherheit	Arbeitssicherheit				
Sicherheits-beauftragter	Arbeitssicherheit Pflegebereich				
Sicherheits-beauftragter	Arbeitssicherheit Technischer Bereich				
Brandschutz-beauftragter	Brandschutz				
Praxisanleitung	Ausbildung Pflege				
Kontinenz-beauftragter	Pflege				
Fortbildungs-koordinator	Fort- und Weiterbildung				
EDV-Koordinator	IT				

Praxistipp

Bei der Gestaltung der Kapitel des Qualitätshandbuches ist es sinnvoll, die Namen der verantwortlichen Mitarbeiter nur im Organigramm und/oder der Geschäftsverteilungsmatrix festzuhalten. Wenn Sie in den weiteren Kapiteln nur die Bereichs- oder Aufgabenbenennungen verwenden, müssen Sie bei einem Wechsel eines Mitarbeiters nur das Organigramm bzw. die Matrix für Sonderaufgaben, nicht aber die weiteren Dokumente erneuern. In PC-gestützten QM-Handbüchern wird dies zumeist durch die Nutzung von Rollen und Rollenzuordnungen für Mitarbeiter gelöst, dies erleichtert die Gestaltung.

Die Stellenbeschreibung

Die Stellenbeschreibung orientiert sich am Organigramm und gibt den Mitarbeitern Auskunft darüber, was von ihnen verlangt und erwartet wird. Sie stellt eine verbindliche Vertragsgrundlage dar, die sowohl der Personalakte zugeordnet, als auch dem Mitarbeiter ausgehändigt wird. Aber auch Stellenbeschreibungen sind prozessorientiert und sollten im Rahmen der Qualitätsverbesserungen regelmäßig angeglichen und neu vereinbart werden, um den Erfordernissen der Arbeitsabläufe gerecht zu werden.

Wenn es sich bei Ihrer Einrichtung nicht um einen Einmannbetrieb handelt, sollten Sie funktionsbezogene Stellenbeschreibungen einer personenbezogenen Stellenbeschreibung vorziehen. So regeln Sie die Kompetenzen und Arbeitsziele einheitlich und schaffen für die Mitarbeiter eine größere Sicherheit und Orientierung.

Erstellen Sie Stellenbeschreibungen für alle in Ihrer Einrichtung vertretenen Leistungsbereiche:
- Einrichtungsleitung
- Pflegedienstleitung/Leitende Pflegefachkraft
- Wohnbereichsleitung
- examinierte Pflegekräfte
- Krankenpflegehelfer/Altenpflegehelfer
- Angelernte Kräfte in der Pflege
- Soziale Betreuung/Sozialer Dienst
- Alltagsbegleiter nach § 87 b SGB XI
- Hauswirtschaftsleitung
- Mitarbeiter in der hauswirtschaftlichen Versorgung
- Technischer Dienst
- etc.

Praxistipp

Beteiligen Sie die Mitarbeiter an der Erarbeitung der Stellenbeschreibungen und binden den Betriebsrat/die Mitarbeitervertretung in die Verabschiedung mit ein.

Gliederung der Stellenbeschreibung

Es empfiehlt sich die Stellenbeschreibungen Ihrer Einrichtung nach einem einheitlichen Muster zu verfassen. Die folgenden Punkte sollten in jedem Fall enthalten sein:

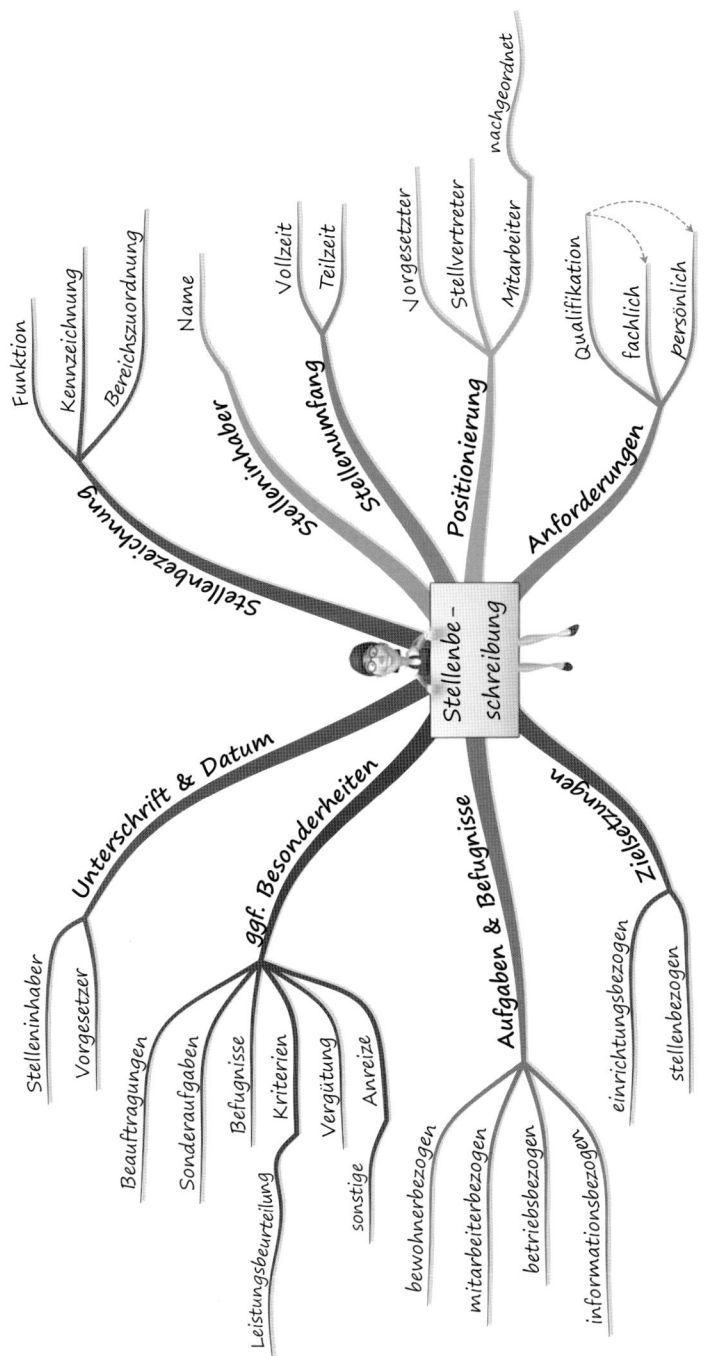

> **Praxistipp**
> Stellenbeschreibungen sollen konkret sein, ohne einzuengen oder starre Strukturen zu schaffen.

Inhalte der Stellenbeschreibungen in Bezug auf das Qualitätsmanagement und weitere Anforderungen

Bei der Umsetzung Ihres Qualitätsmanagements haben die verschiedenen Mitarbeiterebenen bestimmte Verantwortungen und Zuständigkeiten. Von diesen Ebenen aus können Aufgaben delegiert werden, wobei die Verantwortung bei der jeweiligen Ebene bleibt. Die vier Hauptebenen sind die Verantwortlichkeit der Geschäftsleitung, des Qualitätsmanagementbeauftragten, der Bereichszuständigen (Prozesseigentümer) sowie der Mitarbeiter.

Ebene 1

In der Verantwortung der **Geschäftsleitung** liegt die Selbstverpflichtung zum Qualitätsmanagement, die Entwicklung und Umsetzung von Leitbild und Qualitätspolitik, die Festlegung und Überprüfung von Qualitätszielen sowie die Benennung und Einstellung des Qualitätsbeauftragten. Die Geschäftsleitung sorgt auch dafür, dass Informationen zum Qualitätsmanagement allen Mitarbeitern zugänglich gemacht werden, die interne Kommunikation geregelt ist und Verantwortungen und Befugnisse geklärt sind. Zudem ist sie für die Umsetzung der Managementbewertung zuständig.

Ebene 2

Als **Beauftragter der obersten Leitung** ist der Qualitätsmanagementbeauftragte für die Koordination der QM-Maßnahmen verantwortlich und steht als Berater zur Verfügung. Er führt Audits und Verbesserungsgespräche durch, unterstützt oder leitet die Zirkelarbeit und stellt sicher, dass die für das QM-System erforderlichen Prozesse eingeführt, verwirklicht und aufrechterhalten werden.

Beim Erkennen eines negativen Einflusses auf die Qualität ist er verpflichtet, Kontakt mit dem zuständigen Verantwortlichen bzw. der obersten Leitung aufzunehmen. Er gibt den Stand und die Entwicklung des Qualitätsmanagements an die Geschäftsleitung weiter und unterstützt diese, die Prozesseigentümer sowie die Mitarbeiter bei Ihren

QM-Aufgaben. Bei Verhandlungen repräsentiert oftmals der Qualitätsmanagementbeauftragte die Einrichtung, zudem soll er das Bewusstsein über Kundenorientierung in der gesamten Einrichtung sicherstellen.

Ebene 3

Die wichtigsten Prozesse gehen in das Eigentum von Mitarbeitern über, diese werden zu den Prozesseigentümern. In ihrer Verantwortung liegt es, die vorgegebenen Ziele unter Einsatz von Zirkelarbeit umzusetzen und für eine kontinuierliche Verbesserung der Prozesse zu sorgen.

Ebene 4

Auch der einzelne **Mitarbeiter** hat die Verpflichtung zur Mitarbeit und Umsetzung von qualitätssichernden Maßnahmen, wie z. B.
- Mitarbeit im Qualitätszirkel
- Mitarbeit beim Fehler-, Beschwerde- und Verbesserungsmanagement sowie bei Korrektur- und Vorbeugungsmaßnahmen.
- Kenntnisse über das hausinterne Qualitätssystem (Checklisten, Verfahrensstandards etc.)
- Verpflichtung zur Arbeit nach den in der Einrichtung geltenden Regelungen und Standards
- Regelmäßige, aktive Teilnahme an Dienstbesprechungen, internen und externen Fortbildungen aller Art
- Ständige eigene Fortbildung durch Lesen von Fachliteratur und Fachzeitschriften

Die hier benannten Verantwortungen, Zuständigkeiten und Aufgaben in Bezug auf das Qualitätsmanagement sollten sich in den jeweiligen Stellenbeschreibungen wiederfinden.

Zusätzlich ist es erforderlich, die Verantwortlichkeiten bezüglich der Steuerung des Pflegeprozesses durch die **Pflegefachkräfte** in den Stellenbeschreibungen zu formulieren. Zu den Aufgaben der Pflegefachkräfte gehören unter anderem die Pflegeanamnese/Isterhebung, die Pflegeplanung, die Anleitung und Überprüfung der Pflegehilfskräfte, die Einbeziehung der anderen an der Pflege und Betreuung Beteiligten und die Evaluation der Pflege. Die entsprechenden Anforderungen lassen sich aus dem SGB XI sowie den Maßstäben und Grundsätzen zur Qualität nach § 113 SGB XI entnehmen, die einrichtungsinternen Regelung zu diesen Vorgaben müssen den Prüfbehörden nachweislich vorgelegt werden.

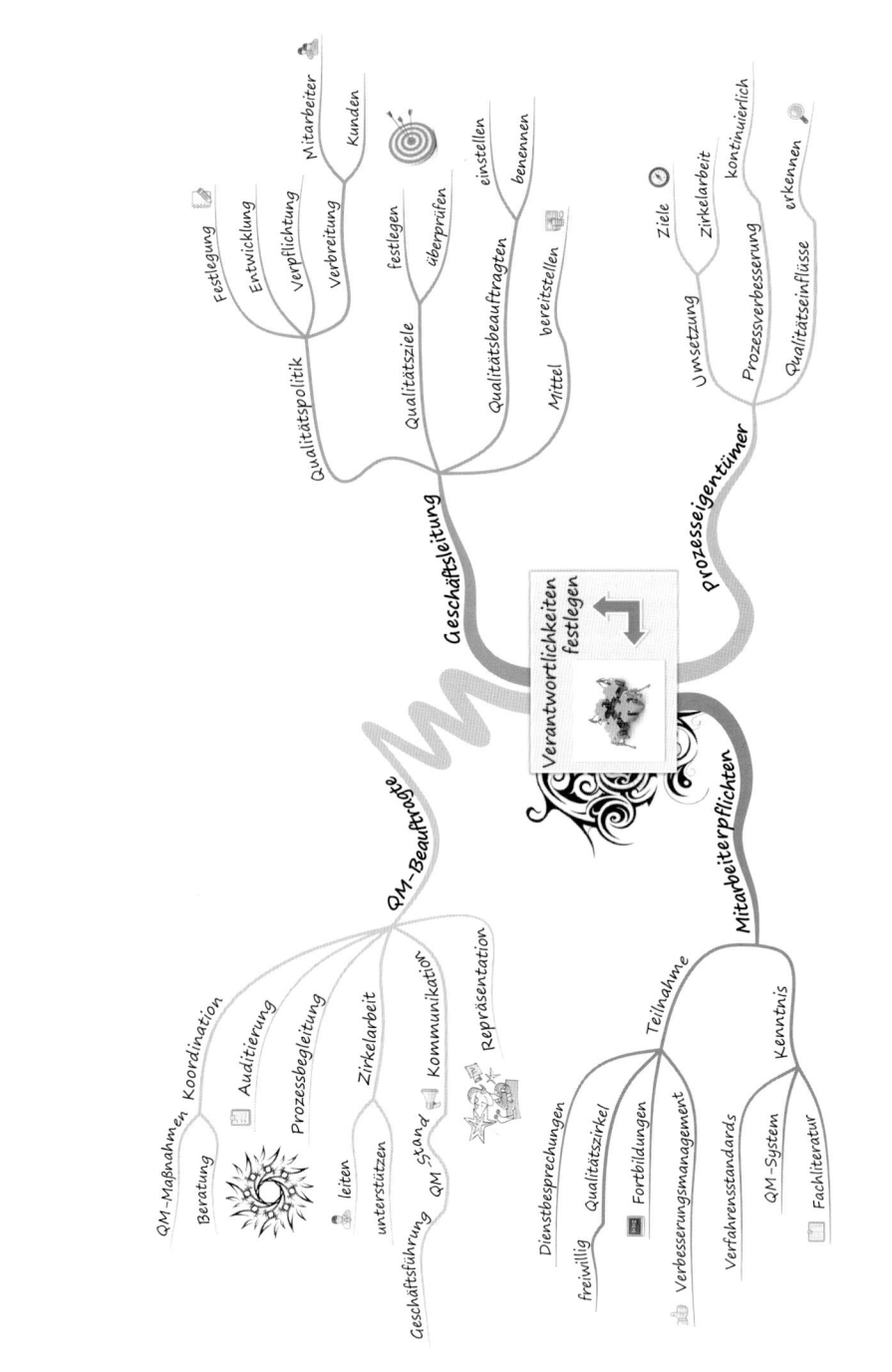

Interne Kommunikation

Im Rahmen der Gestaltung Ihres Qualitätsmanagementsystems ist die Festlegung geeigneter Kommunikationsstrukturen durch die oberste Leitung erforderlich. Teil dieses Austauschs müssen Informationen zur Wirksamkeit des Qualitätsmanagementsystems sein.

Bei der Strukturierung des Informationsflusses und der Gewährleistung eines verbindlichen, zuverlässigen Informationstransfers durch verantwortliche Mitarbeiter hilft Ihnen die Kommunikationsmatrix. Diese stellt in Form einer Tabelle die Themen, Inhalte und Teilnehmer der geplanten Besprechungen dar. Zudem werden der Sitzungszyklus, die Dauer und der Teilnehmerkreis festgelegt. Wichtig sind hier auch die Festlegungen zur Protokollerstellung und Verteilung. Für die Einhaltung der getroffenen Regelungen sorgt der jeweils verantwortliche Mitarbeiter.

Muster: Kommunikationsmatrix

Besprechung	Inhalt	Teilnehmer + Verteiler fürs Protokoll (V+)	Turnus	Dauer	Protokoll	Verantwortung
Leitungsbesprechung	fachlicher Austausch, Organisatorisches, Wirksamkeit des QM-Systems	Geschäftsführung, Heimleitung, Pflegedienstleitung, Personalleitung, QM-Beauftragter	Monatlich, öfter bei Bedarf	2 Std.	ja	Geschäftsführung
Steuergruppe	Steuerung und Wirksamkeit des QM-Systems	Geschäftsführung, Heimleitung, Pflegedienstleitung, Personalleitung, QM-Beauftragter	Monatlich	2 Std.	ja	QM-Beauftragter
Qualitätszirkel (Thematisch oder bereichsbezogen)	Aktuelle qualitätsrelevante Themen	Je nach Thema ausgewählte Mitarbeiter, Leitungsmitglieder, QM-Beauftragter V+: Teilnehmer Steuergruppe	Alle 2 Wochen	1 Std.	ja	QM-Beauftragter
Übergabegespräche	Arbeitsübergabe anhand der Bewohnerdokumentationen	Diensthabende Mitarbeiter	3 x täglich Früh/Spät Spät/Nacht Nacht/Früh	45 Min. 15 Min. 15 Min.	ja	Schichtleitung

Muster: Kommunikationsmatrix						
Besprechung	Inhalt	Teilnehmer + Verteiler fürs Protokoll (V+)	Turnus	Dauer	Protokoll	Verantwortung
Heimbeiratssitzung	Informationsweitergabe, Wahrnehmung gesetzlicher Rechte	Heimbeiratsmitglieder, Mitarbeiter Soziale Betreuung, auf Wunsch Leitungs- und sonstige Mitarbeiter	Alle 2 Monate	1 Std.	ja	Mitarbeiter soziale Betreuung
Supervision	Klärung arbeitsbezogener Probleme	Je nach Thema betroffene Mitarbeiter, Leitungsmitglieder, Qualitätsmanagementbeauftragter	Bei Bedarf	1,5 Std.	nein	Heimleitung
...						

Um die Besprechungskultur für die Mitarbeiter aller Bereiche und Hierarchieebenen transparent zu machen, empfiehlt es sich die Besprechungen komplett aufzulisten. Indem Sie auch die externen Konferenzen und Sitzungen vermerken, stellen Sie zudem die Auflistung der externen Maßnahmen zu Qualitätssicherung bereit.

Praxistipp

Diskutieren Sie bei der Erstellung der Kommunikationsstruktur den Nutzen und Stellenwert der einzelnen Besprechungen. Prüfen Sie dabei, ob alle Arbeitsbereiche ausreichend in Sitzungen berücksichtigt und alle notwendigen Protokolle angefertigt und verteilt werden. Legen Sie sich nur auf eine Mindestanzahl an Sitzungen und Teamgesprächen fest, denn die vollständige Umsetzung der geplanten Aktivitäten müssen Sie in Qualitätsprüfungen durch Protokolle nachweisen.

Qualitätsmanagementbeauftragte

„Das ganze Leben ist ein Prozess des Miteinander-in-Beziehung-Stehens. Erhöhe die Qualität dieses Prozesses und der Rest wird sich von selbst ergeben".

(Moshe Feldenkrais)

In den Maßstäbe und Grundsätze zur Qualität nach § 113 SGB XI (stationär) wird gefordert:

„Die Verantwortung für die Umsetzung des Qualitätsmanagements liegt auf der Leitungsebene der Pflegeeinrichtung. Der Träger der Pflegeeinrichtung stellt für das Qualitätsmanagement die personellen und sächlichen Ressourcen zur Verfügung."

Dies deckt sich mit den Anforderungen der Din EN ISO 9001:2008. Auch dort wird klargestellt, dass die Verantwortung für die aktive Unternehmenssteuerung mithilfe des Qualitätsmanagements bei der obersten Leitung liegt. Diese hat selbst über Qualitätspolitik und Qualitätsziele der Einrichtung zu entscheiden. Sie ist gefordert als Vorbild zu handeln, den Mitarbeitern die Anforderungen zu kommunizieren und die Verfügbarkeit von Ressourcen sicherzustellen.

Zudem verpflichtet die Norm die oberste Leitung ein Mitglied der Leitung zu benennen, das folgende Verantwortung und Befugnis hat:
- Einführung, Verwirklichung und Aufrechterhaltung der Prozesse,
- Berichterstattung gegenüber der obersten Leitung, über die Leistung des QM-Systems und die Entwicklung der kontinuierlichen Verbesserung,
- Förderung des Bewusstseins über Kundenanforderungen in der gesamten Einrichtung.

Dieser Beauftragte der obersten Leitung (BOL) kann der Qualitätsmanagementbeauftragte (QMB) selbst sein oder eine weitere Führungskraft, die mit dem QMB zusammenarbeitet. Es kann ergänzend auch ein externer Berater eingesetzt werden, je nach Einrichtungsgröße wird dies unterschiedlich geregelt. Bei einer Trennung der Aufgabenstellung des Beauftragten der obersten Leitung und des Qualitätsmanagementbeauftragten übernimmt der Qualitätsmanagementbeauftragte die operative Umsetzung des Qualitätsmanagementsystems, der Beauftragten der obersten Leitung verantwortet die Erfüllung der Aufgaben.

Für den qualifizierten Qualitätsmanagementbeauftragten gibt es noch weitere Bezeichnungen:
- Qualitätsmanager (QM)
- Leitung Qualitätsmanagement (Leitung QM)

- Managementsystembeauftragter
- Stabsstelle Qualitätsmanagement

Die Bezeichnung Qualitätsbeauftragter (QB) wird zumeist für Mitarbeiter genutzt, die nur eine QM-Kurzschulung durchlaufen haben oder einem Qualitätsmanager bzw. Qualitätsmanagementbeauftragten unterstellt sind.

Eine Studie von 2011 zu Qualitätssiegeln und Zertifikaten in der deutschen Langzeitpflege des Zentrums für Qualität in der Pflege (ZQP) ermittelte, dass in ca. 90 % der befragten stationären Einrichtungen ein Qualitätsmanagementbeauftragter beschäftigt ist, dieser verfügt im Schnitt über einen Stellenanteil von 35 %. Insofern kommen die Einrichtungen der Altenpflege Ihrer Verpflichtung zu Sicherstellung der personellen Ressourcen für das Qualitätsmanagement weitgehend nach.

Innerhalb der Realisierung des Qualitätsmanagements ist die Rolle eines qualifizierten Qualitätsmanagementbeauftragten von zentraler Bedeutung. Er ist zuständig für die einrichtungsspezifische Sicherung und Entwicklung des Qualitätsmanagements. Er nimmt den Führungskräften nicht die Verantwortung für Qualität ab, sondern unterstützt und entlastet diese, indem er die geforderten Maßnahmen mit den Mitarbeitern entwickelt, umsetzt und als einen gemeinsamen Prozess gestaltet. Diese vielseitigen Aufgaben des Qualitätsmanagements erfordern sowohl adäquate Rahmenbedingungen als auch eine, über die fachliche Qualifikation hinausgehend, geeignete Persönlichkeit.

Ziele und Aufgaben

Die vorrangigen **Ziele** des Qualitätsmanagementbeauftragten sind:
- Einführung, Sicherung und Weiterentwicklung des QM-Systems
- Verbindung und Vermittlung, als Schnittstelle zwischen Management und Mitarbeitern
- Moderation und Motivation der Mitarbeiter bei Qualitätsmanagementthemen
- Förderung der internen und externen Kommunikation
- Steigerung der Wirtschaftlichkeit der Pflegeeinrichtungen
- Umsetzung der gesetzlichen Bestimmungen zum Qualitätsmanagement
- Entwicklung einer konstruktiven Fehlerkultur in der Organisation
- Entwickeln, Erreichen und Überprüfen der Qualitätsziele
- Schaffung von Transparenz in Qualitätsbelangen

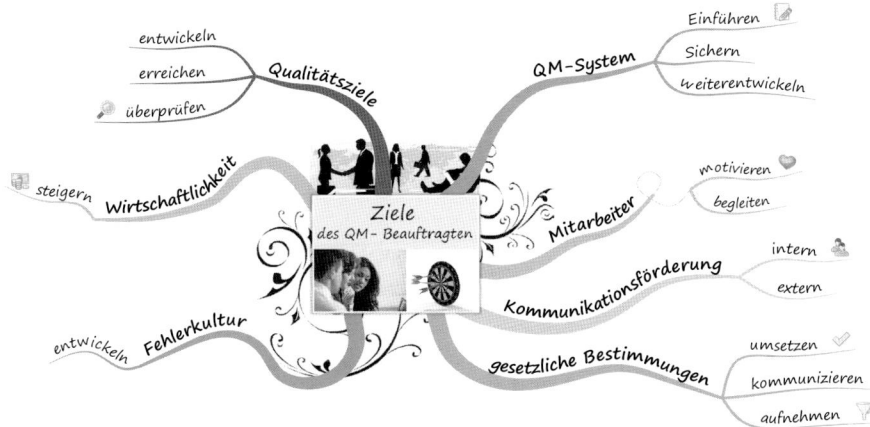

Zur Umsetzung dieser Ziele muss der Qualitätsmanagementbeauftragte eine Vielzahl von **Aufgaben** bewältigen. Dazu gehört die:

- Mitwirkung und Unterstützung der Leitung und der Mitarbeiter bei der Entwicklung der Qualitätspolitik und der Umsetzung der Qualitätsziele.
- Berichterstattung über den Stand und die Wirksamkeit des QM-Systems gegenüber der Geschäftsleitung.
- Lenkung der Planung und Bewertung des Qualitätsmanagementsystems.
- Erstellung und Aktualisierung eines einrichtungsspezifischen Qualitätsmanagementhandbuches, konform zu der gewählten Qualitätsnorm und den gesetzlichen Bestimmungen zur Qualitätssicherung.
- Erstellung, Veröffentlichung und Lenkung aller qualitätsrelevanten Dokumente.
- Archivierung von Qualitätsaufzeichnungen.
- Sicherstellung der Kundenorientierung in der gesamten Einrichtung.
- Durchführung und Auswertung von Kundenbefragungen.
- Sammlung, Analyse und Übermittlung qualitätsrelevanter Daten.
- Vorbereitung und Koordination der internen Audits.
- Überwachung und Aufrechterhaltung von kontinuierlichen Verbesserungsprozessen.
- Information und Anleitung der Mitarbeiter hinsichtlich Anwendung und Gebrauch der QM-Dokumentation.
- Durchführung und Leitung von QM-Schulungen, Qualitätszirkeln, bereichsübergreifenden Arbeitsgruppen und Gremienarbeit.
- Koordination des Prozessmanagements.
- Mitwirkung bei der Außendarstellung der Einrichtung.

- Begleitung und Lenkung externer Qualitätsprüfungen in der Einrichtung (MDK, Heimaufsicht etc.),
- Steuerung der ggf. zu einer Zertifizierung notwendigen Aufgaben.

Verantwortungsbereiche und Befugnisse

Es gibt unterschiedliche Ansätze bezüglich der Verantwortungsbereiche und Befugnisse eines Qualitätsmanagementbeauftragten. Diese sind abhängig von der Gesamtkonzeption des QM-Systems und der Einrichtungsgröße.

Große Einrichtungen, Einrichtungsverbünde oder Gesundheitskonzerne nutzen häufig ein zentrales Qualitätsmanagement, dass die Steuerungsfunktion und Auditierung der dezentralen Qualitätsmanagementbeauftragten und Qualitätsmanagementsysteme der angeschlossenen Einrichtungen übernimmt. Träger mit mehreren Einrichtungen, oder Einrichtungen die sich zertifizieren lassen, stellen zumeist freigestellte Qualitätsmanagementbeauftragte in Stabsstellenfunktion an, die dann zwischen den einzelnen Betriebsstätten pendeln und diese mithilfe des Qualitätsmanagementsystems verbinden. Es gibt aber ebenso noch die PDL, den Einrichtungsleiter oder den Leiter der Sozialen Betreuung, der die Tätigkeiten des Qualitätsmanagements im Rahmen einer Doppelfunktion erfüllt. Die Teilnahme an Leitungsteambesprechungen und die Einsicht aller QM-relevanten Dokumente sind allerdings in jedem Fall unumgänglich.

Die Qualitätsmanagementbeauftragten in Stabsstellen haben in der Regel beratende Funktion gegenüber der vorgesetzten Leitung und den weiteren Führungskräften. Durch die vorgesetzte Leitung wird eine begrenzte Weisungsbefugnis gegenüber den Mitarbeitern der Einrichtung legitimiert, teilweise wird diese im Rahmen der Matrixorganisation auch im Organigramm als fachliche Weisungsbefugnis gegenüber den Mitarbeitern verzeichnet.

Die Hauptaufgabe des Qualitätsmanagementbeauftragten ist aber immer die der internen Beratung und Unterstützung bei der Umsetzung des Qualitätsmanagements und des ständigen Verbesserungsprozesses vor Ort.

Die Vergütung der Qualitätsmanagementbeauftragten sollte dem jeweiligen Verantwortungsbereich, der beruflichen und fachlichen Qualifikation sowie der praktischen Erfahrung im Qualitätsmanagement entsprechen. Einfluss auf die Höhe der Vergütung hat zudem die tarifliche Einbindung und die finanziellen Möglichkeiten der Einrichtungen. So gibt es eine Bandbreite der durchschnittlichen Eingruppierungen und Bruttolöhne im Bereich des Qualitätsmanagements, die oftmals auch vom Verhandlungsgeschick des einzelnen Qualitätsmanagementbeauftragten abhängig ist.

> **Praxistipp**
>
> Eine externe Beratung zur Umsetzung Ihrer QM-Systems erzeugt Kosten, kann sich aber durchaus rentieren. Die oftmals jahrelange Erfahrung des Beraters bringt neue Ideen und bewährte Umsetzungswege in die Einrichtung. Der Blick von außen hilft Ihnen bei der Umsetzung der aktuellen Anforderungen und bringt Sie auf den neuesten Stand. Die Akzeptanz der Mitarbeiter für eine qualifizierte externe Fachkraft und deren Anregungen ist zumeist sehr hoch.

Die Qualifikation des Qualitätsmanagementbeauftragten

> *„Der Qualitätsbeauftragte muss ja jemand sein, der über die Fähigkeit verfügt auf Menschen einzugehen und von der QM-Arbeit zu überzeugen. Er sollte didaktisch und pädagogisch gut vermitteln können, warum Prozesse eingeführt oder verändert werden. Und er muss sicherlich auch ein ausreichendes Sitzfleisch haben, denn Dinge, die tun oder verändern sich natürlich nicht von heute auf morgen. Von daher sind vielleicht auch therapeutisch geschulte Menschen durchaus geeignet dafür, weil sie sich auf diese Umstände einlassen können und vielleicht besser als manch anderer, einfach eine gewisse Geduld mitbringen."*
>
> *(Jörg Tomann, Diplom Kaufmann, Geschäftsführender Heimleiter)*

Der Qualitätsmanagementbeauftragte ist derjenige, der von den Mitarbeitern die Einhaltung von Regelungen einfordert, kontrolliert und sich ständig über den Stand in der Praxis informiert. Somit ist seine Rolle nicht immer angenehm. Um diesen Spagat zu meistern, sollte der Qualitätsmanagementbeauftragte über besondere menschliche Kompetenzen, gekoppelt mit einer fachspezifischen Grundqualifikation (z.B. in einem Pflegeberuf oder der Sozialen Arbeit) und Berufserfahrung von mindestens drei Jahren verfügen. Wünschenswert sind auch ein abgeschlossenes Studium im Bereich des Gesundheits- oder Sozialwesens und betriebswirtschaftliche Kenntnisse, bzw. eine vergleichbare anerkannte Weiterbildung für Leitungsfunktionen.

Um den großen Anforderungen in der Altenhilfe gewachsen zu sein, sollte als **Zusatzqualifikation im Qualitätsmanagement** mindestens die erste der möglichen Stufen der Personenzertifizierung für Qualitätsmanagementfachpersonal vorhanden sein:

1. Stufe: Qualitätsbeauftragter, mit nachweislichen Kenntnissen und Verständnis zu modernen Qualitätsmanagementsystemen sowie zu den grundlegen Qualitätswerkzeugen zur ständigen Verbesserung.

2. Stufe: Qualitätsmanager und QM-Experte, mit umfangreichem Fachwissen zu Qualitätswerkzeugen, TQM-Management, TQM-Modellen und zur Bewertung von Managementsystemen.

3. Stufe: Auditor und qualifiziertester QM-Experte, mit umfangreichen Kenntnissen und praktischen Erfahrung in allen Auditarten, in der Beurteilung von Managementsystemen sowie der Steuerung des Prozesses der ständigen Verbesserung.

Diese Qualifikationsstufen entsprechen aber nicht zwangsläufig der einrichtungsinternen Benennung des QMB.

Die persönlichen Anforderungen an den Qualitätsmanagementbeauftragten sind:
- Fach- und Methodenkenntnisse in verschiedenen Handlungsfeldern der Pflege-, Betreuungs- und Beratungspraxis,
- Methodenkompetenz im Umgang mit Prozessen, Normen, Qualitätsmanagementsystemen, Organisationen, sowie statistischen Auswertungen,
- Fähigkeit zu analytisch strukturiertem, systemischen, konzeptionellen und zielgerichtetem Denken und Handeln,
- Team- und Kooperationsfähigkeit,
- Kommunikations- und Überzeugungsfähigkeit sowie Verhandlungsgeschick,
- Selbst- und Zeitmanagement, Selbstreflexion und -beurteilung,
- Konflikt- und Kritikfähigkeit,
- organisatorische Fähigkeiten und Fertigkeiten im Projektmanagement,
- Moderations- und Präsentationsfähigkeiten sowie Erfahrungen in der Erwachsenenbildung,
- Vorbildfunktion durch Erscheinungsbild und Umgangsformen,
- Respekt und Toleranz im Umgang mit anderen Menschen,
- hohe Kunden- und Dienstleistungsorientierung,
- Leistungsbereitschaft sowie die Bereitschaft zur ständigen eigenen Fort- und Weiterbildung,
- Sicherheit beim Umgang mit der gängigen Hard- und Software,
- Englischkenntnisse können bei Konzernen oder Krankenhäusern gefragt sein.

> **Praxistipp**
>
> Das wichtigste Handwerkzeug des Qualitätsmanagementbeauftragten ist der Computer. Sollten Sie im Umgang noch nicht so versiert sein, besuchen Sie Kurse oder machen Sie sich Zuhause mit den wichtigsten Programmen vertraut (Word, Excel usw.).

Praxistipp

Word Clouds, siehe obenstehende Grafik, können Sie einfach selbst generieren. Im Internet gibt es die Webseite www.wordle.net, mit der Sie Schritt für Schritt aus eigenen Wortlisten oder Texten bunte Wörterwolken generieren können. Häufig genannte Worte werden größer, seltene Wörter kleiner dargestellt. Die entstandenen Grafiken können Sie entweder in der Internetgalerie in Woordle ausstellen oder per Screenshot kopieren (Taste „Druck" auf der Tastatur), in beliebige Dokumente kopieren und auf Ihrem Rechner speichern.

Die Berufsrolle des Qualitätsmanagementbeauftragten

In einer ersten, viel beachteten Studie zum Berufsbild des Qualitätsmanagers im Jahr 2012, hat Benedikt Sommerhoff auf die Entwicklungspotenziale der Qualitätsmanager im ingenieurwissenschaftlichen Bereich hingewiesen und fordert eine Entwicklung weg vom Qualitätskontrolleur hin zum Organisationsentwickler, internen Berater und Veränderungsmanager. Die dazu notwenigen Maßnahmen zur Weiterentwicklung des Berufsbildes beschreibt er in Form eines Szenariokreuzes:

Vier Hebel zur Transformation des Berufsbilds Qualitätsmanager (Sommerhoff 2012, S. 161)

Diese trendorientierten, dienstleistungsgeprägten Anforderungen – Animateur, interner Berater und Reflektionspartner, Organisator und Organisationsentwickler – an Qualitätsmanager im Gesundheitswesen haben auch wir schon in der ersten Auflage unseres Buches beschrieben. Die Qualitätsmanagementbeauftragten in den Einrichtungen der Altenpflege setzen diese mittlerweile oftmals schon um oder haben ein hohes Potenzial zur Erfüllung dieser Anforderung, bedingt durch die pflegerischen, therapeutischen und sozialarbeiterischen Fähigkeiten der Stelleninhaber.

Der QMB als Animateur

Da ein QM-System nicht einfach „von oben herab" diktiert werden kann, müssen die Mitarbeiter bereit sein, sich darauf einzulassen und entsprechend mitzuwirken. An dieser Stelle muss der Qualitätsmanagementbeauftragte in Ihrer Einrichtung fast therapeutische Fähigkeiten entwickeln, um die erfolgreiche Etablierung des QM-Systems durch animierende und unterstützende Einflussnahme zu gewährleisten.

> „Wichtig ist die Begeisterungsfähigkeit, mit welcher Themen in die Organisation getragen werden, denn ein funktionierendes Qualitätsmanagement lebt vom Engagement der Mitarbeiter." (Christof Pauli)

Der QMB als interner Berater und Reflexionspartner

Der Qualitätsmanagementbeauftragte sammelt und bündelt Informationen und Neuigkeiten. Ob es sich um neue Gesetze, Bestimmungen zu Medizinprodukten oder Brandschutz handelt, ist er oft der Erste, der sich mit den Änderungen befasst, um sie in QM-System und Handbuch zu integrieren. Mit seinem Wissen kann er auch gezielte Impulse setzen und die Einrichtung bei Verhandlungen und Prüfungen unterstützen, zumal er die Stärken und Schwächen des Betriebes genau kennt.

Der Qualitätsmanagementbeauftragte kümmert sich in beratender Funktion nicht nur ausschließlich um die Festlegung und Einhaltung von Standards und Normen. Er stellt mit seinem Wissen auch den idealen Reflexionspartner für Mitarbeiter, Geschäftsführung und Kunden dar und hilft dabei Zielsetzungen zu formulieren und umzusetzen. Entsprechend der Bedarfslage der Einrichtung, ist er auch maßgeblich an der Entwicklung von Angeboten und Konzepten beteiligt.

Der QMB als Organisator und Organisationsentwickler

Die Entwicklung und Umsetzung einer der Einrichtung angepassten Schrittfolge für den Aufbau des QM-Systems ist ein im Vordergrund stehender organisatorischer Aspekt, der Arbeit des Qualitätsmanagementbeauftragten. Das untenstehende Mind Map® zeigt die Organisationsphasen, die Sie als Qualitätsmanagementbeauftragter in Ihrer Einrichtung durchlaufen sollten.

Als Organisationsentwickler erkennt der Qualitätsmanagementbeauftragte Entwicklungspotenziale und konzipiert Lösungsansätze. Er wirkt bei der Vermarktung und Außendarstellung der qualitätsrelevanten Ergebnisse der Einrichtung mit. Auch bei der Leitung von Veränderungsprozessen und der nachhaltigen Gestaltung der Organisation kann er einen wertvollen Beitrag zur Unternehmensentwicklung leisten.

> **Praxistipp**
>
> Nur der ständig reflektierte Austausch über ein fachlich begründetes, normspezifisch ausgewiesenes und kundenorientiertes QM-System gewährleistet dessen Funktionsfähigkeit. Spaß und Freude beflügeln bei dieser Arbeit Kreativität und Innovationen, dieses sollte auch bei der Gestaltung der QM-Arbeit nicht zu kurz kommen. Bei der Umsetzung unterstützen Sie Mind Maps® als kreative Arbeitstechnik zur Problemlösung und Systemgestaltung.

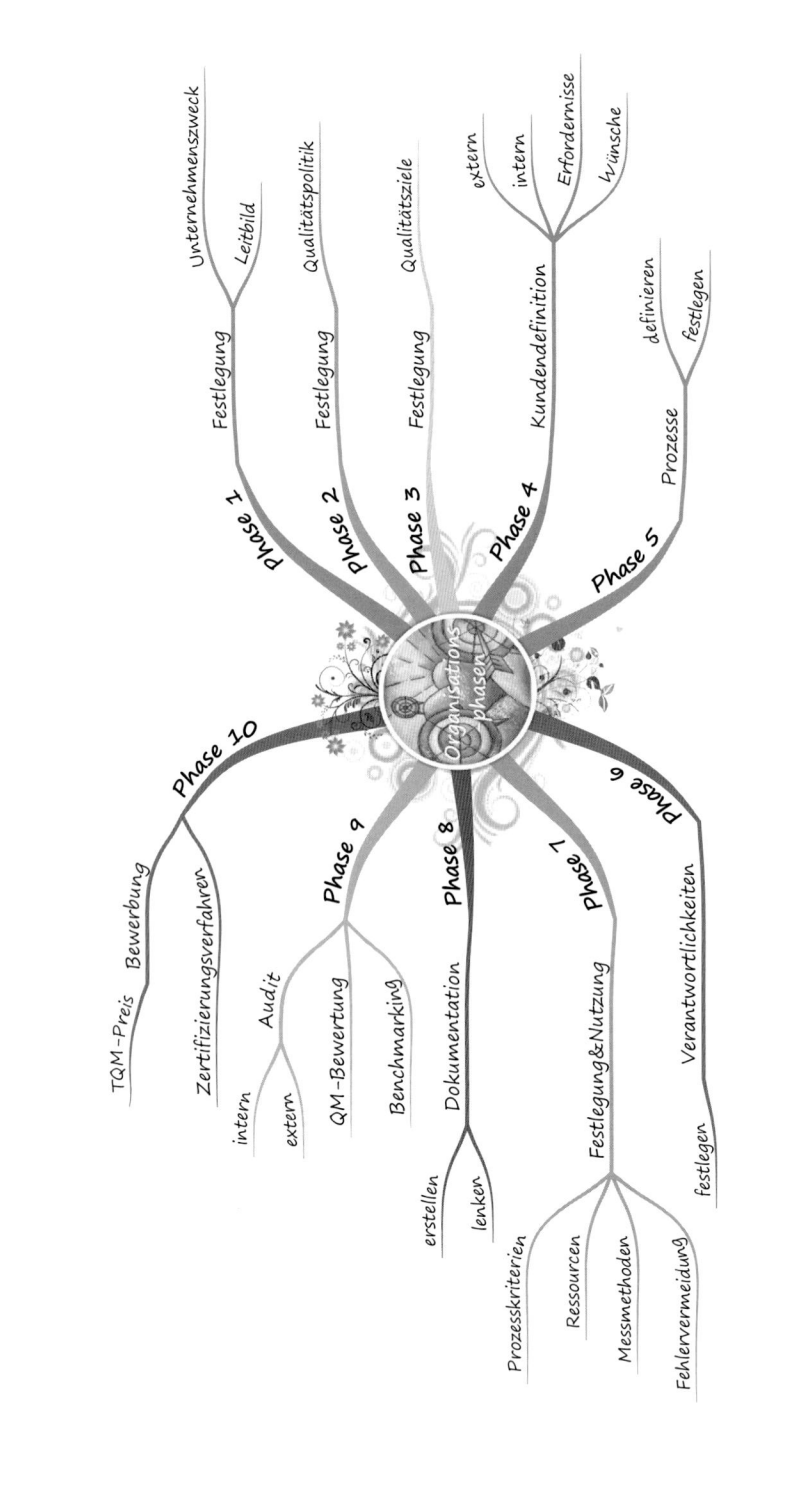

Prozessmanagement

„Jede Aktivität kann als Prozess aufgefasst und entsprechend verbessert werden."
(William E. Deming)

In jeder Organisation gibt es hunderte von Prozessen, der Unternehmenserfolg kann jedoch von der Beherrschung einiger weniger Prozesse abhängig sein, z. B. bei einem Paketdienst von der Zuverlässigkeit der Anlieferung, bei einer Altenpflegeeinrichtung von der fachgerechten Pflege- und Betreuungsplanung.

Der Prozess

Definition nach DIN EN ISO 9000:2005, 3.4.1:
„Satz von in Wechselbeziehung oder Wechselwirkung stehenden Tätigkeiten, der Eingaben in Ergebnisse umwandelt".

Anmerkungen:
- Die Eingaben für einen Prozess sind üblicherweise Ergebnisse anderer Prozesse.
- Prozesse einer Einrichtung werden geplant und unter beherrschten Bedingungen durchgeführt, um einen Mehrwert zu schaffen.

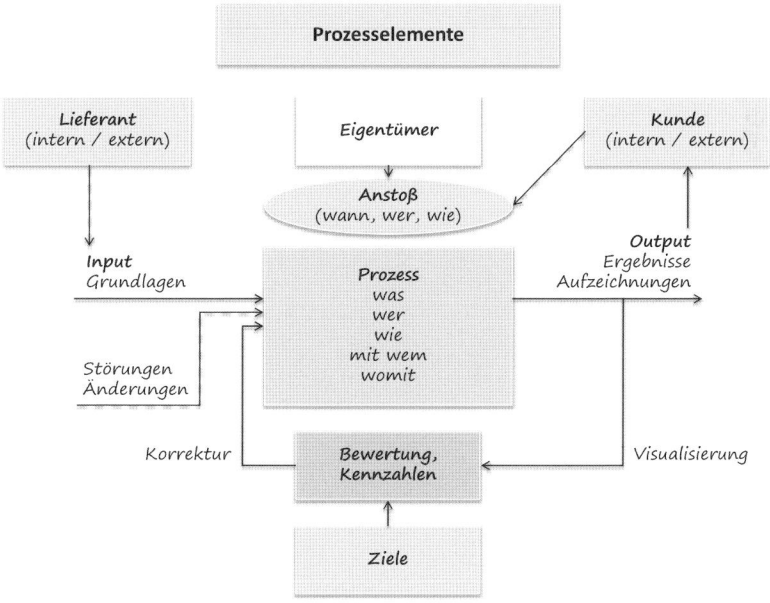

Ein Prozess besteht aus einer Abfolge von Schritten bzw. Aktivitäten, um ein Produkt oder eine Dienstleistung zu erstellen, er kann sich also beispielsweise auf technische, administrative oder pflegerische Tätigkeiten beziehen.

Jeder Prozess hat Eingaben (Informationen oder Daten, Telefonanrufe oder Anfragen, Arbeitsleistungen, Betriebsmittel, Rohstoffe, Formulare etc.) und besteht aus einer Umwandlung dieser Eingaben, die Wert hinzufügt. Der Input wird von „Lieferanten" zur Verfügung gestellt, z. B. durch Rechtsnormen oder Gutachten. Der Output ist für den Kunden bestimmt, so entsteht eine Kunden-Lieferanten-Beziehung. Sämtliche Prozesse haben Ergebnisse, die gemessen werden können, sowie mindestens einen internen oder externen Kunden, der die Qualität der Ergebnisse beurteilt.

Es gibt Makroprozesse, d. h. große, abteilungsübergreifende Prozesse, die viele Menschen einbeziehen und insbesondere im Fokus der Führungskräfte stehen sollten, sowie Mikroprozesse, also eine Vielzahl kleinerer, lokaler Prozesse. Makroprozesse werden in Mikroprozesse zerlegt, um sie bearbeiten zu können, so entsteht eine Prozesshierarchie.

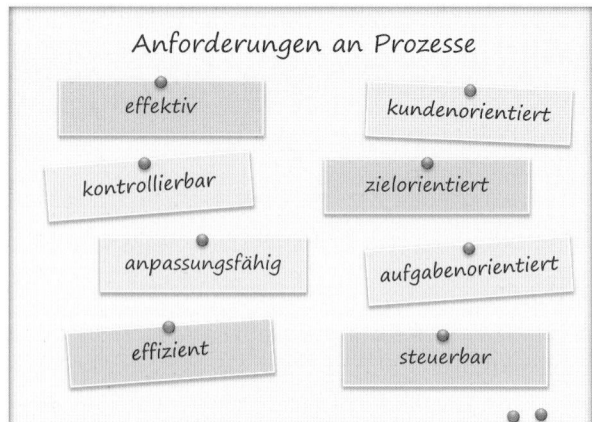

Prozessorientierung

„Man frage nicht, ob man durchaus übereinstimmt, sondern ob man in einem Sinne verfährt." (Johann Wolfgang von Goethe)

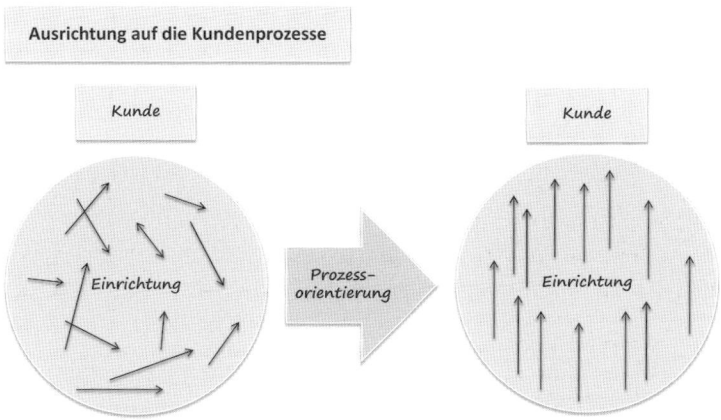

Prozessorientierung beschreibt eine Grundhaltung:
Hierbei wird das gesamte betriebliche Handeln als Kombination von Prozessen bzw. Prozessketten verstanden, die auf den Kunden ausgerichtet sind. Entscheidend dafür ist das systematische Erkennen sowie Handhaben der Prozesse und den Wechselwirkungen.

Jeder Mitarbeiter Ihrer Einrichtung ist dann zugleich Kunde und Lieferant in einer Gesamtkette. Prozessorientiertes Handeln verläuft somit in fließenden Strömen über Abteilungsgrenzen hinweg. Jeder Mitarbeiter sieht seinen Teil der Arbeit als einen Bestandteil eines Systems verbundener Aktivitäten, die direkt Nutzen für Kunden schaffen und handelt somit „schnittstellenbewusst". Die Prozessbearbeitung erfolgt dann vorrangig kundenbewusst und ergebnisorientiert, aber nicht institutionsorientiert.

Problematische Prozessformen aus der Praxis	
Mehrgleisigkeiten, parallele Formen von Leistungsprozessen	⇉
Viele Schnittstellen, holpriges Fließen, Staus an den Schnittstellen, Übernehmer müssen warten, Nahtstellen statt Schnittstellen, mangelnde Anschlussfähigkeit	→|→|→|→|→

Problematische Prozessformen aus der Praxis	
Prozessschritte ohne Wertschöpfung, der ursprüngliche Sinn ist verloren gegangen	
Kontrollschleifen in der Hierarchie, teilweise durch Scheinkontrollen	
Sequenielle Prozessschritte, zu lange Durchlaufzeiten	
Viele zeit- und kostenkritische Prozessschritte	
Räumlich lange Wege zwischen den Prozessschritten, Anordnung nach funktionalen Kriterien	
Mitarbeiter kennen das Endergebnis des Prozesses, in dem sie tätig sind, nicht oder zu wenig	
Unklare Aufgabenverteilung führt zu Selbstbeschäftigung	

Sich von Abteilungsgrenzen, Zuständigkeiten und funktionalen Gliederungsprinzipien zu lösen ist ungewohnt. Je größer Ihre Einrichtung ist, umso mehr funktionale Abgrenzungen wird es geben. Dies erzeugt Schnittstellenprobleme, also Schwierigkeiten zwischen Abteilungen und Berufsgruppen. Viele Qualitätsmängel werden dadurch hervorgerufen, dass nicht miteinander geredet wird oder Gräben zwischen Abteilungen bestehen (z. B. Küche und Pflege). Abstimmungsprobleme und unzureichende Absprachen können dazu führen, dass Arbeit liegen bleibt oder nicht bekannt ist, wie weit der andere ist oder was er benötigt. Wenn keiner für das Ganze verantwortlich ist, führt dies zu organisierter Unverantwortlichkeit. Hier bietet die Prozessoptimierung durch Prozessmanagement einen Ausweg.

Praxistipp

Identifizieren Sie mithilfe der oben stehenden Auflistung problematische Prozesse.

Prozessmanagement

Die DIN EN ISO 9000:2005 benennt vier Grundfragen, um Prozesse zu beurteilen:

1. Ist der Prozess festgelegt und in geeigneter Form beschrieben?
2. Sind die Verantwortlichkeiten zugeordnet?
3. Sind die Verfahren umgesetzt und aufrechterhalten?
4. Ist der Prozess wirksam in Bezug auf die geforderten Ergebnisse?

Diese Fragen bearbeiten Sie im Rahmen des Prozessmanagements. Dies ist eine strukturierte Vorgehensweise, um Ordnung, Übersicht und die Grundlage für eine kontinuierliche Verbesserung zu schaffen. Durch Prozessmanagement werden die Tätigkeiten Ihrer Organisation langfristig ziel- und ergebnisorientiert gestaltet und verbessert und der prozessorientierten Ansatz der DIN EN ISO 9000er Normenreihe umgesetzt.

Der Kerngedanke lautet:
„Der Kunde steht im Mittelpunkt, die Prozesse werden am Kunden ausgerichtet."

Prozessmanagement kann kein kurzfristiges Projekt sein, sondern beschreibt ein grundsätzliches Konzept der Gestaltung und Veränderung Ihrer Organisation entlang der Wertschöpfungskette. Es kann nach konsequenter Einführung die üblichen Stellenbeschreibungen und Organisationspläne ersetzen, dazu ist jedoch eine völlige Umgestaltung Ihrer organisatorischen Abläufe nötig. Diese wird jedoch im sozialen Bereich selten so radikal und konsequent durchgeführt.

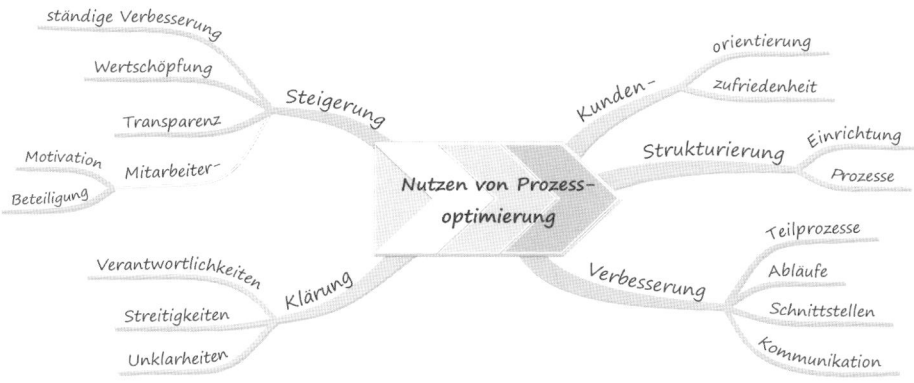

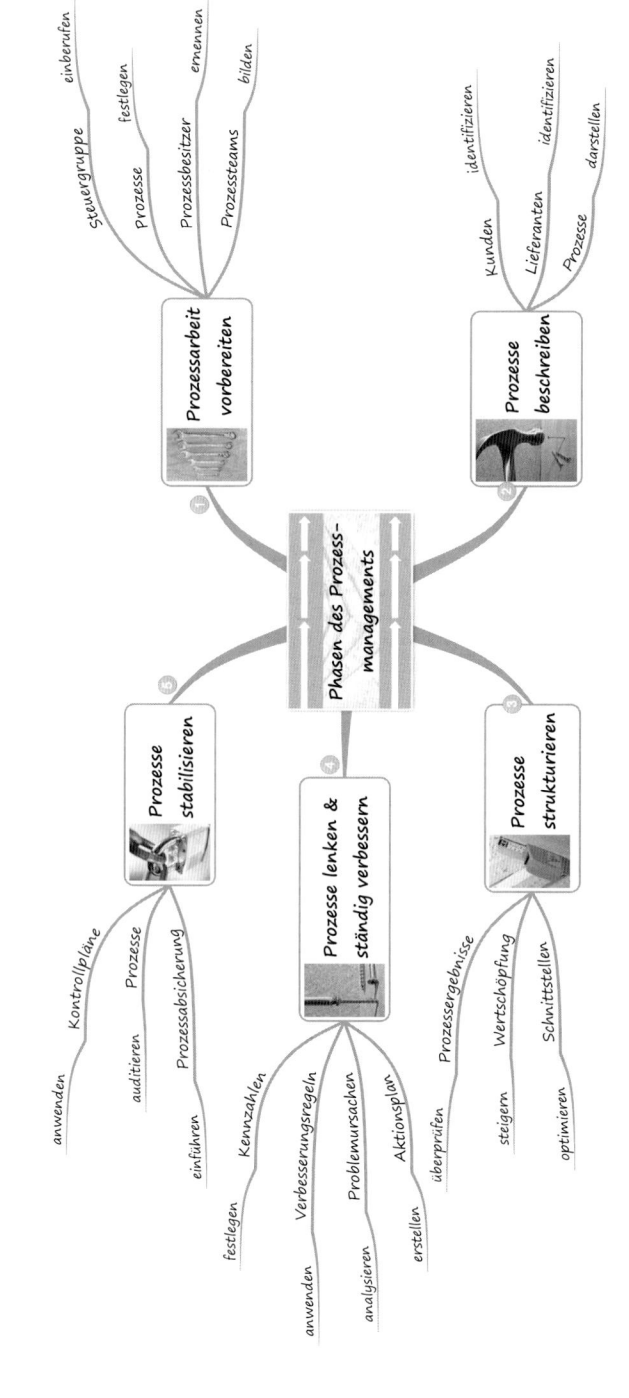

Die fünf Phasen des Prozessmanagements

Prozessmanagement – Phase 1: Prozessarbeit vorbereiten

Im Folgenden sind die Schritte aufgeführt, die Sie zu einer erfolgreichen Einführung und Umsetzung des Prozessmanagements durchlaufen sollten.

In dieser Phase entwickeln Sie die organisatorischen Voraussetzungen für ein dauerhaftes Prozessmanagement.

> **Praxistipp**
>
> Vermeiden Sie eine aufgeblähte Organisation. Nutzen Sie bereits existierende Gremien oder Einzelpersonen, die mit ähnlichen Aufgaben betraut sind und erweitern Sie deren Aufgabenfeld.

Steuergruppe einberufen

Starten Sie das Prozessmanagement in der Steuergruppe – analog zum Vorgehen bei der Einführung von Qualitätszirkelarbeit.
Die Steuergruppe muss mit Mitgliedern der Einrichtungsleitung besetzt sein (Geschäftsführung, Einrichtungsleitung, Pflegedienstleitung, Personalleitung, Qualitätsmanagement, ggf. Mitarbeitervertretung), um wirksam bei Problemen eingreifen und entscheiden zu können.

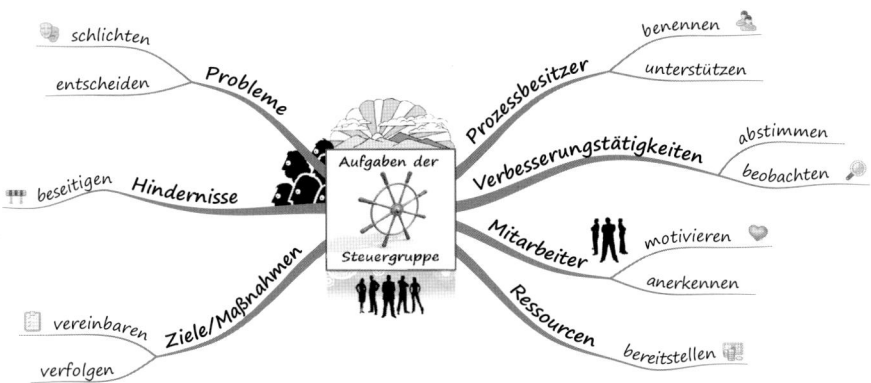

Aufgaben der Teilnehmer der Steuergruppe sind:
- aktive Unterstützung der jeweiligen Prozessbesitzer,
- Beobachtung und Abstimmung von Verbesserungstätigkeiten,
- Motivation der Mitarbeiter zur Beteiligung am Prozessmanagement und Anerkennung der erbrachten Leistungen,
- Bereitstellung von Ressourcen,
- Vereinbarung und Verfolgung von Zielen und Massnahmen,
- Beseitigung von Hindernissen,
- Schlichtung und Entscheidung bei Problemen.

Praxistipp

Der Umfang, in dem sich die Geschäftsleitung für das Prozessmanagement einsetzt, beeinflusst den Erfolg der Umsetzung entscheidend.

Prozesse festlegen

Alle für das Qualitätsmanagement erforderlichen Prozesse und deren Anwendung sowie deren Abfolge und Wechselwirkungen sind laut DIN EN ISO 9001 festzulegen. Hierzu sollten Sie zunächst sämtliche Prozesse im Unternehmen identifizieren, beispielsweise im Rahmen eines Brainstormings in der Steuergruppe. Hierbei hilft Ihnen die Strukturierung der Prozesse in drei Bereiche:

Gestaltungs- und Führungsprozesse (Managementprozesse)

Kern- oder Schlüsselprozesse (Wertschöpfungsprozesse)

Unterstützungsprozesse (Lieferprozesse)

Praxistipp

In der Literatur finden Sie viele unterschiedliche Bezeichnungen für die verschiedenen Prozesstypen. Um in Ihrer Einrichtung Begriffsverwirrung zu vermeiden, ist eine Entscheidung notwendig, wie Sie welche Prozesse benennen möchten. Nur diese Definitionen werden dann im Unternehmen kommuniziert.

Schlüsselprozesse sind die Kernprozesse Ihres Unternehmens, die für den Erfolg besonders entscheidend sind und einen relevanten Beitrag zur Wertschöpfung bieten. Sie führen zur Umsetzung Ihrer Kernkompetenzen und orientieren sich direkt an Kundenwünschen und -forderungen. Die Erfassung der Schlüsselprozesse liefert die Grundlage für die Strategieentwicklung und Kundenausrichtung Ihres Unternehmens. Werden Schlüsselprozesse verbessert, erzielt dies zumeist große Effekte.

Typische Schlüsselprozesse in sozialen Einrichtungen sind beispielsweise:
- Aufnahme in eine Einrichtung, z. B. im Rahmen der Heimaufnahme,
- Krisensituationen und der Umgang damit, z. B. mit Notfallsituationen oder infektiösen Krankheiten,
- Entlassung bzw. Umzug eines Kunden in eine andere Einrichtung, z. B. im Rahmen des Entlassmanagements,
- Hilfe- oder Förderplanung, z. B. durch Pflege- und Betreuungsplanung,
- Umgang mit Angehörigen, z. B. durch Beratung.

Die folgende Grafik zeigt Ihnen die pflegerelevanten Kernprozesse und die dazugehörigen Teilprozesse, von der Einzugs- und Integrationsphase, über die Inhalte des Pflegekonzepts, die Umsetzung der Pflege am Bewohner und deren Evaluation, bis hin zum Umgang mit Überleitung und Abschied vom Bewohner.

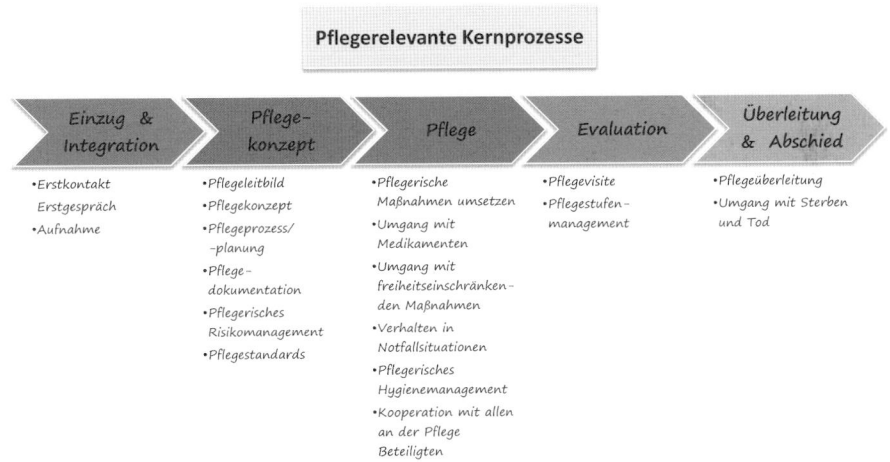

Führungsprozesse beinhalten alle Aufgaben und Abläufe, die sich mit Planung und Implementierung, Verwirklichung und Lenkung, Überwachung und Verbesserung von Geschäftszweck, Unternehmensstrukturen und Abläufen beschäftigen. Beispielsweise Vision, Politik, Ressourcenplanung, Festlegung von Verantwortlichkeiten, Kommunikation und Prozessmanagement, Managementbewertung, Controlling oder Qualitätsmanagement.

Unterstützungsprozesse dienen anderen Prozessen zum optimalen Ablauf, z. B. Buchhaltung, Informationsmanagement, Instandhaltung, Logistik, Verwaltung, Abfallentsorgung oder innerbetrieblicher Transport und Gebäudereinigung.

Erarbeitung der Prozesslandschaft

Die oben genannten Beispiele für Prozessarten können Ihnen zur Orientierung dienen und sind nicht in jeder Einrichtung identisch. Die Entscheidung über die individuelle Zuordnung Ihrer Unternehmensprozesse sollte in der Steuergruppe erfolgen. Hier kann der Nutzen der einzelnen Prozesse für die Kunden bewertet und in eine Rangordnung gebracht werden, z. B. in Form einer Punktebewertung.

Orientierungshilfen bei der Festlegung der Schlüsselprozesse bieten Ihnen die Vorgaben Ihres Leitbildes und der Qualitätspolitik. Nutzen Sie diese als Grundlage für Ihren Entscheidungsprozess und legen Sie die individuelle Prozesslandschaft Ihrer Einrichtung fest. Die Darstellung dieser Prozesslandschaft erfolgt in der Regel in Form einer Grafik. Die Prozesslandschaft ermöglicht es Ihnen, die zahlreichen, miteinander verknüpften Prozesse systematisch zu erkennen, darzustellen und zu handhaben.

> **Praxistipp**
>
> Bei der Identifikation von Schlüsselprozessen können Sie Prozesslandschaften oder Vergleiche mit Schlüsselprozessen anderer Einrichtungen als Referenzmodell nutzen, indem Sie diese auf Ihre Organisation übertragen.

Bei der neben stehenden Prozesslandschaft verbergen sich hinter allen Hauptprozessen noch weitere Teilprozesse. Eine Auflistung, der zu dieser Prozesslandschaft passenden Teilprozesse, sowie deren Zuordnung zur DIN EN ISO 9001:2008 und den Anforderungen der MDK-Prüfungen, finden Sie im Kapitel „Qualitätshandbuch und Dokumentation".

Für die grafische Darstellung der Prozesslandschaft und der Teilprozesse können Sie verschiedenste Programme nutzen, beispielsweise Microsoft Powerpoint oder Visio, ViFlow, iGrafx FlowCharter oder Smart Draw. Diese Programm eigenen sich auch für die Darstellung von Flowcharts, die Sie für die Prozessdarstellung nutzen können. Über Hyperlinks können Sie Prozesse, Teilprozesse und die passenden Dokumente verbinden.

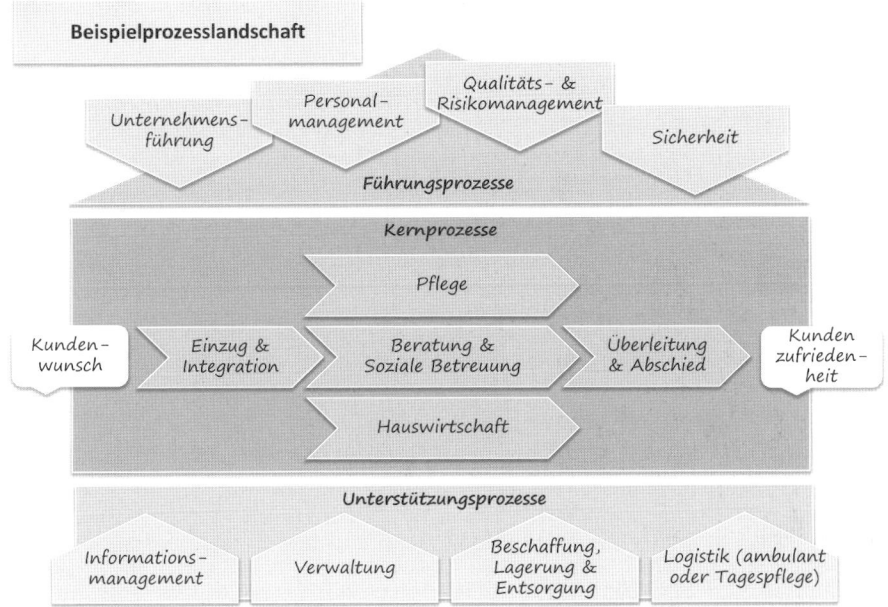

Praxistipp

Zur Darstellung einer Prozesslandschaft können Sie auch ein Mindmap® nutzen. Die Unterprozesse können durch Nebenäste angezeigt werden und bei Bedarf im Mind Map® Programm ein- und ausgeblendet werden.

Prozessbesitzer ernennen

Der oberste Grundsatz des Prozessmanagements besagt, dass für jeden Prozess eine Person verantwortlich sein muss. Die Prozessbesitzer sind für die Steuerung der Qualität und der ständigen Verbesserung des gesamten Prozesses verantwortlich. Sie sollten bereits im entsprechenden Prozess beschäftigt sein, über strategische Fähigkeiten, Sozialkompetenz und umfassende Kenntnisse zum Prozess verfügen.

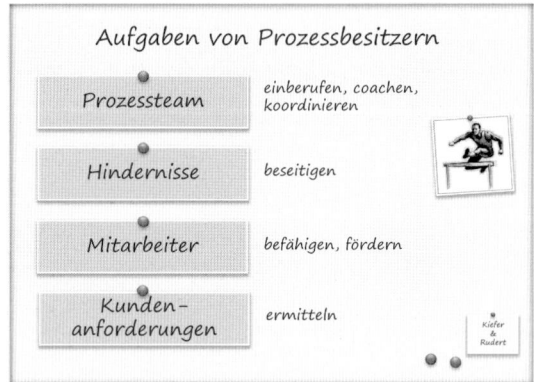

Praxistipp

Bei den Schlüsselprozessen ist es sinnvoll, Mitglieder der obersten Leitung als Prozessbesitzer zu benennen, um die aktive Beteiligung der Leitung für das Qualitätsmanagement sicherzustellen.

Prozessteams bilden

In der Regel hat der Prozessbesitzer die Aufgabe das Prozessteam zur Qualitätszirkelarbeit einzuberufen. In diesem Team wird das eigentliche Prozessmanagement durchgeführt. In das Team gehören die Mitarbeiter mit der besten Kenntnis des Prozesses und der größten Nähe zu den Prozesskunden. Ansonsten gelten für die Arbeit der Prozessteams sämtliche Regeln der Qualitätszirkelarbeit.

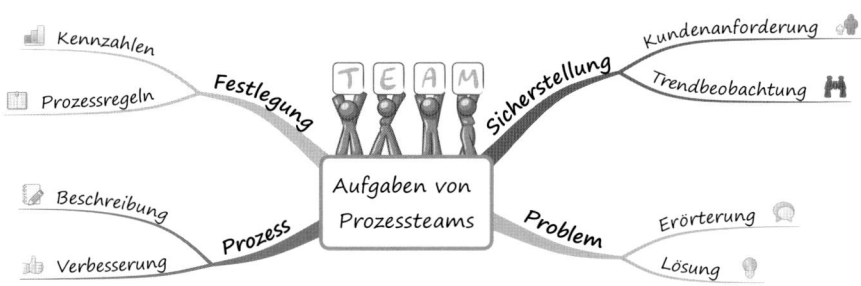

> **Praxistipp**
>
> Bei mehr als zwölf Teilnehmern wird ein Prozessteam unübersichtlich, begrenzen Sie deshalb die Anzahl der Teammitglieder.

Prozessmanagement – Phase 2: Prozesse beschreiben

In dieser Phase setzen Sie die detaillierte Beschreibung der Prozesse in der Einrichtung um. Orientieren Sie sich bei der Gestaltung am Blickwinkel der internen sowie externen Kunden und nutzen Sie alle Möglichkeiten zur direkten Verbesserung.

Kunden identifizieren

Jeder Prozess hat mindestens einen Kunden, dieser ist entweder extern oder intern zu finden. Allein der Kunde setzt die Maßstäbe für die Qualität der Prozessergebnisse. Er muss also im Fokus der Prozessverbesserung stehen.

Um Ihre Kunden zu identifizieren, ist es sinnvoll – im Prozessteam – zunächst alle internen und externen Prozesskunden aufzulisten. Dann ermitteln Sie die Ergebnisse des Prozesses und ordnen diese den einzelnen Kunden und deren Wünschen zu.
Hierbei gilt:

> „Kein Ergebnis ohne Kunde, kein Kunde ohne zugeordnetes Ergebnis."

Lieferanten identifizieren

Analog zur Identifikation der Kunden erarbeiten Sie die Eingaben des Prozesses und die dafür notwendigen Lieferanten. Indem Sie den Lieferanten mitteilen, was ihre Eingaben bewirken und wozu sie eingesetzt werden, stellen Sie die Grundlage für die Kommunikation vom Lieferanten zum Kunden sicher. Dies verhindert die Gefahr mangelhafter Eingaben – beispielsweise in Form von fehlerhaften Leistungen oder Betriebsmitteln – und optimiert die Schnittstellen.

Wenn z. B. der Koch weiß, dass die Fachkräfte in den Wohnbereichen Kalorien- bzw. Nährstoffangaben benötigen, um eine fachgerechte Pflegeplanung bei untergewichtigen Bewohner zu erstellen, können beide Bereiche gezielter und zufriedenstellender arbeiten.

Prozesse darstellen

In diesem Schritt stellt das Prozessteam die einzelnen Prozesselemente in übersichtlicher Form zusammen. Hierzu können Sie Fließtext, tabellarische oder andere grafische Darstellungsmöglichkeiten verwenden.
Eine grafische Möglichkeit zur Prozessdarstellung bietet die Nutzung von Flussdiagrammen. Diese unterstützen durch ihre Form das prozessorientierte Denken und ermöglichen es, den Prozess in seinem logischen Ablauf in voller Länge zu erfassen. So können Sie komplexe Aufgaben vereinfacht darstellen. Weitere hilfreiche grafische Darstellungsweisen sind Mind Maps®, die Darstellung als Matrix und auch Fotos.

Praxistipp

Prozessbeschreibungen sollten nicht zu detailliert erstellt werden, gerade bei der Nutzung von Fliesstext ist es wichtig, kurz, knapp und prägnant zu formulieren. Die wichtigsten Eckpunkte und kritische Tätigkeiten sind zu beschreiben, ein zu großer Detaillierungsgrad bringt aber keine Vorteile.

Prozessbeschreibung

Zur Vorbereitung der Prozessbeschreibung ist es hilfreich, wenn Sie eine Prozessübersicht mit den folgenden Kriterien erstellen:

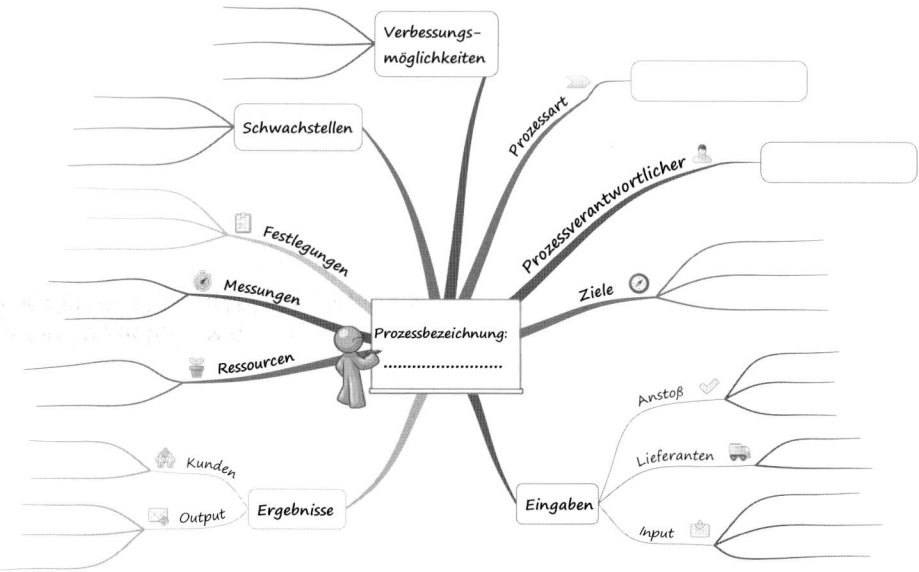

Vorlage für Prozessbeschreibung		
Prozessbezeichnung		Name des Prozesses
Prozessart		Führungsprozess, Kernprozess, Wertschöpfungsprozess, Haupt- oder Teilprozess
Prozessverantwortlicher		Benannter Koordinator (nur einer; bei Schlüsselprozessen Leitungsmitglieder; nicht mit Namen, sondern mit Position benennen)
Ziele		Z. B. Kundenzufriedenheit
Eingaben	Anstoß	Beginn des Prozesses, wodurch wird er ausgelöst?
	Prozesslieferant/en	Wer ist Lieferant der Eingaben, intern/extern?
	Input	Grundlagen, z. B. Forderungen aus Regelwerken, Inputs aus anderen Prozesse, Eingangsdokumente
➔ Prozessablauf ➔		
Ergebnisse	Prozesskunde/n	Wer ist Empfänger des Ergebnisses, intern/extern?
	Output	Ende des Prozesses, wann ist der Prozess abgeschlossen, wann ist das Ziel erreicht, was ist das Endprodukt bzw. die letzte Tätigkeit, welche Ausgangsdokumente und Abnahmekriterien gibt es?
Ressourcen		Personal, Einrichtungen, Anlagen, Technologie, Methoden
Festlegungen zum Prozess		Interne Regelungen, Vereinbarungen für Verbesserungen, mitgeltende Dokumente, Nachweise, zu führende Dokumentation
Messung am Prozess		Erreiche ich meine Ziele, woran kann ich erkennen, ob der Kunde dieses Prozesses zufrieden ist, welches sind Kriterien und Erfolgsfaktoren zur Zielerreichung, wie oft und wann müssen welche Messungen durchgeführt werden?
Schwachstellen		Welche Probleme und Folgen, Änderungen und Risiken können ermittelt und beschrieben werden?
Verbesserungsmöglichkeiten		Wenn möglich schon im Verlauf der Prozessbeschreibung benennen

Erstellung eines Flussdiagramms

Auf der Grundlage der Prozessbeschreibung definieren Sie die erforderlichen Prozessschritte, d. h. Tätigkeiten, Entscheidungen, Schnittstellen. Dann bringen Sie diese, mithilfe von Symbolen, in die richtige Reihenfolge und ergänzen das Flussdiagramm mit Verantwortlichkeiten, erforderlichen Dokumenten und Aufzeichnungen sowie Bemerkungen zu Kriterien und ähnlichem.

Symbole zur Erstellung von Flussdiagrammen	
Anfang / Ende	**Anfang/Ende** Auslöser und Beginn Prozesses, bzw. Ende des Prozesses, wenn dieser nicht in eine Schnittstelle mündet
Tätigkeit	**Tätigkeit** Eigentlicher Prozessschritt im Sinne einer einzelnen Arbeitstätigkeit
Entscheidung	**Entscheidung** Verzweigung, Bedingung, Entscheidung, sollte durch einen Verantwortlichen getroffen werden, oder sich aus einer logischen Verzweigung ergeben, Entscheidungskriterien müssen hinterlegt werden
Schnittstelle	**Schnittstelle** Übergang von einem zum nächsten Prozess. Kann auch am Prozessende stehen und Auslöser für den nächsten Prozess sein
Übergang	**Übergang** Zusammenführung, Verbindersymbol von einer Seite zur nächsten
Schriftstück	**Schriftstück** Ausdruck, Daten auf Schriftstück, Dokument oder Nachweis
ja → nein →	**Richtungspfeil** Zeigt, ob der Prozessschritt korrekt oder nicht korrekt ist sowie die Zielrichtung des nächsten Schrittes

Beispiele für Prozessbeschreibungen und Flussdiagramme

Prozessbeschreibung		
Prozessbezeichnung		Aufnahme eines neuen Bewohners
Prozessart		Kernprozess, Teilprozess von „Einzug & Integration"
Prozessverantwortlicher		Pflegedienstleitung
Ziele		• Zeitnahe, fürsorgliche und kundenorientierte Aufnahme des neuen Bewohners • Orientierung an den Wünschen und Bedürfnissen des neuen Bewohners und seiner Biografie • Reduzierung von Ausfallzeiten • Klärung finanzieller Angelegenheiten
Eingaben	Anstoß	Extern: Anfrage von außen, intern: freier Platz.
	Prozesslieferant/en	Angehörige, Krankenhaus, ambulanter Pflegedienst, Pflegeversicherung, Rentenversicherung, Sozialamt etc. …
	Input	SGB XI, Heimgesetzgebung, Maßstäbe und Grundsätze für Qualität und Qualitätssicherung, MDK-Prüfanleitung stationär, Anmeldeunterlagen (Ärztliche Bescheinigung, Antrag auf Heimaufnahme, Bescheide, etc.), Warteliste.
→ Prozessablauf →		
Ergebnisse	Prozesskunde/n	Extern: Bewohner, Angehörige, Betreuer, Krankenhaus Sozialarbeiter Intern: alle Bereiche
	Output	Abschluss des Heimvertrages
Ressourcen		Pflegedienstleitung, Mitarbeiter aus Sozialdienst, Verwaltung und Wohnbereich, mitgeltende Dokumente zur Verfahrensanweisung, EDV.
Festlegungen zum Prozess		Die Entscheidung über die Aufnahme erfolgt bei unklarer Sachlage durch die Heimleitung.
Messung am Prozess		Bewohner- und Angehörigenzufriedenheit (Kundenbefragung, Pflegevisite), Zeitdauer bis zur Neubelegung (Statistik), Kostenklärung („offene Posten"-Liste).
Schwachstellen		Aufnahme trotz ungeklärter Finanzierung, Leerstand, Probleme bei der Doppelzimmerbelegung.
Verbesserungsmöglichkeiten		Klärung der Schnittstelle Verwaltung und Wohnbereich, Verbesserung des Kontaktes zu den Krankenhaussozialarbeitern.

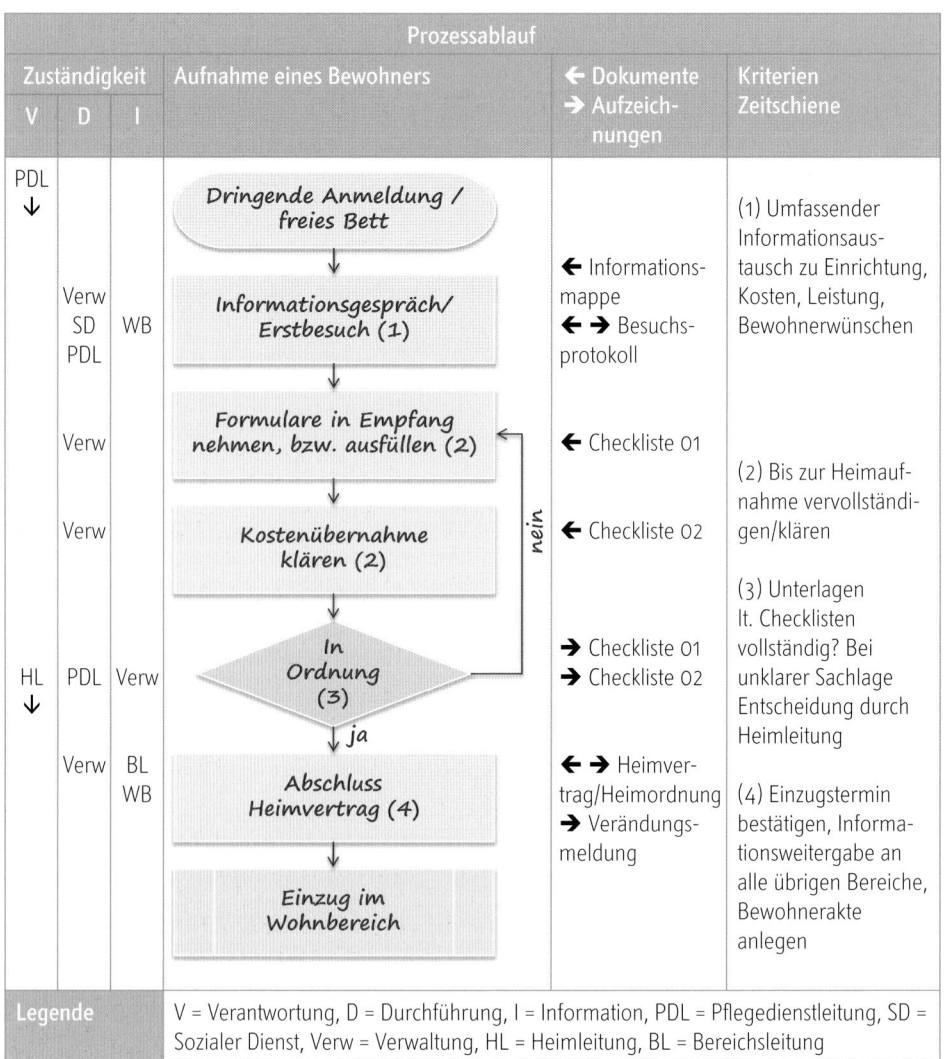

Prozessbeschreibung	
Prozessbezeichnung	Fortbildungen
Prozessart	Führungsprozess, Teilprozess von „Personalmanagement".
Prozessverantwortlicher	Heimleitung
Ziele	• Dienstleistungserbringung nach dem neuesten Stand der Erkenntnisse • Bewältigung von künftigen Anforderungen • Sicherung und Förderung der fachlichen Kompetenz • Qualifikation der Leitung und aller Mitarbeiter • Einbezug der Mitarbeiter in die Fortbildungsplanung
Eingaben — Anstoß	Intern: Fortbildungsplanung.
Eingaben — Prozesslieferant/en	Leitungskräfte, Mitarbeiter, Referenten, Fortbildungsinstitute.
Eingaben — Input	Din EN ISO 9001: 2008 (6.2.2), SGB XI, Heimgesetzgebung, Maßstäbe und Grundsätze für Qualität und Qualitätssicherung, MDK-Prüfanleitung stationär, Fortbildungsangebote von Referenten und Fortbildungsinstituten.
→ Prozessablauf →	
Ergebnisse — Prozesskunde/n	Intern: Leitungskräfte und Mitarbeiter aller Bereiche, Ehrenamtliche Extern: externe Teilnehmer.
Ergebnisse — Output	Umsetzung der neuen Erkenntnisse.
Ressourcen/Personal	Leitungskräfte und Mitarbeiter aller Bereiche, Schulungsraum (Beamer, Laptop, Moderationsmaterialien).
Festlegungen zum Prozess	Die Fortbildungsplanung startet im September. Der Schulungsbedarf wird systematisch unter Beteiligung der Mitarbeiter ermittelt. Interne und externe Fortbildungen werden angeboten. Für die Fortbildungen erfolgt eine Freistellung der Mitarbeiter. Zur Sicherstellung der Teilnahme aller Mitarbeiter an gesetzlich vorgeschriebenen Pflichtfortbildungen werden diese mehrfach angeboten. Ehrenamtliche Mitarbeiter werden in die Fortbildungen mit einbezogen.
Messung am Prozess	Veranstaltungsbewertung, Teilnahme aller Mitarbeiter an gesetzlich vorgeschriebenen Pflichtveranstaltungen, Kosten- und Wirkungskontrolle der ergriffenen Maßnahmen im Rahmen der Managementbewertung.
Schwachstellen	Start der Fortbildungsplanung im September erfolgte teilweise nicht zuverlässig, Übersicht über die Mitarbeiter, die bereits an Pflichtfortbildungen teilgenommen haben, fehlt in den Bereichen.
Verbesserungsmöglichkeiten	Aufnahme der Fortbildungsplanung in den QM-Kalender, Teilnehmerlisten für die Pflichtfortbildungen werden bereits mit Namen versehen und vor der jeweiligen Pflichtfortbildung durch die Personalabteilung an die Bereichsleitungen ausgegeben, um Mitarbeiter gezielt ansprechen zu können.

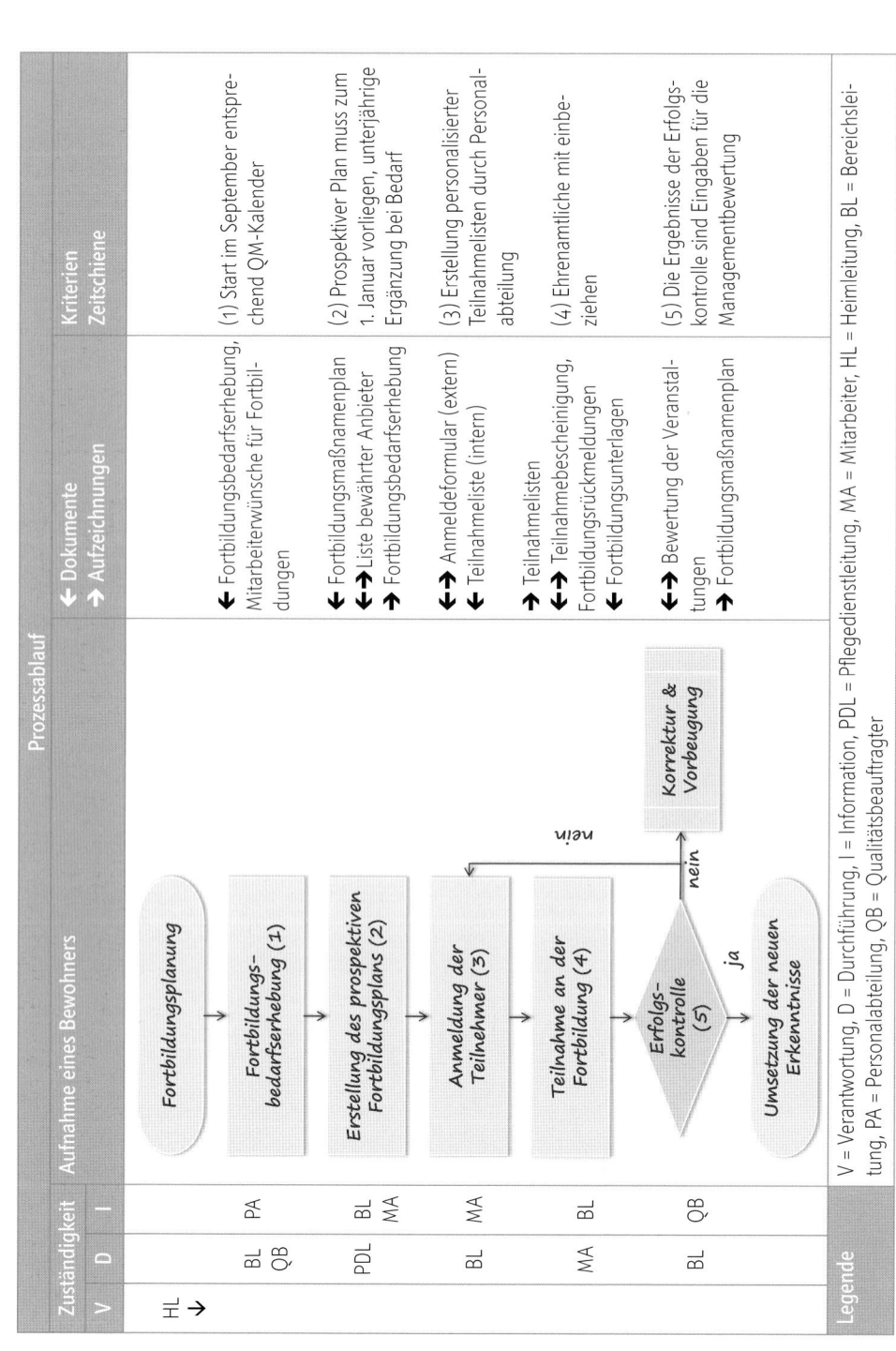

Praxistipp zu den Flussdiagrammen

- Jeder Prozess benötigt Anfang und Ende. Legen Sie diese eindeutig fest.
- Der Detaillierungsgrad richtet sich nach der Komplexität des Prozesses und dem Wissensstand der Mitarbeiter.
- Vermeiden Sie eine zu detaillierte Darstellung, es geht hierbei um einen schematischen, nachvollziehbaren Überblick über die wichtigsten Prozessschritte.
- Flussdiagramme sollten aus Gründen der Übersichtlichkeit nicht länger als zwei DIN-A4 Seiten sein.
- Bei jeder Entscheidungsraute müssen eindeutige Entscheidungskriterien hinterlegt werden.
- Weisen Sie jedem Prozessschritt Verantwortlichkeiten und Dokumente bzw. Aufzeichnungen zu.
- Verdeutlichen Sie die Zielrichtung der einzelnen Prozessschritte, dazu verbinden Sie die Symbole mithilfe von Pfeilen.
- Jede Entscheidungsraute benötigt einen Ja- und Nein-Pfeil.
- Führen Sie alle Ja-Pfeile nach unten, alle Nein-Pfeile nach rechts.
- Bereiten Sie die Flussdiagramme zur Verwendung im Qualitätshandbuch durch professionelle Software auf, z. B. Microsoft Powerpoint oder Visio, ViFlow, iGrafx FlowCharter.

Prozessmanagement – Phase 3: Prozesse strukturieren

Prozessergebnisse müssen jederzeit erfüllt werden. Dies gewährleisten Sie durch eine geeignete Strukturierung. Hierzu prüfen Sie zunächst, ob die erzielten Ergebnisse überhaupt beim Kunden benötigt werden und ob die Tätigkeiten innerhalb der Prozesse wirtschaftlich, sinnvoll und ergebnisorientiert sind.

Prozessergebnisse überprüfen

In diesem Schritt ermitteln und gewichten Sie im Prozessteam die Wichtigkeit der einzelnen Prozessergebnisse für die jeweiligen Kunden, z. B. mithilfe des paarweisen Vergleichs oder einer Matrix. Zusätzlich erheben Sie Daten zum Aufwand (Kosten, Bearbeitungszeit) für die Erstellung der Ergebnisse. So ermittelt das Prozessteam Einsparpotenziale und Möglichkeiten zur Streichung kundenunwirksamer Prozesse oder Zwischenschritte. Dies ermöglicht die Prozessoptimierung und erhöht die Wertschöpfung innerhalb der Prozesskette. Diese Prüftätigkeit kann auch mit dem Kunden gemeinsam vorgenommen werden.

Wertschöpfung steigern

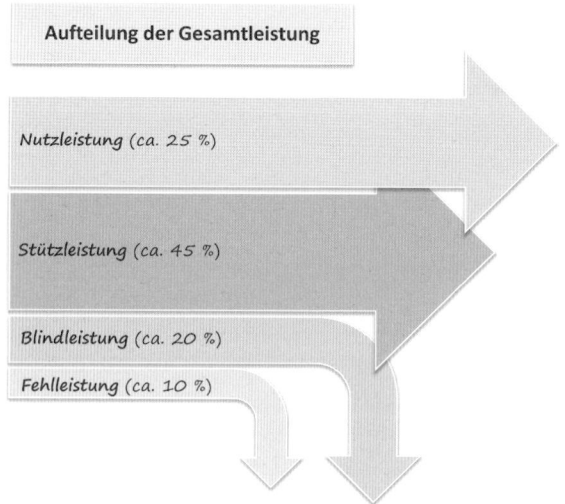

Ziel dieses Prozessschrittes ist es, Tätigkeiten, die nicht wertsteigernd sind, auf ein Mindestmass zu reduzieren. Hierzu teilt das Prozessteam alle Tätigkeiten in Leistungsarten auf, ermittelt Tätigkeiten, die nicht wertsteigernd sind und versucht diese zu minimieren.

Nutzleistungen sind alle geplanten Prozessleistungen, die zur Wertschöpfung führen und den Wert des Ergebnisses für den Kunden erhöhen. Nutzleistungen müssen fortlaufen optimiert werden.

Stützleistungen unterstützen die Nutzleistungen und tragen so indirekt zur Wertschöpfung bei. Sie werden von den Kunden nicht wahrgenommen, verursachen aber Kosten. So ist es sinnvoll, Stützleistungen möglichst wirtschaftlich zu gestalten und auf ein geringes Maß zu reduzieren.

Blindleistungen bezeichnen Unvollkommenheiten im Wertschöpfungsprozess, d.h. Tätigkeiten, die weder direkt noch indirekt zur Wertschöpfung beitragen. Diese erhöhen die Prozesskosten und müssen beseitigt werden.

Fehlleistungen entstehen infolge unkontrollierter Prozessbestandteile. Diese Fehler können durch verbesserte Planung, Schulung oder Prozessstrukturierung vermieden werden.

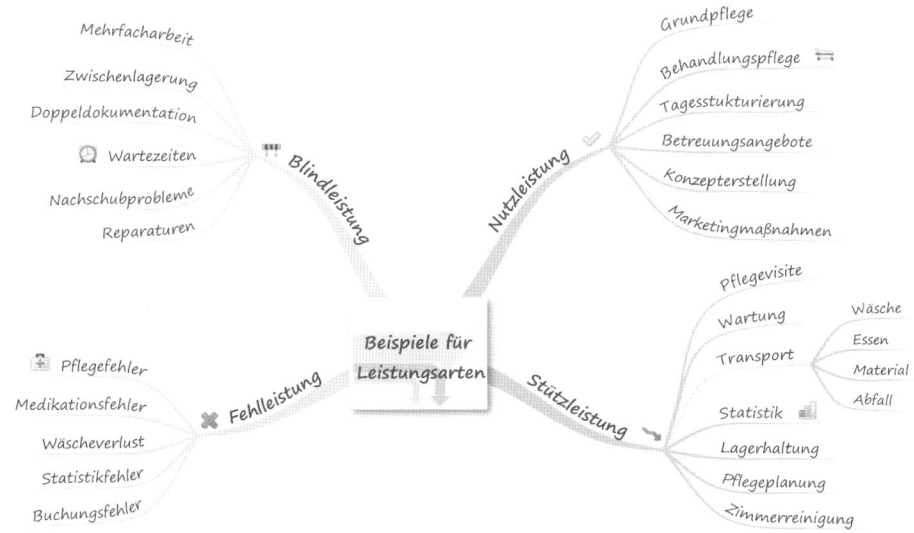

Verschwendung vermeiden

Verschwendung beschreibt alle Tätigkeiten, die Zeit, Ressourcen oder Raum in Anspruch nehmen, jedoch den Wert des Produkts oder der Dienstleistung nicht erhöhen. Verschiedene Verschwendungsformen behindern in den einzelnen Leistungsarten die Wertschöpfung. Typische Formen beschreiben die sieben Muda aus dem Kaizen.

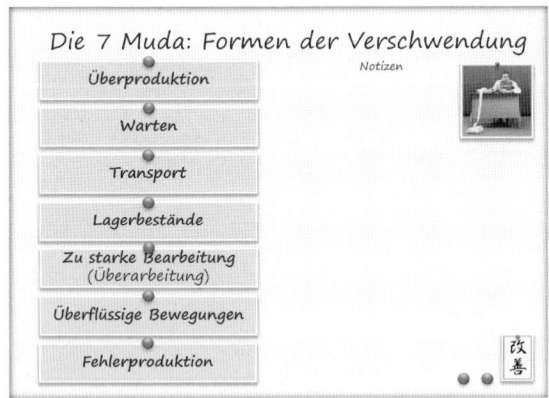

Weitere Anregungen zur Entdeckung von Verschwendung liefert Ihnen das folgende Mind Map®:

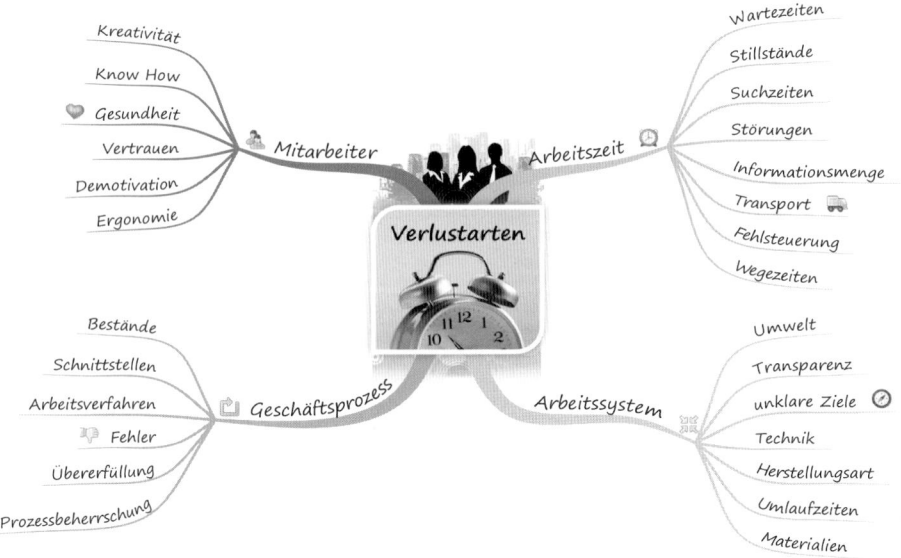

Praxistipp

Bevor Sie anfangen Verlustquellen zu eliminieren, ist es sinnvoll, zunächst die Verluste zu quantifizieren: Wo entstehen die höchsten Verluste? Wie wirken sich diese auf das Gesamtergebnis aus? Die Verluste mit den größten negativen Auswirkungen sollten Sie zuerst ins Visier nehmen und bearbeiten.

Ein Experiment

Führen Sie die unten genannten Aufgaben durch und versuchen Sie, diese den aufgeführten Formen der Verschwendung zuzuordnen.
- Stellen Sie auf eine Tischplatte, auf der man auch ein wenig Wasser verschütten darf, fünf leere Gläser, eine leere und ein volle Flasche.
- Ihre erste Aufgabe besteht darin, in eines der Gläser Wasser zu schütten. Welche Verschwendung sehen Sie?
- Schütten Sie als nächstes das Wasser nicht in ein Glas, sondern daneben auf den Tisch. Welche Art von Verschwendung ist jetzt entstanden? Wie wird die Verschwendung für den Arbeitsaufwand beim Aufwischen des Verschütteten Wassers bezeichnet?
- Stellen Sie jetzt die Wasserflasche außer Reichweite an das andere Ende des Tisches. Welche Verschwendung entsteht beim Herholen der Flasche zum Glas?
- Sie nehmen jetzt die leere Flasche und wollen Wasser ins Glas schütten. (Lachen Sie nicht, Materialmangel ist in Unternehmen an der Tagesordnung.) Wie wird diese Verschwendung bezeichnet?
- Jetzt bitten Sie einen anderen Mitarbeiter, eine volle Flasche zu bringen. Welche Verschwendung entsteht in der Zeit, die vergeht, bis die volle Flasche bei Ihnen ist?

Praxistipp

Übertragen Sie diese Beispiele auf Ihre Einrichtung. Welche Formen der Verschwendung finden sie? Nutzen Sie die Anregungen in den Prozessteams zur Steigerung der Wertschöpfung.

Fehlermanagement

Zur Steigerung der Wertschöpfung und Vermeidung von Verschwendung ist es sinnvoll, ein Fehlermanagement zu implementieren. Dieses bewirkt, dass Fehler nicht an den Kunden weitergereicht werden und zu Beschwerden führen. Grundlage ist eine wertschätzende Kommunikationskultur in Ihrer Einrichtung, damit Mitarbeiter sich trauen angstfrei Fehler anzusprechen und zu diskutieren.

Eine Möglichkeit Fehler einfach zu erfassen bietet die Fehlersammelkarte (siehe Kapitel „Qualitätswerkzeuge"). Die Din EN ISO 9000 ff. beschreibt Fehler als „Nichterfüllung einer Anforderung" und fordert zudem, dass die erfassten Fehler gekennzeichnet, beseitigt und bewertet werden, sowie notwendige Sofortmaß- oder Korrekturmaßnahmen ergriffen und relevante Informationen weitergegeben werden, beispielsweise durch begleitende Dokumentation.

> **Praxistipp**
>
> Umfangreiche Tipps und Anregungen zur Vermeidung von Fehlern und Verschwendung finden Sie auch in der DIN SPEC 77224 zur „Erzielung von Kundenbegeisterung durch Service Excellence".

Schnittstellen optimieren

Als Schnittstelle oder Nahtstelle wird der Übergang eines Prozesses von einer Abteilung zur nächsten bezeichnet. Dort werden Prozesse fehleranfällig, weil die Verantwortung für die Tätigkeit übergeben bzw. übernommen wird und eine Übergabe, an der mehrere Personen bzw. Abteilungen beteiligt sind, fehleranfällig ist. Hier schafft eine gemeinsame, interne und externe Abstimmung Abhilfe. Anforderungen werden geklärt und festgelegt, gegenseitiges Verständnis für die Bedürfnisse der Partner geweckt.

Insbesondere im Umgang mit Kooperationspartnern, z. B. Apotheken oder Sanitätshäusern kann dies zu entschiedenen Qualitätsverbesserungen führen. Ein gemeinsames Flussdiagramm, eine überarbeitete Prozessbeschreibung mit abgestimmten Formularen, Regelungen und klaren Schnittstellenvereinbarungen führen zu mehr Zufriedenheit bei allen am Prozess beteiligten Parteien.

Praxistipp

Gerade in unserem Arbeitsbereich ändern oder erhöhen sich die Anforderungen an Prozesse häufig. So ist es sinnvoll, die Schnittstellenvereinbarungen regelmäßig zu überprüfen und bei Bedarf zu verändern.

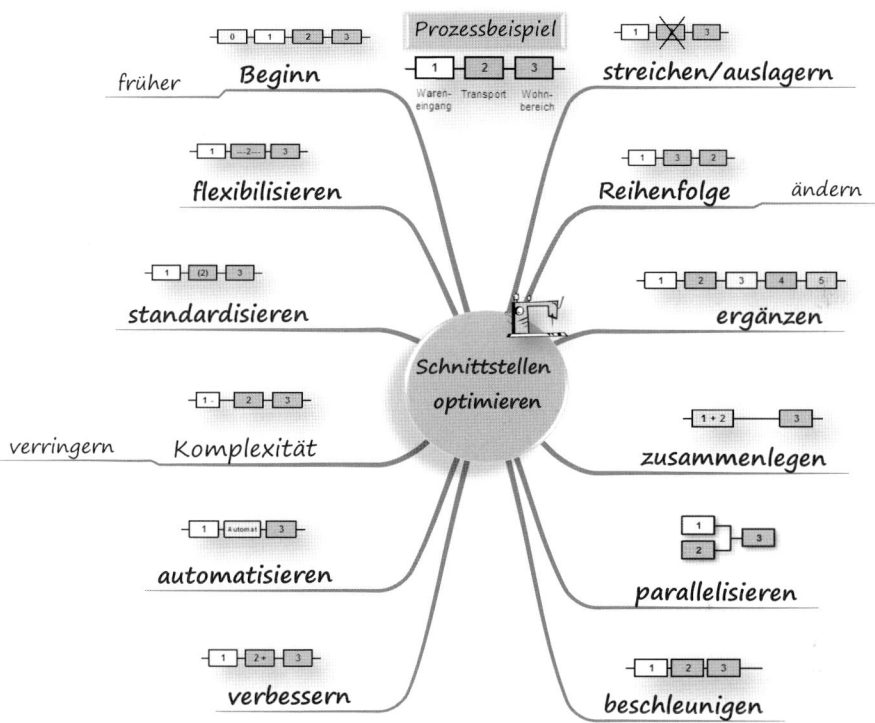

Prozessmanagement – Phase 4: Prozesse lenken und ständig verbessern

Nach der Neustrukturierung und Einführung der Prozesse müssen diese weiterhin gelenkt und ständig verbessert werden. Dies erfolgt wieder im Prozessteam oder durch den Prozessbesitzer, mithilfe von Kennzahlen und den Vorgaben des PDCA-Zyklus von Deming (siehe auch „Demings.-Management-Programm").

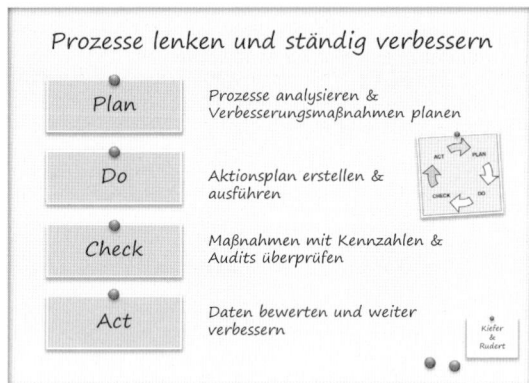

Kennzahlen festlegen

Es ist notwendig für die einzelnen Prozesse aussagefähige Kennzahlen festzulegen, um die Wirksamkeit von Maßnahmen und den Grad der Zielerreichung zu prüfen. Die Verantwortung für diese Überprüfung liegt bei den jeweiligen Prozessbesitzern. Mehr Informationen zum Umgang mit Kennzahlen finden Sie im Kapitel „Kennzahlen, Messgrößen und Indikatoren".

Verbesserungsregeln anwenden

Die folgenden zehn Verbesserungsregeln können Sie innerhalb der Sitzungen des Prozessteams auf den Prozess anwenden. Jede einzelne Regel wird Sie bei der Fehlersuche und Problemlösung unterstützen.

Verbesserungsregel	Beispiele für Anwendungsmöglichkeiten
1. Vermeidung von Überproduktion	Keine Erfassung unnötiger Informationen, z. B. durch Vermeidung von Doppeldokumentation. Produktion auf Vorrat verhindern, z. B. bei der Speisenversorgung.
2. Einführung von Selbstkontrolle	Vermeidung von Kontrollen, die das Team nicht selbst durchführt, obwohl dies möglich wäre,, z. B. Nachrechnen von Kalkulationen durch Vorgesetzte.
3. Zusammenfassung von Tätigkeiten	Zusammengehörende Tätigkeiten nicht von unterschiedlichen spezialisierten Bearbeitern durchführen lassen, z. B. bei der monatlichen Abrechnung für die Bewohner.

Verbesserungsregel	Beispiele für Anwendungsmöglichkeiten
4. Paralleles Ausführen von Teilprozessen	Verkürzung der Durchlaufzeit, z. B. paralleles Erstellen von zwei Formularen, die kurz nacheinander benötigt werden.
5. Bildung von Prozessvarianten	Begründete Prozessabweichungen schon in der Prozessbeschreibung ermöglichen, z. B. bei der individuellen Gestaltung des Prozesses Sterbebegleitung.
6. Verbesserung der Arbeitsbedingung	Schaffung eines förderlicheren Arbeitsumfeldes,, z. B. durch geeignete Möblierung der Dienstzimmer oder Veränderung von Pausenregelungen.
7. Verringerung der Bestände	Vermeidung von „Angstbeständen" und Horten,, z. B. durch nicht abgestimmte Lieferung der Wäscherei.
8. Vermeidung unnötiger Transporte	Beseitigung von Zwischenlagern und langen Wegezeiten, z. B. durch Bildung von Materialstützpunkten.
9. Verkürzung von Durchlaufzeiten	Beseitigung hoher Arbeitsteilung, z. B. durch Umsetzung der Bezugspflege.
10. Erhöhung der Verfügbarkeit von Betriebsmitteln	Vermeidung von Engpässen durch Materialmangel, z. B. durch ungeeignete oder fehlende EDV-Anlagen.

Praxistipp

Nutzen Sie Regel Nummer 6 „Verbesserung der Arbeitsbedingungen" als Einstiegsregel. Mitarbeiter sind sehr schnell bereit, solche Änderungen umzusetzen.

Problemursachen analysieren

Zur erfolgreichen Analyse von komplexen Problemen in Ihren Prozessteams ist der Einsatz geeigneter Qualitätswerkzeuge notwendig, wie z. B. das Fischgrät- oder Ishikawadiagramm. So behandeln Sie nicht nur die Symptome, sondern sind in der Lage, in kurzer Zeit gezielt Ursachen zu erkennen und zu beseitigen. Eine Anleitung zur Erstellung des Ishikawadiagramms finden Sie im Kapitel „Qualitätswerkzeuge".

Mit der 5-Why-Methode haben Sie die Möglichkeit durch Nachfragen die Ursachenkette für ein Problem zu ergründen. Sie fragen direkt bei den am Prozess beteiligten Personen solange nach dem „Warum…", bis Sie die eigentliche Ursache gefunden haben. Durch die gezielten Fragen versuchen Sie an die „Wurzel" des Problems zu gelangen, die zumeist ein fehlerhafter oder fehlender Prozess oder Prozessschritt ist.

Als umfassendes Hilfsmittel zur strukturierten Problemlösung kann – die aus der Automobilbranche bekannte – 8D-Methode genutzt werden, bei der mithilfe eines standardisierten Reportbogens im Team Probleme definiert, bearbeitet und die einzelnen Prozessschritte dokumentiert werden.

Zusätzlich bietet sich als prophylaktische Maßnahme die Verwendung der Fehlermöglichkeits- und einflussanalyse (FMEA) an, bei der mögliche Fehler frühzeitig ermittelt, die aus diesen entstehenden Risiken bewertet und anschließend Gegenmaßnahmen zur Fehlervermeidung entwickelt werden.

> **Praxistipp**
>
> Zur Klärung schwerwiegender pflegerischer Zwischenfälle kann das London-Protocol als Teil des Risikomanagements genutzt werden. Dieses wissenschaftlich fundierte, aus dem klinischen Bereich stammende Instrument dient der reflektierten Untersuchung und Analyse von Zwischenfällen. Es geht weit über die übliche Suche nach „Schuldigen" hinaus und verhilft Ihnen zu einer systemischen Betrachtung der Ursachen und Wirkungen von Handlungen, organisatorischen Gegebenheiten und sonstigen fehlerbeeinflussenden Faktoren. Informationen zum London Protocol erhalten Sie über die Internetseite die Stiftung für Patientensicherheit in der Schweiz.

Aktionsplan erarbeiten

Aktionsplan			
Aktion/Maßnahme	Verantwortlicher	Termin	Status
Dokumentationsunterlagen prüfen	Prozessteam „Pflegedokumentation" im Rahmen des Qualitätszirkels	35. bis 40. KW	In Bearbeitung
Verfahrensanweisung zur Nutzung der Pflegedokumentation überarbeiten	Qualitätsmanagementbeauftragter	41. KW	Nicht bearbeitet
Neue Mustermappen für Wohnbereiche erstellen	Azubi Verwaltung	42. KW	Nicht bearbeitet
Mitarbeiter über Änderungen informieren bzw. schulen	Pflegedienstleitung	43. bis 48. KW	Nicht bearbeitet
…			

Prozessmanagement – Phase 5: Prozesse stabilisieren

Die in den vorherigen Phasen erreichten Verbesserungen gilt es im Alltagsgeschäft zu erhalten und zu stabilisieren, damit die Veränderungen nicht in Vergessenheit geraten sind Kontrollen, Audits und weitere Maßnahamen zur Absicherung unerlässlich.

Kontrollpläne anwenden

Hier geht es darum, alle in der Prozessbeschreibung vorgegebenen Prüfschritte in einer Matrix zu hinterlegen und mit den Kennzahlen zu verbinden, ein entsprechendes Schema zur Kennzahlenerfassung finden Sie im Kapitel „Kennzahlen, Messgrößen und Indikatoren".

Prozesse auditieren

Zur Stabilisierung der Maßnahmen der ständigen Verbesserung und um weitere Verbesserungsmöglichkeiten zu ermitteln, auditieren Sie die bearbeiteten Prozesse im Rahmen Ihres jährlichen Auditprogramms.

Hilfreich sind dabei folgende Kernfragen an das Prozessteam:
- Sind Sie mit den notwendigen Kompetenzen und Materialien ausgestattet?
- Sind die Arbeitsunterlagen geeignet und aktuell?
- Stehen Sie unter zu hohem zeitlichem Druck?
- Finden Sie, dass die Arbeit im Bereich richtig verteilt ist?
- Werden Sie über Ihren Bereich ausreichend informiert?
- Sehen Sie zusätzlichen Schulungs- oder Fortbildungsbedarf?
- Verläuft die Zusammenarbeit mit anderen Mitarbeitern und Abteilungen reibungslos?
- Erhalten Sie notwendige Dinge zeitnah oder müssen Sie hinter diesen herlaufen oder auf sie warten?
- Gibt es Beschwerden über die Ergebnisse und Abläufe im Arbeitsbereich?
- Wiederholen sich Fehler, sollten Korrekturmaßnahmen ergriffen werden?
- Haben Sie Verbesserungsvorschläge zu einzelnen Prozessschritten oder zum Gesamtprozess?

Prozessabsicherung einführen

Zusätzliche Maßnahmen helfen Ihnen, ein einmal erreichtes Leistungsniveau zu halten und den Prozess systematisch abzusichern:

- **Lenkungsmaßnahmen** stellen sicher, dass der Prozess (mit allen Hilfsmitteln) wie geplant umgesetzt wird. Der Prozess „Pflegedokumentation" kann beispielsweise Lenkung erfahren, indem Pflegedokumentationsmappen für neue Bewohner direkt in der Verwaltung nach den Vorgaben einer abgestimmten Mustermappe bestückt werden bzw. im PC-Dokumentationsprogramm nur die notwendigen Dokumentationsformulare angezeigt werden und Pflegekräfte über sinnvolle Verlinkungen durch die notwendigen Dokumentationsschritte geführt werden.
- **Prüfmaßnahmen** stellen fest, ob Effizienzverluste, Verschwendung und Fehler im laufenden Prozess vorliegen. In unserem Bereich übliche Prüftätigkeiten während des Prozessverlaufs sind beispielsweise Pflege- oder Dokumentationsvisiten.

> **Praxistipp zum Prozessmanagement**
>
> - Betrachten Sie Abläufe und Handlungen immer aus der Sicht des Endkunden.
> - Wenn Teams Lösungen erarbeiten, muss die Umsetzung rasch erfolgen (80 % sofort, 15 % innerhalb eines Monats, 5 % längerfristig).
> - Nehmen Sie zuerst kleine Änderungen in Angriff, um Erfolgserlebnisse zu schaffen.
> - Betrachten Sie Ihre Arbeit als Einstieg in die Prozessoptimierung.
> - Wichtig ist eine gute Strukturierung und Moderation der Sitzungen der Prozessteams.
> - Es ist sinnvoll, dass Prozessbesitzer oder das ganze Prozessteams Zwischenergebnisse regelmäßig an die Steuergruppe weiterleiten, um Transparenz und Sicherheit für das weitere Vorgehen zu erreichen.

Qualitätszirkel

Die wohl erfolgreichste Methode des Qualitätsmanagements ist die Arbeit in Qualitätszirkeln. Dieses multifunktional einsetzbare Werkzeug ist für alle Arbeitsbereiche sinnvoll und zeigt positive Wirkungen auf das ganze Unternehmen. Hier werden die Ideen und Veränderungsvorschläge der Mitarbeiter gesammelt und bearbeitet, Prozesse beschrieben, vereinfacht und verbessert. Auch die einzelnen Kapitel für das Qualitätsmanagementhandbuch können innerhalb eines Qualitätszirkels erarbeitet werden. Da gerade in unseren sozialen Einrichtungen, weit mehr als in der Industrie, die Mitarbeiter der ausschlaggebende Faktor für die Qualität der Arbeitsergebnisse sind, können diese sich in den Qualitätszirkeln besonders wirksam eingeben.

Die Qualitätszirkelidee geht davon aus, dass die Mitarbeiter ihren Arbeitsbereich selbst am besten kennen und deshalb auch ein großes Problemlösungs- und Kreativitätspotenzial haben. Die Grundlage dieser Idee basiert auf der Wertschätzung der Mitarbeiter. Ihre Qualifikationen und Fähigkeiten können in den Qualitätszirkeln systematisch zur Entfaltung gebracht werden. Viele Mitarbeiter haben den Wunsch ihre Arbeitsprozesse zu optimieren und sind bereit an der Qualitätsentwicklung aktiv mitzuarbeiten. Wenn die Möglichkeit den Arbeitsbereich selbst mitzugestalten konsequent umgesetzt wird und die Ideen der Qualitätszirkel tatsächlich im Arbeitsalltag umgesetzt werden, verändert sich eine Einrichtung.

Neben den Qualitätszirkeln zu Pflege- und Betreuungsthemen sind auch beispielweise Zirkel mit Mitarbeitern aus Verwaltung und Hauswirtschaft notwendig, um alle Arbeitsprozesse der Einrichtung im Blick zu halten und zu verbessern. In diesen Zirkeln können in kurzer Zeit mit Energie und Spaß viele wichtige Problembereiche aufgearbeitet werden, dies führt zu einer höheren Arbeitszufriedenheit der Mitarbeiter, zu besseren Arbeitsergebnissen sowie einer optimierten Zusammenarbeit an den Schnittstellen zu anderen Bereichen.

Praxistipp

Beginnen Sie die Qualitätszirkelarbeit mit interessierten Mitarbeitern, wählen Sie einen wichtigen Schlüsselprozess, z. B. Pflegedokumentation oder Heimeinzug und achten Sie auf eine schnelle Umsetzung der Ergebnisse. So können Sie auch andere Mitarbeiter und Bereiche für die Qualitätszirkelarbeit begeistern.

Was ist ein Qualitätszirkel?

Ein Qualitätszirkel ist eine auf bestimmte Dauer und Ziele (siehe Mind Map®) angelegte Arbeitsgruppe, in der sich fünf bis zwölf Mitarbeiter regelmäßig und freiwillig treffen. Mitarbeiter eines Teams oder mehrerer Arbeitsbereiche bearbeiteten regelmäßig, wöchentlich bzw. vierzehntägig, Problemstellungen aus dem Arbeitsalltag. Je nach Fragestellungen ist es sinnvoll, Bewohner, Angehörige oder auch externe Experten einzubinden.

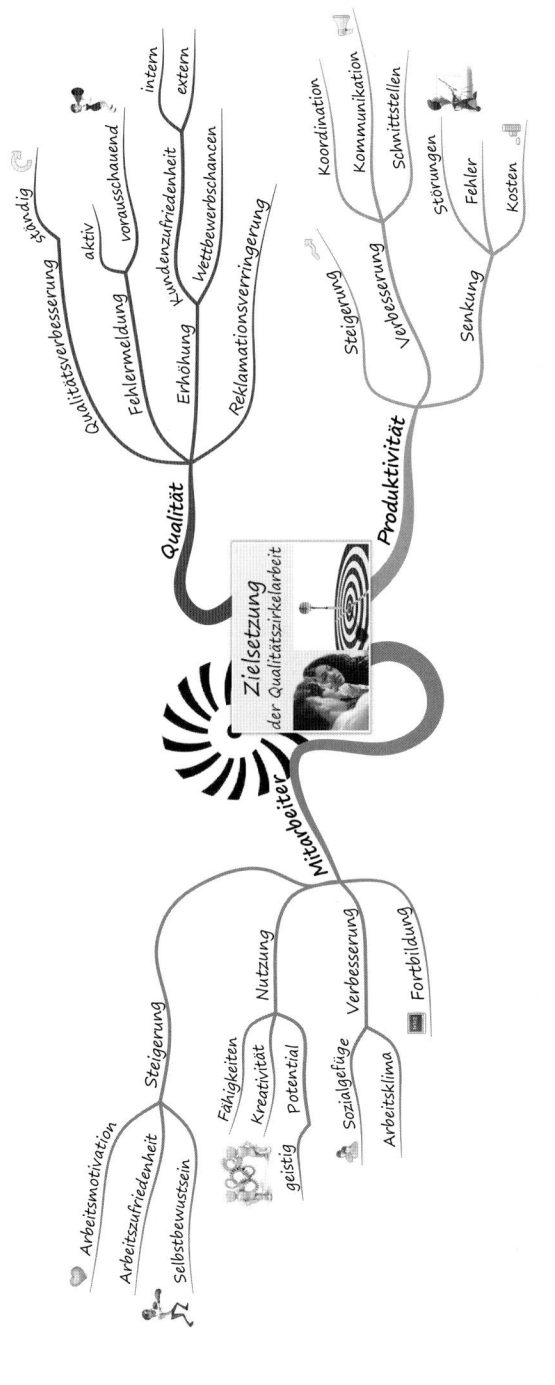

In den ein- bis zweistündigen Sitzungen (innerhalb der Arbeitszeit) werden mithilfe eines Moderators systematisch Probleme identifiziert, Lösungsmöglichkeiten erarbeitet und anschließend exemplarisch im Arbeitsalltag erprobt. Nach der Erprobungsphase erfolgt die Freigabe durch das zuständige Entscheidungsgremium (Steuergruppe). Die erarbeiteten Regelungen werden dann im Qualitätshandbuch festgehalten, umgesetzt und sind für alle Mitarbeiter der betreffenden Bereiche verbindlich

Die Teilnehmer des Qualitätszirkels bewerten nach einer festgesetzten Zeit (meist jährlich) die Umsetzung und erarbeiten die notwendigen Änderungen. Sie wirken so aktiv an der kontinuierlichen Verbesserung des Qualitätsmanagementsystems mit. Die in den meisten Industriebetrieben übliche Anerkennung (immateriell oder materiell) der durch Qualitätszirkel erzielten Ergebnisse sollte auch im sozialen Bereich angewandt werden.

Wie entstand die Qualitätszirkelidee?

Die ersten an Arbeitsgruppen orientierten Ansätze zur Qualitätszirkelarbeit entstanden in den zwanziger und dreißiger Jahren in Amerika und wurden dort von den Qualitätsmanagementpionieren William E. Deming und Joseph M. Juran für die Qualitätssicherung verwendet.

Der Siegeszug der Qualitätszirkelarbeit aber wurde im Wesentlichen durch die praktischen Konzepte und Veröffentlichungen des Japaners Kaoru Ischikawa geprägt, der das Qualitätszirkelkonzept in den fünfziger Jahren erweiterte und in Japan populär machte. Im überaus differenzierten und ausgeklügelten japanischen Qualitätszirkelwesen gibt es kaum Probleme oder Ziele, die nicht durch Qualitätszirkel aufgegriffen wurden. Ischikawa betonte insbesondere die Freiwilligkeit, den Respekt vor den Menschen und die Mitarbeiterorientierung im Rahmen der qualitätssichernden Aktivitäten und gab damit der Qualitätszirkelarbeit die entscheidenden und wirkungsvollen Impulse.

Ischikawa stellte auch die Q 7 als spezielle Qualitätswerkzeuge für die Arbeit in den Zirkeln zusammen (siehe auch Kapitel „Qualitätswerkzeuge" und „Kaizen") und entwickelte das Ursache-Wirkungs-Diagramm, das deshalb auch Ischikawadiagramm genannt wird. Gerade diese Werkzeuge ermöglichen eine schnelle und zielgerichtete Lösungsfindung und unterscheiden Qualitätszirkel von anderen eher langwierigen und zähen Arbeitsgruppen und Sitzungen.

> **Praxistipp**
>
> Entwickeln Sie Standards und Regelungen in den Zirkeln nicht von Grund auf neu, sondern bringen Sie Vorlagen aus anderen Einrichtungen in den Zirkel ein und passen diese an Ihre Gegebenheiten an. Dies erspart Ihnen Entwicklungszeit.

Moderation von Qualitätszirkeln

Ein Qualitätszirkel ist nur langfristig effektiv, wenn er durch eine zielgerichtete Moderation gelenkt wird. Der Moderator hat somit in der Zirkelarbeit eine entscheidende Funktion. Die Zirkel werden in der Regel vom Qualitätsbeauftragen oder einem geschulten Mitarbeiter moderiert. Dieser ist für Form und Ablauf des Zirkels verantwortlich, nicht aber für den Inhalt. Der Moderator unterstützt den kollegialen Charakter der Arbeit im Qualitätszirkel, in dem er eine Rolle als „Erster unter Gleichen" (aus dem Lateinischen: „Primus inter Pares") einnimmt. Dazu macht er deutlich, dass die Mitarbeiter die Experten für die zu lösenden Probleme sind und es die Aufgabe des Moderators ist, diese mit seinen Erfahrungen in der Zirkelarbeit zu steuern, zu bündeln und in Form zu bringen.

Planen Sie als Moderator bei der Organisation des Qualitätszirkels eine gewisse Zeit für die Vorbereitung ein. Ein geeigneter Raum und die benötigten Medien wie Laptop, Beamer, Flipchart, Moderationsmaterialien, Literatur usw. sollten bereit stehen. Sie sollten wissen, worum es bei dem zu bearbeitendem Thema geht und welche Methoden und Qualitätswerkzeuge für die Gruppe und das angestrebte Ziel geeignet sind.

Für die Einstiegsphase gibt es bestimmte Grundregeln, die Sie unbedingt einhalten sollten. Beginnen Sie immer pünktlich und beenden Sie den Zirkel ohne zu überziehen. So können sich die Teilnehmer besser auf den festgelegten Zeitrahmen einlassen.

Da die Teilnehmer die ersten Minuten des Zusammentreffens gewöhnlich gerne zum Austausch allgemeiner oder persönlicher Themen nutzen, ist es wichtig, dass Sie als Moderator die Führung der Gruppe direkt übernehmen und den Mitarbeitern mit einer kleinen Einstimmung auf das Thema den Übergang vom Tagesgeschehen zur Zirkelarbeit erleichtern. Klären Sie zu Anfang immer das Arbeitsziel und legen den Zeit- und Arbeitsplan sowie die Protokollführung fest (siehe Exkurs: Das Protokoll).

> **Praxistipp**
>
> Bitten Sie vor Beginn des Qualitätszirkels einen Teilnehmer die Protokollführung zu übernehmen. So sparen Sie sich die obligatorischen Schweigeminuten nach der Frage „Wer schreibt denn heute das Protokoll?".

Stellen Sie sicher, dass sich alle in der Runde kennen, und machen Sie die Funktion besonderer Teilnehmer deutlich. Für die Teilnehmer ist es wichtig zu wissen, warum beispielsweise der Koch einer benachbarten Einrichtung am Qualitätszirkel „Ernährung" teilnimmt oder ein externer Berater wichtige Akzente setzen kann. Legen Sie auch die eigene Rolle und die Spielregeln des Zirkels dar.

Fördern und fordern Sie die Teilnehmer und ziehen Sie feste Grenzen, indem Sie Konflikte einbeziehen und den Teilnehmern gleichzeitig Schutz bieten. Achten Sie darauf, dass zu forsche Mitarbeiter gebremst werden und auch die etwas zurückhaltenderen Teilnehmer zu Wort kommen. Ihre Aufgabe ist es, das Ziel des Qualitätszirkels ständig im Auge zu behalten und die Gestaltung des Arbeits- und Gruppenprozesses daraufhin anzupassen. Die Themenstellung und die Ergebnisse des Zirkels sollten Sie mit geeigneten Mitteln visualisieren. Arbeiten Sie mit Mind Maps® oder anderen Ihnen vertrauten Qualitätswerkzeugen, so finden Sie und die Teilnehmer der Runde immer wieder die Möglichkeit, Ihre Gedanken zu verankern, ohne den roten Faden zu verlieren.

Wie für die Einstiegsphase gibt es auch für die Endphase einige Grundregeln. Fassen Sie als Moderator die Ergebnisse und Entscheidungen des Qualitätszirkels zusammen und legen gemeinsam mit den Teilnehmern fest, was damit geschehen soll. Besonders wichtig ist es, festzulegen wer, was, bis wann macht. Diese Zuweisungen werden, mit den Namen des Ausführenden, in das Protokoll aufgenommen. Ein abschließendes Wort, mit einer positiven Rückmeldung über den Verlauf der Sitzung und der weiteren Vorgehensweise bilden den Ausklang.

Moderation von Qualitätszirkeln

Moderator
- Qualitätsbeauftragter
- Zirkelteilnehmer geschult

Planung
- Vorbereitungszeit
- Raumgestaltung
- Medien
  - Laptop
  - Beamer
  - Moderationswand
  - Moderationskoffer

Lenkung
- zielgerichtet
- ergebnisorientiert

Grundregeln
- Moderator führt
- pünktlich
  - anfangen
  - enden
- gruppenorientiert
- ergebnisorientiert

Methodeneinsatz

Visualisierung
- Themenstellung
- Ziel

Teilnehmer
- bekanntmachen
- thematisch einstimmen
- unterstützen

Festlegung
- Protokollführung
- Arbeitsziel
- Zeitplan
- weitere Vorgehensweise

Zusammenfassung
- Ergebnisse
- Entscheidungen
- positiv Rückmeldung

Praxisbeispiel „Wäscheumlauf"

Das folgende Beispiel zeigt, dass in Qualitätszirkeln mit einem sehr geringen Zeit- und Mitarbeiterbedarf, mit geeigneten Qualitätswerkzeugen und einer zielgerichteten Moderation, beachtliche Ergebnisse erzielt werden können.

In einer unserer Einrichtungen ist über die Jahre das Wäscheaufkommen stetig angewachsen. Da die Wäschemenge das vertretbare Limit mittlerweile um ca. 1000 Kg überschritten hatte, bestand dringender Handlungsbedarf. Es wurde ein kleiner Qualitätszirkel gegründet. Die Vorgabe war, innerhalb von zwei Treffen von jeweils einer halben Stunde Dauer, erste Lösungsmöglichkeiten zur Reduzierung des Wäscheaufkommens zu erarbeiten.

Der Zirkel bestand aus vier Teilnehmern, drei nicht examinierten Pflegekräften und einer Altenpflegeschülerin. Die Zusammensetzung wurde bewusst so gewählt, da diese Mitarbeiter zwar über ein hohes Wissen über den Wohnbereichsalltag verfügen, aber in anderen Qualitätszirkeln oftmals zu kurz kommen. Die Moderation übernahm der Qualitätsmanagementbeauftragte.

Um den Mitarbeitern einen strukturierten Einstieg und eine Diskussionsgrundlage zu bieten, setzten wir ein reduziertes Ishikawadiagramm in Mind Map® Form, mit den Hauptzweigen Mensch und Material ein.

Die einzelnen Hauptzweige wurden in der ersten Sitzung mithilfe von Brainstorming auf einem DIN A 2 Bogen gemeinsam ausgearbeitet. Am Ende der halbstündigen Vorgabezeit lag uns bereits eine Vielzahl von Ideen vor. Diese Vorschläge wurden von uns in ein weiteres Mind Map® übertragen. Das Ergebnis wurde in die Wohnbereiche mitgenommen, um den Teilnehmern die Gelegenheit zu geben, das Zwischenergebnis den Kollegen zu präsentieren und ein Feedback mit in die nächste Sitzung einzubringen.

Bei der zweiten Sitzung wurde nun wiederum das neue Mind Map® gemeinsam ergänzt. Das dabei entstandenen Master Mind Map® wurde von uns in Form gebracht und zur Anregung und Umsetzung an alle Mitarbeiter der Wohnbereiche verteilt. Die Mitarbeiter des Qualitätszirkels konnten nach der Auswertung des darauf folgenden Monats mehr als stolz sein. Die Wäschemenge hatte sich um ca. 1300 Kg reduziert.

Immer wenn wieder eine Verschlechterung eintritt, wird das Mind Map® in Erinnerung gerufen und bei Bedarf ergänzt. So wurden unter anderem die Wäschesäcke mit farbigen Schließgummis versehen, um eine Zuordnung zu den einzelnen Wohnbereichen zu ermöglichen. Durch die effektive und effiziente Arbeit in diesem Qualitätszirkel wurden nachhaltige Lösungen zur Korrektur und Vorbeugung gefunden und die ständige Verbesserung vorangetrieben.

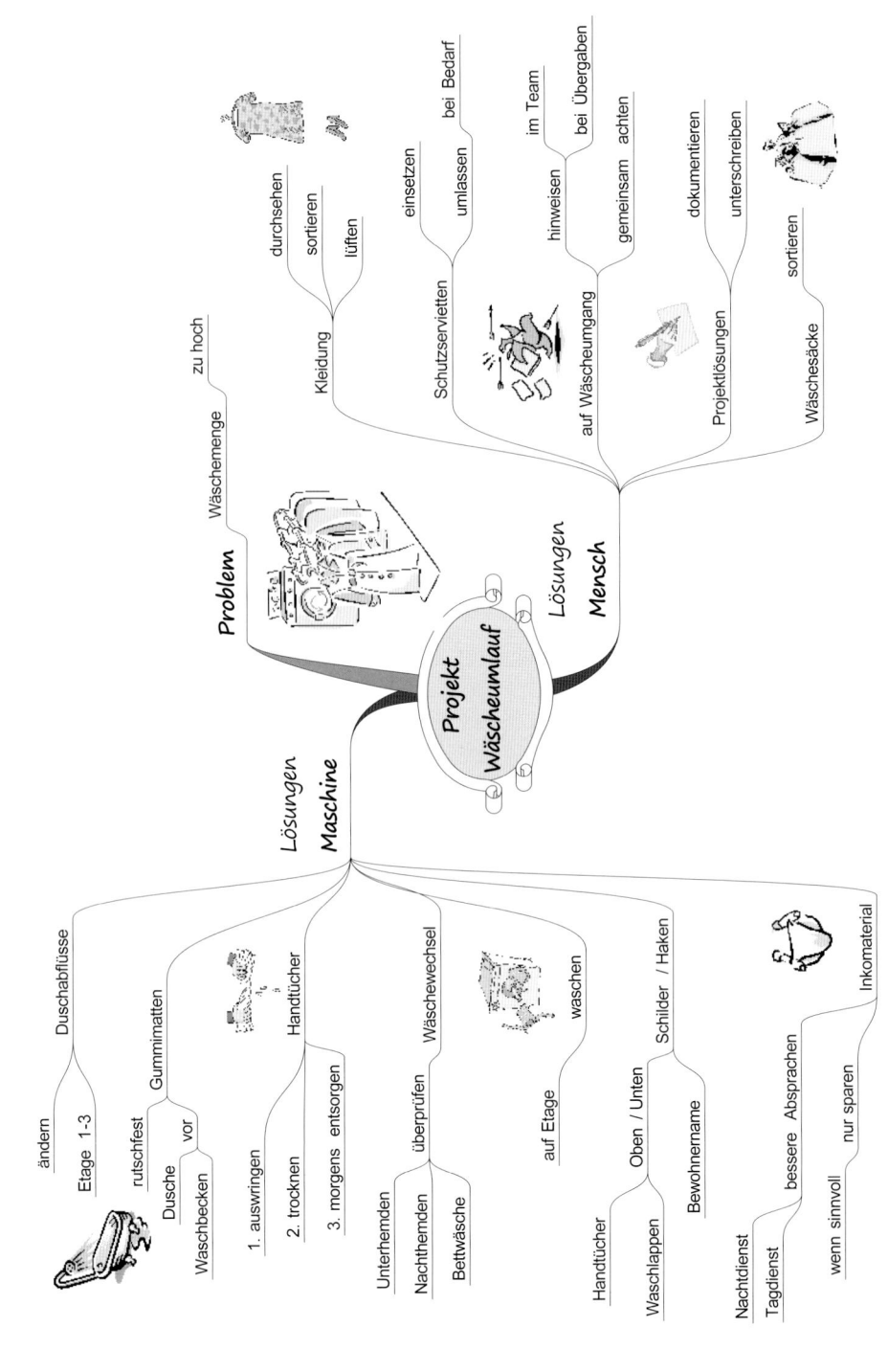

Einbindung der Qualitätszirkelarbeit in den Kontext der Organisation

Ischikawa betonte als erster die Notwendigkeit der konsequenten Anwendung des Qualitätszirkelkonzepts auf allen Ebenen der Unternehmenshierarchie und erkannte damit die besondere Bedeutung der Gruppe und der Gruppenarbeit für das Individuum. Die Einbindung in die Managementstruktur erfolgt über eine Koordinationsstelle, die auch Steuergruppe genannt wird.

In der Steuergruppe finden sich üblicherweise die Mitarbeiter der obersten Leitung. Hier erfolgt die Initiierung, Planung, Organisation, Umsetzung, Steuerung und Bewertung des Qualitätsmanagementsystems der Einrichtung. In den Sitzungen werden zu Beginn Ziele, Aufgabenstellungen und Probleme für die Zirkelarbeit benannt und später die Ergebnisse der Qualitätszirkel bewertet und genehmigt. Dies vermeidet, dass die in den Zirkeln erarbeiteten Ergebnisse in der Schublade landen und nicht zeitnah umgesetzt werden. Von hier aus wird regelmäßig die Kommunikation zwischen den Qualitätszirkelgruppen, den Arbeitsbereichen und den zuständigen Leitungsorganen gesteuert.

Die Moderation, Lenkung und Vorbereitung der Steuergruppe und der Qualitätszirkel kann durch den Qualitätsmanagementbeauftragten oder – je nach Einrichtungsgröße – weiteren Koordinatoren erfolgen. Diese stellen das Bindeglied im Rahmen der Qualitätszirkelarbeit dar.

> **Praxistipp**
>
> Gründen Sie die Steuergruppe direkt zu Beginn ihrer Qualitätsmanagementarbeit. Sie stellen so die notwendigen Aufgaben der obersten Leitung zur Umsetzung und Mittelbereitstellung sicher und schaffen ein kontinuierliches Forum für Qualitätsthemen, Qualitätsplanung und die jährliche Managementbewertung.

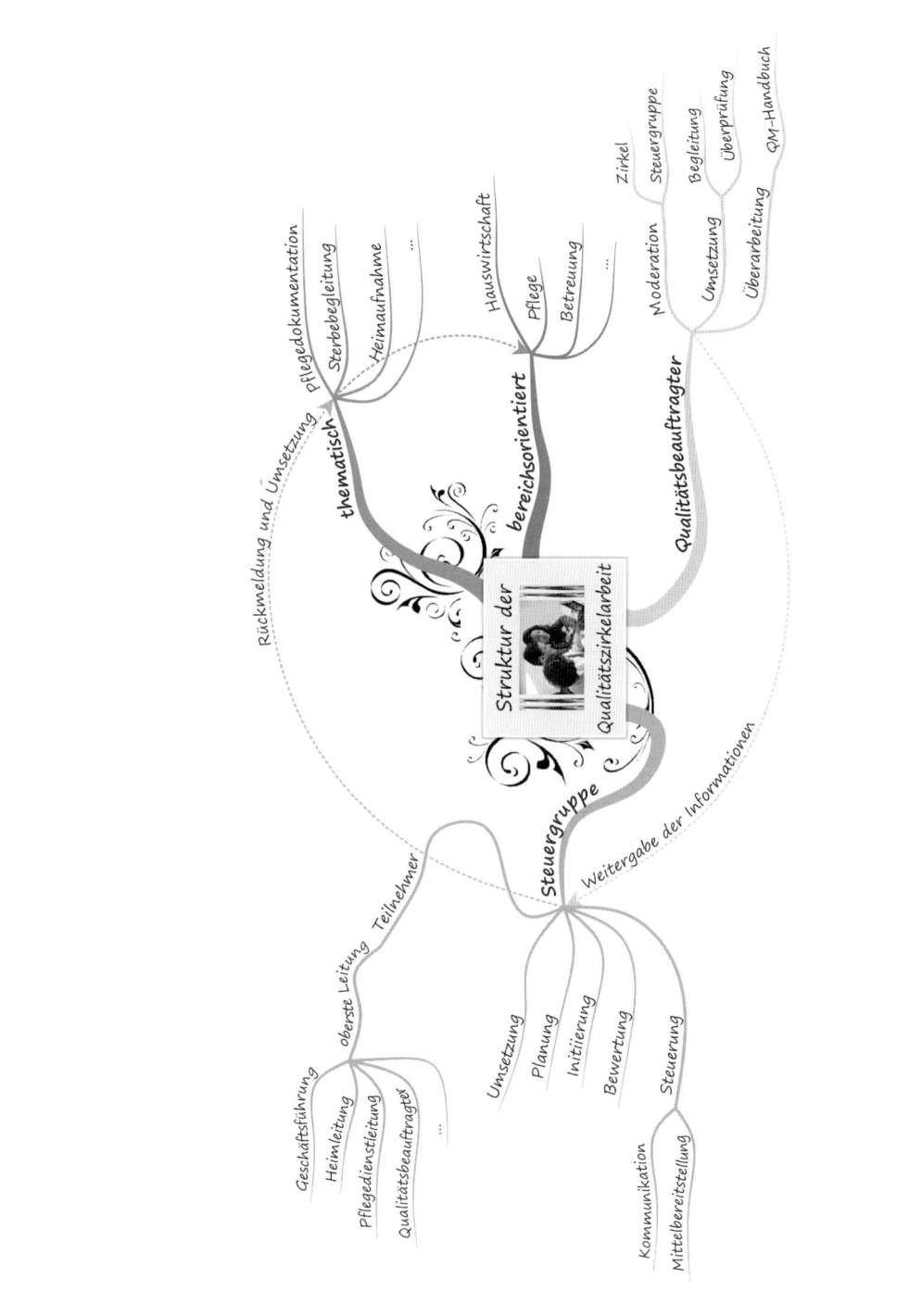

Störfaktoren für die Qualitätszirkelarbeit

Damit Ihre Qualitätszirkelarbeit Erfolge zeigen kann, ist es notwendig Störfaktoren aus dem Weg zu räumen. Zu diesen gehören eine fehlende Einbindung in ein Gesamtkonzept der Einrichtung, die fehlende Unterstützung und Wertschätzung durch Führungskräfte und geringe oder keine Motivation der Beteiligten.

Hinderlich ist es weiterhin, wenn die im Zirkel erarbeiten Ergebnisse nicht in die Unternehmensstruktur eingebunden und umgesetzt werden, ein angstbesetztes Unternehmensklima oder mangelnde Offenheit für eigene Probleme vorherrschen. Auch ein moderationstechnisch schlecht ausgebildeter Moderator kann die Erfolge der Qualitätszirkelarbeit schmälern.

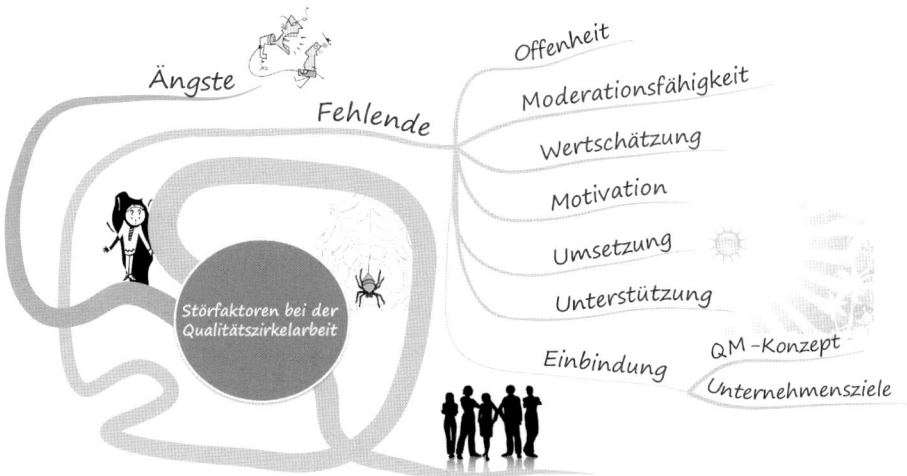

Positive Wirkungen der Qualitätszirkelarbeit

Die positiven Wirkungen der Qualitätszirkelarbeit auf Mitarbeiter, Kunden, Arbeitsabläufe und Einrichtungen sind vielfältig, wie das untenstehende Mind Map zeigt.

In der Literatur wird oft beschrieben, dass Qualitätszirkelarbeit kein Werkzeug zur Erzielung schneller Rationalisierungsgewinne ist und die besten Ergebnisse sich einstellen, wenn die Zirkel mehr als zwei Jahre arbeiten. Nach unseren Erfahrungen sind gute Ergebnisse jedoch durchaus kurzfristig erreichbar.

Jedoch lassen sich nicht alle Vorteile von Qualitätszirkeln in Euro und Cent bewerten, beispielsweise die Verbesserung der Kommunikation oder positive Auswirkungen auf die Mitarbeiterzufriedenheit und das Arbeitsklima. Die meisten Organisationen, die Qualitätszirkel eingeführt haben, schätzen jedoch Vorteile und Nutzen positiv ein.

Exkurs: Das Protokoll

Notwendig, aber teilweise ungeliebt: das Protokoll. Für viele ist die Anforderung ein Protokoll zu verfassen, eine Bürde, vor der man sich gerne drückt. Doch um die wesentlichen Inhalte, den Verlauf und die Ergebnisse eines Qualitätszirkels in verkürzter Form festzuhalten, ist die Anfertigung eines Protokolls zwingend notwendig.

Um es dem Protokollanten etwas einfacher zu machen, ist es günstig eine Protokollvorlage anzufertigen und diese in Ihr Qualitätshandbuch mit aufzunehmen, damit alle Beteiligten im Unternehmen auf das einheitliche Formular zurückgreifen können.
Hierbei ist die Einhaltung der Form wichtig. Kopf- und Fußteil werden durch Ihre Vorgaben für die Gestaltung von Formularen vorgegeben (siehe Kapitel: Das Qualitätshandbuch).

Zusätzlich gehören folgende **Basisinformationen** in den Kopfteil:
- Anlass
- Datum, Zeit, Ort
- Teilnehmer, hier auch die entschuldigt oder unentschuldigt Abwesenden
- Moderator
- Verteiler

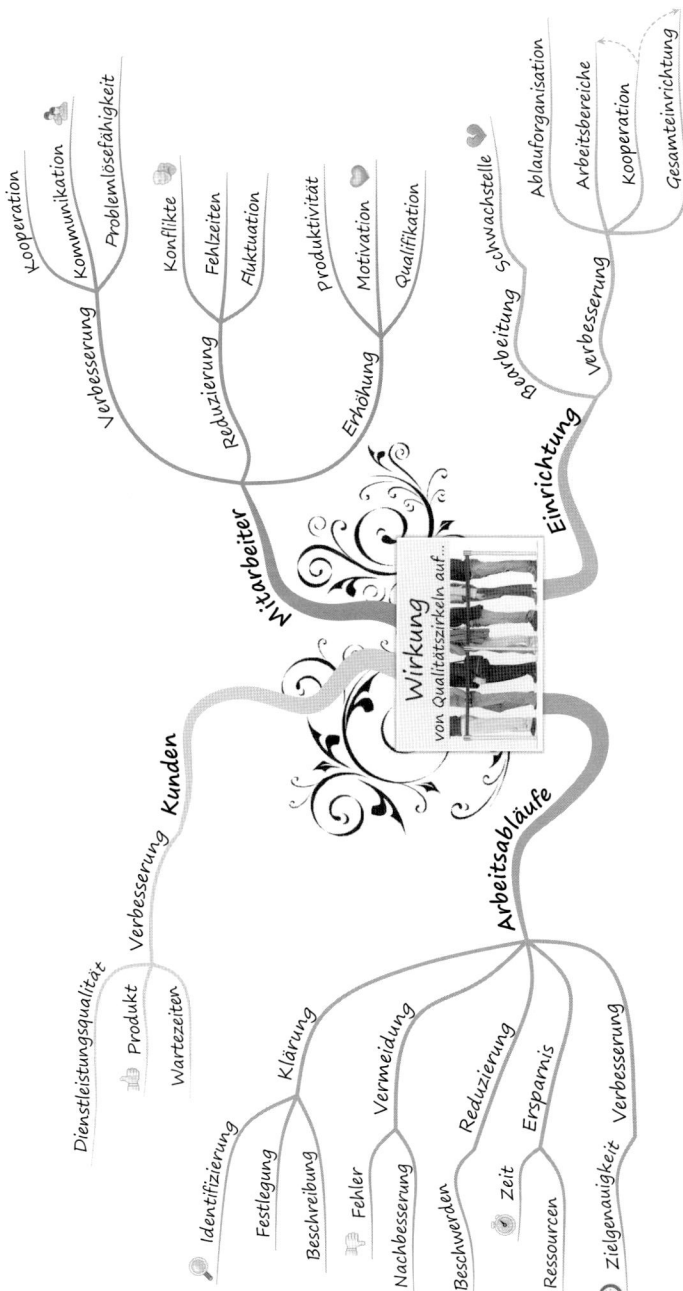

Dann folgt das eigentliche Protokoll. Dessen Gliederung wird in der Regel durch die Tagesordnungspunkte strukturiert. Der erste Tagesordnungspunkt sollte „zum Protokoll der letzten Sitzung" lauten, um die offenen Themen der letzten Sitzung und die in der Zwischenzeit erarbeiteten Ergebnisse und Maßnahmen zu prüfen, dann folgen die weiteren Punkte der Tagesordnung.

Im **Schlussteil** stehen der nächste Ort und Termin des Qualitätszirkels, falls möglich schon Tagesordnungspunkte oder offene Themen für die nächste Sitzung. Aber auch die Unterschriften des Protokollanten und des Moderators dürfen nicht fehlen.

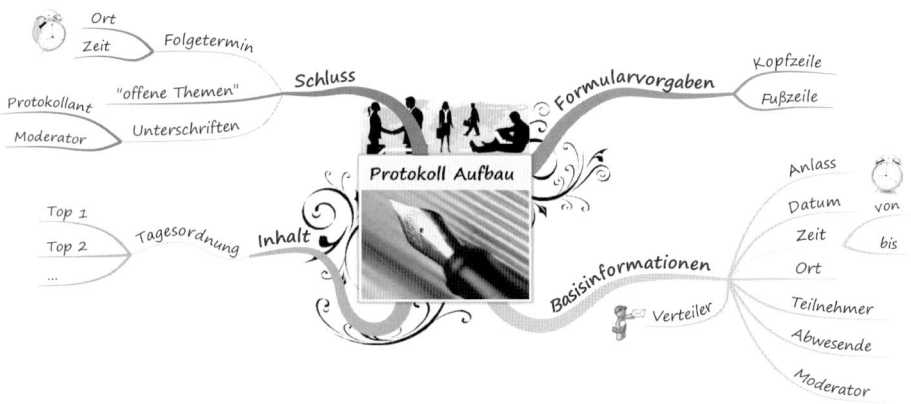

Darüber hinaus gibt es noch weitere Regeln für die Form und den Inhalt eines Protokolls. Bei der **inhaltlichen Form** wird zwischen Verlaufs- und Ergebnisprotokollen unterschieden.

Für die Dokumentation von Qualitätszirkeln empfiehlt sich das **Ergebnisprotokoll.** Es ist kürzer als ein Verlaufsprotokoll, eignet sich besonders für längere Gespräche und reduziert den Dokumentationsaufwand. Das Ergebnisprotokoll legt, wie schon aus seiner Bezeichnung hervorgeht, besonderes Gewicht auf die Dokumentation der Ergebnisse des Gespräches, wie z. B. Entscheidungen, Maßnahmen und Vereinbarungen.

Besonders hilfreich ist es, wenn Sie für einzelne Tagesordnungspunkte Maßnahmen beschließen oder Aufgaben verteilen, die für die Ausführung verantwortlichen Mitarbeiter im Protokoll direkt benennen und einen Bearbeitungstermin vereinbaren. Wenn Sie die verantwortlichen Mitarbeiter nicht dokumentieren, gerät die Durchführung der erforderlichen Aufgaben häufig in Vergessenheit, da sich niemand zuständig fühlt.

Wenn ein Grund vorliegt, können Sie auch von der bloßen Ergebnisdokumentation abweichen. So kann beispielsweise ein bestimmter Tagesordnungspunkt, der sich im Gespräch als besonders schwierig herausstellt, in Form einer ausführlichen Niederschrift, wie beim Verlaufsprotokoll üblich, dokumentiert werden.

Im **Verlaufsprotokoll** beschreiben Sie Gesprächsverlauf, Prozess der Meinungsbildung sowie Entscheidungsfindung und dokumentieren die Ergebnisse. Dies ist daher besonders geeignet, um kontroverse Standpunkte und ggf. Ihre Beteiligung bei der Entscheidungsfindung zu dokumentiert. Sie geben dazu im Allgemeinen die Redebeiträge in ihrer zeitlichen Reihenfolge und in geraffter Form wieder, gewöhnlich in Form indirekter Redewiedergabe. In Ausnahmefällen sind auch einzelne Textteile in direkter Rede möglich. Die jeweiligen Sprecher können namentlich genannt werden.

Für die **sprachliche Form** der Protokollerstellung sind die folgenden Vorgaben üblich:
- Knappe Beschreibung in sachlichem und distanziertem Stil, ohne eine Wertung durch den Protokollanten.
- Zeitform: In der Regel in der Gegenwartsform (Präsens), z. B. es wird entschieden, dass …, zum Themenpunkt zwei wird ausgeführt, ….
- Kennzeichnung der sprachlichen Beiträge z. B., Fr. Hinzmann trägt vor, …, erklärt, …
- Darstellung wörtlicher Wiedergaben mit Anführungszeichen.
- Wird der Redner nicht genannt, empfiehlt sich die Verwendung von Passivwendungen, z. B. es wird diskutiert, … angesprochen, … aufgezeigt.

Die **Verteilung des Protokolls** erfolgt in Kopie an die im Verteiler benannten Personen. Der Verteilerkreis kann zur Informationszwecken über die Teilnehmer hinaus erweitert werden.

> **Praxistipp**
>
> Fertigen Sie zumindest die Protokollmitschriften in Form eines Mind Maps® an. Dies ermöglicht es Ihnen sowohl den Zirkel zu moderieren, sich zu beteiligen und gleichzeitig zu protokollieren. Sie können auch das eigentliche Protokoll als Mind Maps® gestalten, von Hand oder am PC. Ein am PC erstelltes Mind Map® kann auch direkt während der Sitzung entstehen, ausgedruckt und sofort an die Teilnehmer ausgegeben werden.

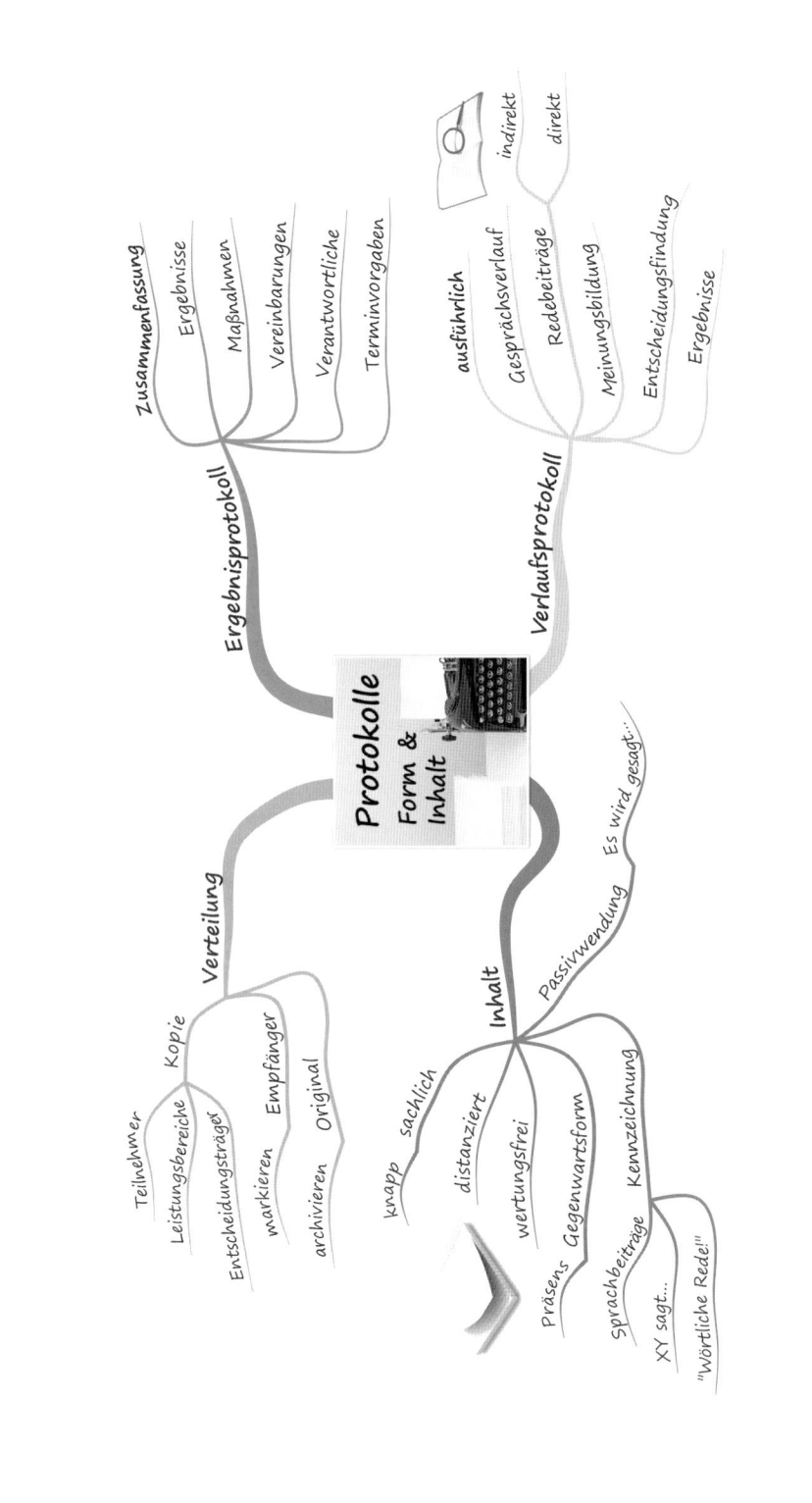

Entwicklung von Arbeitshilfen durch Qualitätszirkelarbeit

Im Rahmen unserer Qualitätszirkelarbeit entstehen auf Anregung der Mitarbeiter oftmals sehr praxisorientierte Arbeitshilfen für die tägliche Arbeit. Diese gilt es entsprechend zu würdigen und in den Arbeitsalltag zu integrieren. Gerade die selbstgefertigten Vorlagen, Formulare und Checklisten werden von den Mitarbeitern sehr gerne akzeptiert und zu Recht mit Stolz genutzt.

So entstand in einem Wohnbereichsleiterzirkel eine Arbeitshilfe zur Verbesserung der Formulierungen in den Berichteblättern. Nachdem die Arbeitshilfe als Anhang zum Protokoll des Zirkels in die Wohnbereiche gelangte, kopierten sich die Mitarbeiter begeistert die zwei DIN A 4 Seiten und nutzten diese sofort für die tägliche Arbeit.

Diese Arbeitshilfe wollen wir Ihnen, mit einem herzlichen Dank an die Mitarbeiter des Q-Zirkels Wohnbereichsleiter der Adolphi-Stiftung gGmbH, Essen, zur Verfügung stellen:

Formulierungshilfen für den Pflegebericht (Tagdienst)

- Bew. brauchte beim… teilweise Unterstützung/volle Unterstützung/Anleitung/Beaufsichtigung.
- Bew. konnte auf Grund körperlicher Schwäche nicht …
- Bew. benötigte heute sehr viele Pausen bei …
- Bew. wirkte im Gesamteindruck ruhig und ansprechbar.
- Bew. scheint oft schlafend, weil sie/er mit geschlossenen Augen liegt/sitzt.
- Bew. war wach/schläfrig/teilnahmslos/lächelte während der Versorgung.
- Bew. führte Lagewechsel selbstständig durch/benötigte zum Lagewechsel teilweise Unterstützung, volle Unterstützung, …
- Bew. erkannte Handlungsabläufe bei der Körperpflege/Essen/… nur bruchstückhaft und konnte Anweisungen nicht umsetzen.
- Bew. ist heute nicht in der Lage … zu tun/nicht zu tun.
- Bew. angeleitet den Oberkörper/… selbstständig zu waschen.
- Beim Frühstück teilweise Übernahme der Vorbereitung.
- Bew. folgte Tätigkeiten mit den Augen.
- Bew. wirkte bei Pflege mit.
- Bew. scheint das Tagesgeschehen nicht wahrgenommen zu haben.
- Bew. lachte heute viel/hat sich gefreut über …/scherzte mit mir während der Grundpflege/machte zufriedenen Eindruck.
- Bew. war aufgebracht, weil …/war verärgert über …/hat mich angeschrien, weil…
- Bew. lief den ganzen Tag im Wohnbereich umher und wirkte zufrieden/gereizt/ängstlich/suchend/…

- Bew. brauchte zur Wegfindung im Wohnbereich ständige Hilfe.
- Bew. war von … bis … Uhr unruhig.
- Bew. wollte den Wohnbereich verlassen („zur Schule", „nach Hause", …).
- Bew. war in der Zeit verwirrt und dachte es wäre schon Abend/Morgen …
- Bew. hatte Wortfindungsstörungen, konnte schlechter sprechen als normal.
- Bew. sprach mich als Mutter /Tochter,… an.
- Bew. hielt sich während der gesamten Schicht im Zimmer/Tagesraum, Eingangshalle auf und wirkte zufriedenen/ausgeglichenen/gelangweilt/…
- Bew. grüßt mich beim Vorübergehen freundlich und/fragt jedes Mal „…?" /und unterhält sich kurz mit mir.
- Bew. hielt sich an Tagesstruktur der Einrichtung und beschäftigte sich in den Zwischenzeiten selbst im Zimmer/in der Eingangshalle/mit Besorgungen außerhalb…
- Bew. fragte innerhalb weniger Minuten ständig das Gleiche „…?"
- Bew. nutzte erfundene Worte/Wortsalat, um sich mitzuteilen.
- Bew. scheint verärgert/traurig/gekränkt wegen …
- Bew. sagt „ich bin traurig", mir geht es nicht gut", …
- Bew. schreit/ruft „…"
- Bew. hat wenig gegessen, getrunken (siehe Ess-Trinkprotokoll).
- Bew. (z. B. im Bad/Zimmer) auf dem Boden liegend aufgefunden, konnte nicht alleine aufstehen (siehe Sturzprotokoll).
- Nach Sturz von Bew. (keine/am rechten/linken Bein/Arm/…) äußerlichen Verletzung (Hämatome/Blutungen) zu sehen.
- Hausarzt Dr. … über Sturz/… informiert (siehe Visitenblatt).
- Bew. war z. B. beim Aufwachen verschwitzt.

Formulierungshilfen für den Pflegebericht (Nachtdienst)

- Bew. wirkte bei allen Sichtkontrolle schlafend.
- Bew. reagierte während der nächtlichen Versorgung nicht.
- Bew. war wach/schläfrig/teilnahmslos/lächelte während der Versorgung.
- Bew. brauchte beim … teilweise Unterstützung/volle Unterstützung/Anleitung/Beaufsichtigung.
- Bew. konnte auf Grund körperlicher Schwäche nicht …
- Bew. wirkte im Gesamteindruck ruhig und ansprechbar.
- Bew. führte Lagewechsel selbstständig durch/Bew. benötigte zum Lagewechsel teilweise Unterstützung, volle Unterstützung, …
- Bew. ist heute nicht in der Lage … zu tun/nicht zu tun.
- Bew. folgte Tätigkeiten mit den Augen.
- Bew. wirkte bei Pflege mit.
- Bew. unterhielt sich mit mir über …

- Bew. war aufgebracht, weil …/war verärgert über …/hat mich angeschrien, weil…
- Bew. lief in der Nacht im Wohnbereich umher und wirkte zufrieden/gereizt/ängstlich/suchend /…
- Bew. brauchte zur Wegfindung im Wohnbereich ständige Hilfe.
- Bew. war von … bis … Uhr unruhig.
- Bew. wollte den Wohnbereich verlassen („zur Schule", „nach Hause", …)
- Bew. war in der Zeit verwirrt und dachte es wäre schon Abend/Morgen …
- Bew. hatte Wortfindungsstörungen, konnte schlechter sprechen als normal.
- Bew. sprach mich als Mutter /Tochter, … an.
- Bew. fragte innerhalb weniger Minuten ständig das Gleiche „…"?
- Bew. nutzte erfundene Worte/Wortsalat, um sich mitzuteilen.
- Bew. scheint verärgert/traurig/gekränkt wegen …
- Bew. sagt „ich bin traurig", „mir geht es nicht gut", …
- Bew. schreit/ruft „…"
- Bew. hat gegessen, getrunken (siehe Ess-Trinkprotokoll).
- Bew. (z. B. im Bad/Zimmer) auf dem Boden liegend aufgefunden, konnte nicht alleine aufstehen (siehe Sturzprotokoll).
- Nach Sturz von Bew. (keine/am rechten/linken Bein/Arm/…) äußerlichen Verletzung (Hämatome/Blutungen) zu sehen.
- Hausarzt Dr. … über Sturz/… informiert (siehe Visitenblatt).
- Bew. war z. B. beim Aufwachen verschwitzt.
- Bew. saß beim ersten Kontrollgang auf der Bettkante und unterhielt sich mit mir.
- Bew. war von … bis … wach und lief/saß im Wohnbereich/war im Zimmer von …/ sprach mit mir.
- Bew. hatte sich im Zimmer verbarrikadiert.
- Bew. wünschte sich, dass …
- Bew. wollte mit mir über … sprechen.
- Bew. klingelte in Abständen von … Minuten /… Stunden.

Qualitätshandbuch und Dokumentation

„Das Qualitätshandbuch ist wie die Bibel, man muss nicht komplett gläubig sein, aber danach arbeiten und es leben, dann sind alle Mitarbeiter rechtlich abgesichert."
(Ulrich Nitsche)"

Auch wenn das Qualitätshandbuch nur wenig Prosa enthält, wird es für die meisten doch das erste „Buch" sein, das Sie in Ihrem Leben in Angriff nehmen. Entsprechend schwer ist der Einstieg. Vieles muss im Vorfeld festgelegt oder im Laufe der Zeit erarbeitet werden. Was gehört in das Handbuch, was nicht und wie soll das Handbuch strukturiert sein? Wie stelle ich die Prozesse der Einrichtung am besten dar, benutze ich Fließtext oder doch lieber Flussdiagramme oder stellt eine Mischform die beste Alternative dar? Was sind die mitgeltenden Unterlagen und welche Formblätter werden dringend benötigt? Soll das Handbuch nur im PC abrufbar sein oder auch einige Exemplare ausgedruckt werden?

Auch das Layout spielt eine Rolle, denn das Handbuch spiegelt das Corporate Design und die Firmenidentität durch ein einheitliches visuelles Erscheinungsbild wider. Verantwortlich für die Pflege und Überarbeitung des Buches ist der Qualitätsmanagementbeauftragte. Diese Tätigkeit muss gut geplant und strukturiert abgearbeitet werden, um keine Arbeitszeit zu verschwenden.

Die Bedeutung und Funktion des Qualitätshandbuches ist vielfältig, es beschreibt das ausgewählte QM-System und dient gleichzeitig als ein einrichtungsspezifisches Nachschlagewerk und Qualitätsinstrument. Für die Umsetzung der Normanforderungen sowie der gesetzlichen Vorgaben sind folgende Elemente erforderlich:

- QM-System, Geltungsbereich, Ausschlüsse und deren Begründung, Abkürzungen und verwendete Symbole
- Beschreibung der Wechselwirkungen der Prozesse, beispielsweise in Form einer Prozesslandschaft
- Selbstverpflichtungserklärung der obersten Leitung, Leitbilder, Qualitätspolitik und Qualitätsziele
- Aufgaben und Verantwortungsbereiche
- Interne Kommunikation und Qualitätsmanagement
- Alle dokumentierten Regelungen und Standards, die für die Prozesse des einrichtungsinternen Qualitätsmanagements notwendig sind, oder Verweise auf diese. Hier sollten auch die umfangreichen Dokumente und Aufzeichnungen, die gesetzlich gefordert sind enthalten sein, um Sicherheit in externe Prüfungen und bei haftungsfragen herzustellen.
- Formulare und Verweise auf mitgeltende Dokumente, Aufzeichnungen und gesetzliche Vorgaben

Zur Erfüllung der DIN EN ISO 9001 müssen **sechs schriftlich dokumentierte Prozesse** vorgehalten werden:

> **Geforderte zu dokumentierende Verfahren gemäß DIN EN ISO 9001:2008:**
>
> 4.2.3 Lenkung von Dokumenten
> 4.2.4 Lenkung von Aufzeichnungen
> 8.2.2 Internes Audit
> 8.3 Lenkung fehlerhafter Produkte
> 8.5.2 Korrekturmaßnahmen
> 8.5.3 Vorbeugemaßnahmen

Zu den weiteren Dokumentationsanforderungen der Norm gehören außerdem **zwanzig in den einzelnen Normkapiteln beschriebene Aufzeichnungen.** Diese sollten Sie regelmäßig führen und separat ablegen.

Welche Aufzeichnungen gefordert sind, haben wir für Sie in der folgenden Tabelle aufgelistet:

Die 20 geforderten Aufzeichnungen gemäß DIN EN ISO 9001:2008:	
5.6.1 Managementbewertung	Aufzeichnungen über die Managementbewertung
6.2.2 Kompetenz, Schulung und Bewusstsein	Aufzeichnungen zu Ausbildung, Schulung, Fertigkeiten und Erfahrung des Personals (Einarbeitungsnachweise, Ausbildungsnachweise ...)
7.1 Planung der Produktrealisierung	Aufzeichnungen, um nachzuweisen, dass die Realisierungsprozesse und die resultierenden Produkte die Anforderungen erfüllen (Dienst-, Tourenpläne, Patienten-/Bewohnerdokumentationssysteme, Heimvertrag, Leistungskatalog, Pflegestandards, Pflege- und Betreuungskonzept ...)
7.2.2 Bewertung der Anforderungen in Bezug auf das Produkt	Aufzeichnungen der Ergebnisse und deren Folgemaßnahmen (Vertragsprüfungen, Auswertung Einzugsphase, Pflegedokumentation ...)
7.3.2 Entwicklungseingaben	Eingaben in Bezug auf die Produktanforderungen müssen ermittelt und aufgezeichnet werden
7.3.4 Entwicklungsbewertung	Aufzeichnungen über die Ergebnisse der Bewertung und über notwendige Maßnahmen

7.3.5 Entwicklungsverifizierung	Aufzeichnungen über die Ergebnisse der Verifizierung und über notwendige Maßnahmen
7.3.6 Entwicklungsvalidierung	Aufzeichnungen über die Ergebnisse der Validierung und über notwendige Maßnahmen
7.3.7 Lenkung von Entwicklungsänderungen	Aufzeichnungen über die Ergebnisse der Bewertung der Änderungen und über notwendige Maßnahmen
7.4.1 Beschaffungsprozess	Aufzeichnungen über Auswahl, Beurteilung und Neubeurteilung von Lieferanten und über notwendige Maßnahmen
7.5.2 Validierung der Prozesse zur Produktion und zur Dienstleistungserbringung	Aufzeichnungen zur Validierung der Prozesse zur Produktion und zur Dienstleistungserbringung, deren Ergebnis nicht durch nachfolgende Überwachung oder Messung verifiziert werden kann (Pflegevisiten, Risikoanalysen …)
7.5.3 Kennzeichnung und Rückverfolgbarkeit	Eindeutige Kennzeichnung des Produktes lenken und Aufzeichnungen aufrechterhalten
7.5.4 Eigentum des Kunden	Fälle von verloren gegangenen, beschädigtem oder anderweitig unbrauchbar befundenem Eigentum des Kunden muss die Organisation an den Kunden berichten und Aufzeichnungen aufrechterhalten
7.6 Lenkung von Überwachungs- und Messmitteln	Messmittel müssen in festgelegten Abständen oder vor dem Gebrauch kalibriert und/oder verifiziert werden, wenn es keine Messnormale gibt, müssen Aufzeichnungen über die Grundlage der Kalibrierung oder Verifizierung geführt werden
	Aufzeichnung über Ergebnisse der Kalibrierung und Verifizierung.
8.2.2 Internes Audit	Aufzeichnungen über Audits und deren Ergebnisse (Auditprogramm, Auditplan, Auditcheckliste, Auditbericht …)
8.2.4 Überwachung und Messung des Produktes	:Aufzeichnungen zur Produktfreigabe (Verweildauerstatistik, Belegungsstatistik, Beatmungsstunden, Sturzstatistik, Überstundenstatistik, Pflegevisite, Hausbegehungen, HACCP-Prüfungen …)
8.3 Lenkung fehlerhafter Produkte	Aufzeichnungen über die Art von Fehlern und die ergriffenen Folgemaßnahmen, einschl. Sonderfreigaben
8.5.2 Korrekturmaßnahmen	Aufzeichnung der Ergebnisse der ergriffenen Maßnahmen (Maßnahmenpläne …)
8.5.3 Vorbeugemaßnahmen	Aufzeichnung der Ergebnisse der ergriffenen Maßnahmen (Hygienemaßnahmen, Risikomanagement, Prophylaxen, Notfallstandards …)

Funktionen des Qualitätshandbuches

Dem Inhalt entsprechend kann das Qualitätshandbuch die verschiedensten Funktionen erfüllen.

- Führungsfunktion:
  Durch Festlegung von Qualitätspolitik und Zielen.

- Leitungsfunktion:
  Durch Festlegung, Strukturierung und Kontrolle der Kompetenzen, der Prozesse sowie der Schnittstellen.

- Darlegungsfunktion:
  Durch die dokumentarische Beweisführung eines Qualitätsmanagementsystems.

- Sicherheitsfunktion:
  Durch die Vermeidung von Fehlleistungen auf Grund von bestehenden Unsicherheiten oder fehlenden Regelungen.

- Optimierungsfunktion:
  Durch schnelle Bearbeitung von festgelegten Standardprozessen sowie ständige Überprüfung und Suche nach Verbesserungsmöglichkeiten.

- Motivationsfunktion:
  Durch Verdeutlichung der Ergebnisse der Qualitätsarbeit und Bereitstellung von umfassenden Informationen für die Mitarbeiter.

- Transparenzfunktion:
  Durch die Offenlegung der regelhaften Prozessabläufe, Strukturen und Schnittstellen innerhalb der Einrichtung sowie die Definition von Freiräumen für die Bearbeitung von individuellen Tätigkeiten.

Darüber hinaus gibt das Handbuch Hinweise zum Einsatz von Methoden, sowie zu fachlichen Informationen und Konzepten, die für die Qualität der Arbeit in der Einrichtung wichtig sind.

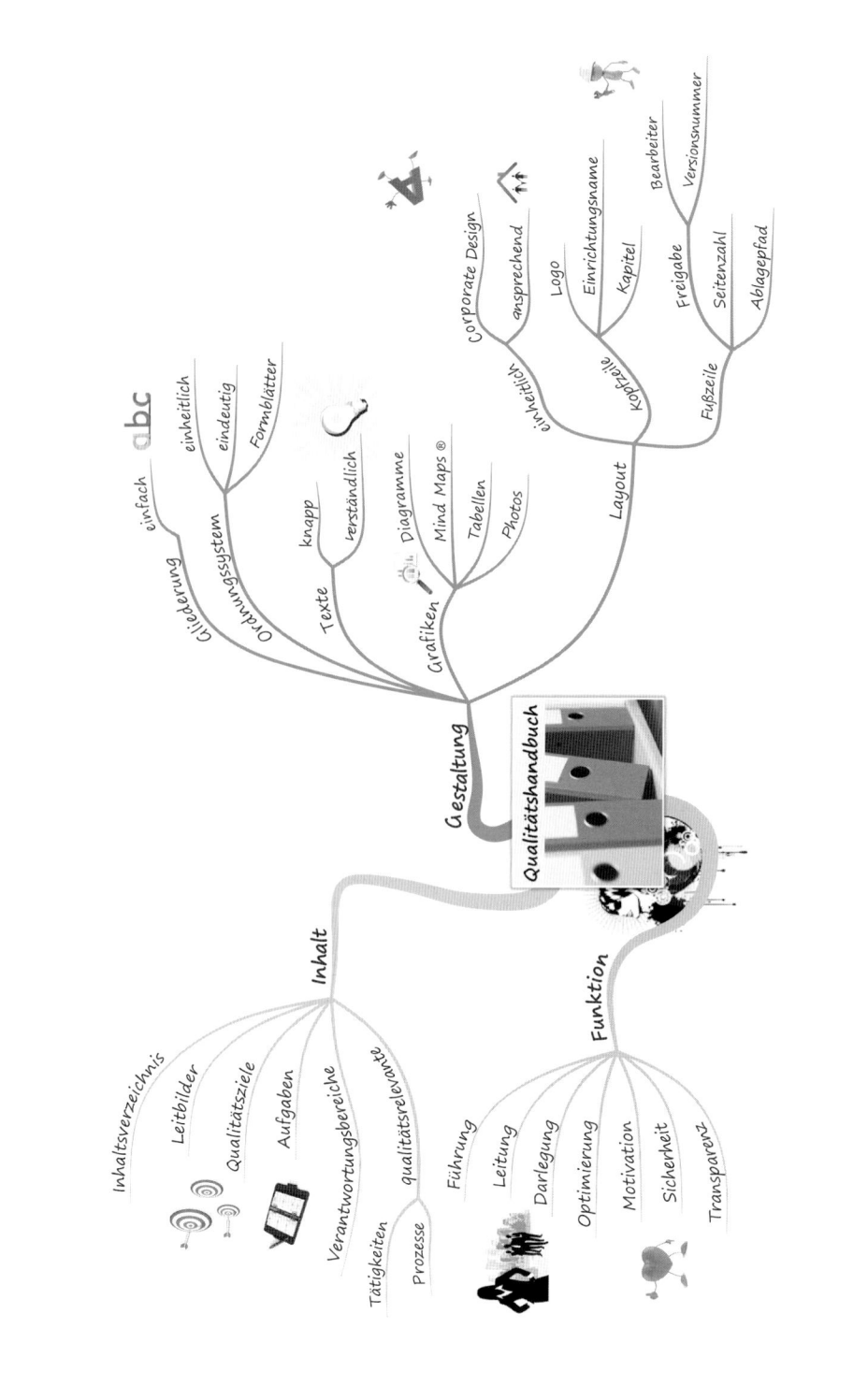

> **Praxistipp**
>
> Das Qualitätshandbuch oder die für die Leistungsbereiche relevanten Inhalte sollten allen Mitarbeitern jederzeit zugänglich sein.

Die Inhalte des Handbuches werden in festgelegten Abständen überprüft, mindestens im dreijährigen Rhythmus oder bei Bedarf. Neue Entwicklungen, Ideen und Anregungen finden so Zugang. Vor der Aufnahme neuer oder geänderter Dokumente und Formulare steht immer ihre Freigabe durch die verantwortliche Stelle (z. B. Geschäftsführung), denn nur freigegebene Seiten dürfen dem Handbuch hinzugefügt werden.

Die Grundlage Ihres Handbuches sollte das Inhaltsverzeichnis und der Forderungskatalog einer Basisnorm sein, wie ihn beispielsweise die DIN EN ISO 9001 oder branchenspezifische Siegel und Zertifikate bieten. So stellen Sie sicher, dass die QM-Dokumentation den Anforderungen externer Prüfer genügt. Die vorgegebenen Strukturen erleichtern den Aufbau des Handbuches und zeigen Ihnen gleichzeitig welche Bereiche Sie noch erarbeiten müssen.

Es werden auch von verschiedenen Anbietern Musterhandbücher angeboten, die auf die eigenen Bedürfnisse angepasst werden können. Die Erfüllung der Norm können Sie dann gegebenenfalls durch eine Übersetzungstabelle (Cross-Referenz-Tabelle) nachweisen.

> **Praxistipp**
>
> Ein vorgefertigtes Musterhandbuch oder Musterregelungen und Vorlagen aus anderen Einrichtungen können für Sie eine große Arbeitserleichterung sein. Sie sollten diese aber niemals „eins zu eins" übernehmen, sondern als Anregung für die Erstellung Ihres eigenen Handbuches nutzen.

Schriftliche Festlegungen zu Dokumenten und Aufzeichnungen

Die DIN EN ISO 9001:2008 fordert je ein dokumentiertes Verfahren zur Lenkung von Dokumenten und Aufzeichnungen, Sie können beides innerhalb einer Regelung klären. Wichtige Festlegungen, die Sie bezüglich der Lenkung von Dokumenten beschreiben sollten, sind:
- Wer entscheidet, welche Dokumente zu erstellen sind?
- Wer darf Dokumente erstellen?

- Wer darf Änderungen, Prüfungen und Bewertungen vornehmen?
- Wie wird der jeweilige Überarbeitungsstatus gekennzeichnet?
- Wie wird die Lesbarkeit und leichte Erkennbarkeit der Dokumente sichergestellt?
- Wer gibt welche Dokumente frei und genehmigt deren Verwendung?
- Wer veröffentlicht die Dokumente in welcher Form bzw. auf welche Art und Weise?
- Wie wird die Verfügbarkeit der aktuellen Dokumente in den betreffenden Bereichen sichergestellt?
- In welchen Zeitabständen werden Dokumente regelhaft überprüft?
- Wer stellt den Aktualisierungsbedarf von Dokumenten fest?
- Wie wird mit veralteten Dokumenten verfahren, um diese sicher aus dem Verkehr zu ziehen?
- Wie werden externe und mitgeltende Dokumente gekennzeichnet und gelenkt?

Zur Regelung der Lenkung der Aufzeichnungen sollten Sie die Antworten auf folgende Fragen beantworten und schriftlich niederlegen:
- Wie erfolgt die Kennzeichnung von Aufzeichnungen?
- Wie ist die Aufbewahrung geregelt?
- Was wird bezüglich Schutz und Wiederauffindbarkeit der archivierten Aufzeichnungen unternommen?
- Wie wird die Lesbarkeit und leichte Erkennbarkeit der Dokumente sichergestellt?
- Welche Aufbewahrungsfristen sind einzuhalten und wer ist für die Einhaltung der Fristen und die Archivierung verantwortlich?
- Wer darf über Aufzeichnungen verfügen?

Gestaltung des Handbuches

Die Gestaltung Ihres Handbuches sollte sehr übersichtlich, aber auch praktisch und leicht verwendbar sein. Wenn Sie kein ausschließlich EDV-basiertes Qualitätshandbuch nutzen, sondern die Inhalte ganz oder teilweise in Papierform vorhalten, ist es sinnvoll, abwaschbare Kunststoffordner mit einem ganzseitigen Sichtfenster zur Aufnahme des Titelblattes zu benutzen. Die einzelnen Blätter werden einfach abgeheftet, oder finden in transparenten Sichthüllen Schutz. Wir ziehen diese Loseblattform einem gebundenen Handbuch vor, da man die Blätter ohne Zeitverzug jederzeit ergänzen oder auswechseln kann.

Bei der Gestaltung des Handbuches sollten Sie folgende Punkte berücksichtigen:
- eine einfache Gliederung,
- ein eindeutiges Ordnungssystem mit einheitlichen am PC gestalteten Formblättern,
- verständliche Sprache und geläufige Begriffe,
- knappe Texte,

- die Verwendung grafischer Hilfsmittel (Tabellen, Diagramme, Flow-Charts, Mind Maps®, Fotos etc.),
- eine ansprechende und einheitliche Optik (Layout),
- jede Seite erhält eine Kopf- und Fußzeile, aus der zumindest der Einrichtungsname, das Erstell- oder Änderungsdatum, die Freigabe der Seite, der Bearbeiter, Seitenzahl und das Kapitel hervorgehen.

Mustervorlage für eine Prozessbeschreibung							
Beispiel Kopfzeile							
Firmen Logo	Qualitätshandbuch						
Haus Sonnenschein	Kapitel Pflege Geltungsbereich: Pflegebereiche						
Beispiel für eine einheitliche Gliederung der Regelungen							
Titel Ziel und Zweck • Prozesseigentümer • Regelungen • Mitgeltende Dokumente • Änderungsdienst • Version 0 ➔ Version 1							
Beispiel Fußzeile							
Dokumentenname, Dateiablagepfad:	Freigabe/Datum:	erstellt von:	Prüfung	Version	Seite	Ausgedruckte Exemplare unterliegen nicht dem Änderungsdienst	
Q:\Pflegevisite	28.02.2013, Pflegedienstleitung	QZ PDL/ WBL	Zuständiger Fachbereich	2	1 von 3		

> **Praxistipp**
>
> Verwenden Sie unterschiedliche grafische Hilfsmittel wie Diagramme, Mind Maps®, Fotos und Flussdiagramme, um den Fließtext aufzulockern und dem Leser Abwechslung zu bieten.

Die systematische Dokumentation

„Das Qualitätshandbuch ist das einzige Buch, das nie wirklich fertig wird."
(Bettina Rudert)

Ein entscheidender Punkt für die Umsetzung Ihres Qualitätsmanagements ist die Gestaltung eines unkomplizierten, transparenten und funktionierenden Dokumentationssystems. Bevor Sie mit der Erstellung eines Qualitätshandbuches beginnen, sollten Sie sämtliche Aufzeichnungen und Dokumente, die in der Einrichtung kursieren in einer Art Inventur sichten.

Diese Dokumente gilt es auf Gültigkeit und Tauglichkeit zu überprüfen und für das Handbuch zu formatieren, oder aus dem Verkehr zu ziehen. Aber wundern Sie sich nicht, wenn trotz Ihrer Bemühungen nach einigen Monaten das eine oder andere aus dem Verkehr gezogene Formular wieder auftaucht. Der Urlaubsschein im alten Design, der Überleitungsbogen, der zuletzt 2010 im Einsatz war. Es wird immer Mitarbeiter und Kollegen geben, die „für den Notfall" einen kleinen Vorrat an Kopiervorlagen angelegt haben.

Um bei den Mitarbeitern ein Gespür für den Umgang mit den Qualitätsdokumenten zu entwickeln, haben wir ein „therapeutisches Einheften" eingeführt, bei dem wir gemeinsam mit den Mitarbeitern des jeweiligen Bereiches die neuen Inhalte besprechen, an der richtigen Stelle des Handbuchs einheften und die alten Blätter entwerten und vernichten.

> **Praxistipp**
>
> Schauen Sie mit den Mitarbeitern gemeinsam Schränke und Ordner durch, um sicher zu sein, dass überarbeitete Formulare und Dokumente aus dem Verkehr gezogen und aktuelle Schriftstücke richtig eingeordnet sind. Als sehr effektiv hat sich auch die Installation eines Qualitätszirkels zum Thema „Aushanglenkung und Zettelwirtschaft" erwiesen. In diesem Zirkel sind Mitarbeiter aus verschiedenen Bereichen gemeinsam auf die Suche nach ungelenkten Dokumenten, veralteten Aushängen, unsortierten Ablagen und Schränken gegangen und haben Maßnahmen zur Lenkung Sortierung und Reduzierung der Papierflut entwickelt und umgesetzt.

In der Regel setzt sich das Dokumentationssystem aus mehreren Teilen zusammen, wie die folgende Dokumentationspyramide zeigt:

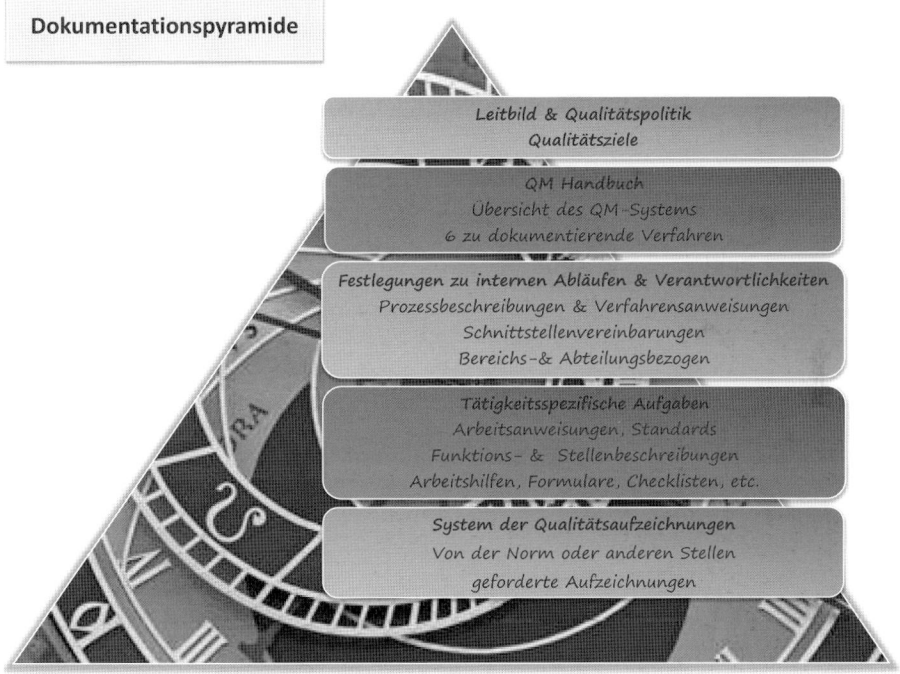

Im übergeordneten Teil findet sich das Leitbild, Aussagen zur Qualitätspolitik und Qualitätszielen. Im Folgenden finden sich das Qualitätshandbuch für das Gesamtunternehmen mit allgemeinen Dokumenten zur Übersicht über das Qualitätsmanagementsystem

(Organisationsaufbau, Verantwortlichkeiten, Schlüsselprozesse usw.) sowie die sechs nach den Vorgaben der Norm zu dokumentierenden Verfahren (Prozessbeschreibungen).

Daran schließen sich bereichsspezifische Dokumente, Prozessbeschreibungen, Verfahrensanweisungen sowie Schnittstellenvereinbarungen an. Im nächsten Teil befinden sich Arbeitsanweisungen, Standards, Funktions- und Stellenbeschreibungen sowie Arbeitshilfen (Formulare, Checklisten etc.) zur Umsetzung tätigkeitsspezifischer Aufgaben. Der letzte Teil der Dokumentationspyramide umfasst die geforderten Aufzeichnungen in Form von Nachweisdokumenten (z. B. Protokolle).

Die Teile eins bis vier können innerhalb eines kompletten Qualitätshandbuches zusammengefasst werden oder sich auf ein Qualitätshandbuch und Bereichshandbücher aufteilen. Im Qualitätshandbuch wird alles beschrieben, was für die Einrichtung und den Kunden von Bedeutung ist. Das Bereichshandbuch ist dagegen eher ein Nachschlagewerk für die Mitarbeiter einer bestimmten Abteilung (z. B. Hauswirtschaftshandbuch) und enthält zumeist nur die für diesen Bereich relevanten Dokumente.

Alle Aufzeichnungen sollten in separaten Ordnern aufbewahrt werden, um den Umfang des Handbuches überschaubar zu halten.

Personenbezogene Angaben (z. B. Arbeitsverträge, unterschriebene Stellenbeschreibungen...) gehören nicht ins Qualitätshandbuch, da diese häufiger geändert werden müssen und datenschutzrechtlichen Auflagen unterliegen.

> **Praxistipp**
>
> Erstellen Sie nur so viele papiergestützte Qualitäts- und Bereichshandbücher, wie unbedingt nötig. Dies erleichtert Ihnen den Änderungsdienst und die Dokumentenlenkung. Dokumentieren Sie Anzahl, Aufbewahrungsort und Inhalt der ausgegebenen Bücher mithilfe einer Matrix.

Computerunterstütze Umsetzung

Die Nutzung von qualitätsmanagementspezifischer Software und PC-Programmen hat mittlerweile auch in unsere Einrichtungen Einzug gehalten. So gibt es die für das Prozessmanagement hilfreichen Programme zur Gestaltung von Flowcharts und zur Prozessmodelierung. Diese sind teilweise auch geeignet zur Umsetzung des Qualitätshandbuches und des gesamten Informationsflusses im QM-System. Für die Handbuchsteuerung gibt es u.a. die etablierten Programme MMS PRO von Vorest, den Nexus/Curator von Nexus, Orgavision von Orgavision, RoXtra von Rossmanith und ViFlow von ViCon.

Für größere Einrichtungen kann die Nutzung dieser CAQ-Systeme (Computer Aided Quality) sicherlich hilfreich sein, insbesondere weil browsergestützte Programme einen passwortgeschützten Zugriff zum Qualitätshandbuch auch aus entlegenen Unternehmensteilen ermöglichen. Aber auch mithilfe der Microsoft Office Produkte Word, Excel und Powerpoint sowie einer strukturierten Ablage der QM-Dokumente – in einem vor Schreibzugriffen geschützten Ordner – im Windowsexplorer können Sie ein computerunterstütztes, gut auffindbares Qualitätshandbuch gestalten.

Aber auch bei digitalen Qualitätshandbüchern sollten Sie darauf achten, den Regelungsumfang zu begrenzen. Ausgedruckt sollten die Regelungen und Formulare nicht mehr als ein bis zwei Aktenordner umfassen. Auch kann es sinnvoll sein, einige Regelungen und Formulare am Arbeitsplatz in ausgedruckter Form zur Verfügung zu stellen, da beispielsweise die Nutzung und Umsetzung von Pflegestandards dadurch gefördert werden kann.

Praxistipp

Halten Sie zumindest für den Notfall (Stromausfall etc.) die notwendigsten Formulare vor, um in allen wichtigen Bereichen handlungsfähig zu bleiben.

Vergabe von Dokumentennummern

Es gibt keine Vorschrift zur Regelung der Dokumentennummerierung (z. B. Kapitelnummer, Formularnummer). Die Regeln dafür erstellen Sie selbst in Ihrer Einrichtung. Wichtig ist nur, dass jeder die Regelungen kennt und sich an diese hält.

Es ist also nicht zwingend erforderlich, dass Sie Dokumentennummern vergeben. Sie können auch stattdessen einfach den Ablagepfad des Dokumentes im internen Einrichtungsnetzwerk zur eindeutigen Identifizierung und Auffindung nutzen. So hat beispielsweise das Formular zur Durchführung der Pflegevisite die Dokumentennummer: Q:\Pflege\ChecklistePflegevisite-Vers2.doc.

Vorteile dieser Art der Benennung:
- Jeder Mitarbeiter weiß, wo das Dokument zu finden ist. Der Ablagepfad und der Dateiname erleichtern das Auffinden.

- Bei Änderungen wird das Dokument unter der nächst höheren Version gespeichert, die alte Version sollte zur Archivierung in einen Ordner mit alten Dokumenten verschoben werden.
- Sie schließen Doppelbenennungen weitestgehend aus.
- Wenn das Verzeichnis Q:\ schreibgeschützt ist, können nur bestimmte Personen dort Dokumente einstellen und die Vorlagen können nicht überschrieben werden.
- Sie müssen kein umständliches Dokumentnummer-Vergabesystem führen und überwachen, denn jeder der die Befugnis dazu hat, kann auch Dokumente erstellen.
- Anhand der Kennung Q:\ im Ablagepfad erkennt jeder, dass es sich um ein offizielles und freigegebenes Dokument handelt.

Dokumentenformen und dokumentationsbezogene Begriffe

Die Dokumentation bestehend aus Dokumenten, zu denen auch die Formulare und Aufzeichnungen gehören, hat in der Qualitätsentwicklung die Aufgabe Funktionen zu "zeigen" und sie zu "beweisen".

Funktionen zu zeigen bedeutet durch **Dokumente** anzuleiten und aufzuzeigen, wie Informationen, Regeln, Absprachen und bestimmte Arbeitsabläufe in der Einrichtung gehandhabt und vermittelt werden (z. B. Prozessbeschreibungen, Standards, Checklisten, Diagramme, Leitfäden).

Funktionen zu beweisen bedeutet durch **Aufzeichnungen,** Leistungen und Erfahrungen festzuhalten, um damit eine Möglichkeit zur Reflexion und Information vorzuhalten. Gleichzeitig können Leistungen nachgewiesen werden und bei Rückfragen oder strittigen Rechtsfragen (Beweislast) belegt werden (z. B. Protokolle, Berichte, ausgefüllte Aufnahmeanträge).

Ein **Formular** ist somit nichts weiter als ein unbearbeitetes Dokument (z. B. Raster für Aufnahmeanträge), es wird zur Aufzeichnung, wenn es benutzt und ausgefüllt wird.

Die Din EN ISO 9000:2005 differenziert **dokumentationsbezogene Begriffe** noch weiter:
- So spricht sie zunächst von **Informationen,** damit sind alle Daten mit Bedeutung gemeint.
- Als **Dokument** wird die Information und ihr Trägermedium benannt, also z. B. das Formular in Papierform, die Prozessbeschreibung im EDV-System, der für das QM-System bedeutsame Anhang einer E-Mail oder eine auf einem USB-Stick gespeicherte Konzeption.
- Dokumente selbst gliedern sich dann in:
    - **Spezifikationen,** dies meint alle Dokumenten die Anforderungen festlegen,

- das **Qualitätsmanagementhandbuch,** in dem das QM-System Ihrer Einrichtung festgelegt ist,
- die **Qualitätsmanagementpläne,** in denen festlegt ist, welche Verfahren und Ressourcen wann angewendet werden müssen,
- sowie die **Aufzeichnungen,** die erreichte Ergebnisse angeben oder die Umsetzung von Tätigkeiten nachweisen.

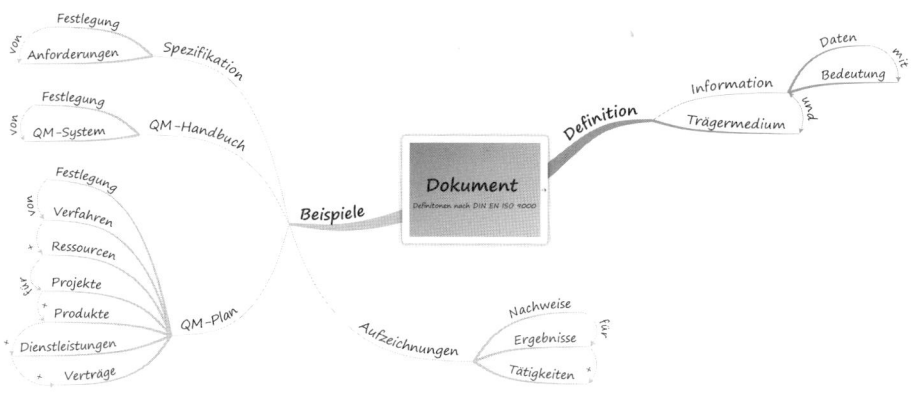

Dokumentenmatrix

Mithilfe der folgenden Matrix können Sie sämtliche Dokumente in Ihrer Einrichtung katalogisieren und steuern deren Aufbewahrung und Vernichtung.

Beispiel Dokumentenmatrix				
Dokument/ Dokumentengruppe	Verantwortung, Aufbewahrungsort des Originals	Verteiler	Zeichnungsberechtigung	Aufbewahrungsdauer des Originals, Vernichtung?
Protokolle externer Qualitätsprüfungen (MDK/Heimaufsicht)	Heimleitung	Geschäftsführer, Heimleitung, Bereichsleitungen, QMB		5 Jahre, Schredder
Qualitätshandbuch	QMB	Qualitätshandbücher/Bereichshandbücher	Geschäftsführer	5 Jahre, Schredder
Bewohnerakte	Wohnbereich/ Verwaltung, nach Versterben Archiv	Nur in einfacher Ausführung		30 Jahre, Schredder

Beispiel Dokumentenmatrix				
Dokument/ Dokumentengruppe	Verantwortung, Aufbewahrungsort des Originals	Verteiler	Zeichnungsberechtigung	Aufbewahrungsdauer des Originals, Vernichtung?
Protokolle	…			
Statistiken	…			
…				

Aufbewahrungsfristen

> „Bei der Eroberung des Weltraums sind zwei Probleme zu lösen: die Schwerkraft und der Papierkrieg. Mit der Schwerkraft wären wir fertig geworden."
>
> (Wernher von Braun)

Die Frage „Welche Aufbewahrungspflichten müssen wir bei unseren Dokumenten einhalten?" wird uns häufig gestellt. Und genauso häufig gehen die Meinungen darüber auseinander. Ein Grund dafür liegt darin, dass die Fristen in den unterschiedlichsten Gesetzen festgeschrieben sind. Vom Bürgerlichen Gesetzbuch und Handelsgesetzbuch über das Datenschutzgesetz bis zu den föderal geregelten Heimgesetzen der Bundesländer reichen die, für die Altenpflegeeinrichtungen gültigen Regelungen.

Um möglichen Regressansprüchen entgegen zu wirken, wird von Rechtsexperten oftmals der § 199 Abs. 2 BGB benannt, der die Verjährungsfrist von 30 Jahren beschreibt. Insbesondere bei der Pflegedokumentation sollten Sie diesen Rat beherzigen, auch wenn die Praxis zeigt, dass eine durchschnittliche Aufbewahrungsfrist von 10 Jahren zumeist ausreicht, um Schadensersatzforderungen entgegen treten zu können. Die Aufbewahrungsfrist beginnt mit dem Ende des Kalenderjahres, in dem Sie die letzte Eintragung vorgenommen haben.

> **Praxistipp**
>
> Beachten Sie die einzelnen Aufbewahrungsfristen für Ihre Dokumente und Aufzeichnungen, die für das QM-System relevant und erforderlich sind, sie können zwischen fünf und dreißig Jahren liegen.

Das folgende Mind Map® dient als unverbindliche Information und Empfehlung, die Ihnen die Orientierung im Gesetzesdschungel hoffentlich etwas erleichtert.

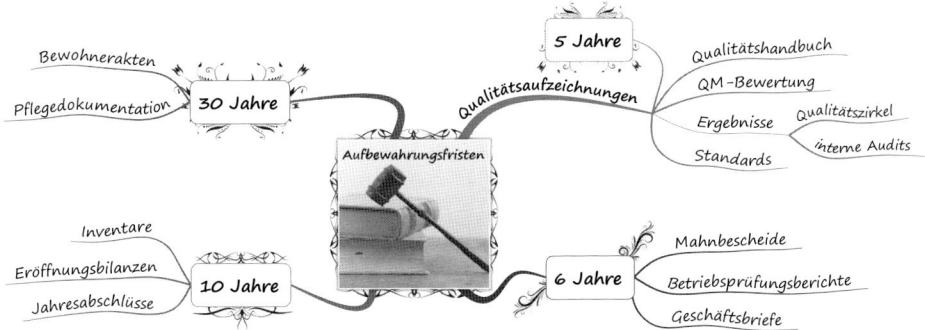

Praxistipp

Eine Senkung der gesetzlichen Aufbewahrungsfristen für steuerrelevante Aufzeichnungen von 10 auf 8 bzw. 7 Jahre ist im Rahmen der Änderung des Jahressteuergesetzes 2013 geplant, bei unklaren Fristenregelungen kann Ihnen die Rechtsabteilung Ihres Dachverbandes sicherlich die nötige Auskunft geben. Außerdem stellen die Industrie und Handelskammern auf ihren Internetseiten jährlich aktuelle Merkblätter zu Aufbewahrungsfristen zum kostenlosen Download bereit.

Umfang des Qualitätshandbuches

„Hat man ein klares Ziel vor Augen, ist es nicht allzu schwer ein Buch zu schreiben. Man fängt einfach an und hört erst auf, wenn es fertig ist." (Bernd Kiefer)

Sie bestimmen den Umfang Ihres Qualitätshandbuches, hierbei gilt die Regel: „So ausführlich wie nötig, so kurz wie möglich". Zu viele und zu detaillierte Regelungen lähmen Ihr QM-System und nehmen den Mitarbeitern die Freude an der Umsetzung. Der Umfang Ihres Handbuches sollte sich an Ihrer Einrichtungsgröße, an den Vorgaben und Anforderungen für die Umsetzung der Pflege-, Betreuungs- und hauswirtschaftlichen Leistungen sowie an der Kompetenz Ihrer Mitarbeiter orientieren.

Modernes Qualitätsmanagement steht für eine Reduktion des Dokumentationsaufwandes. Regelungen, die in Struktur-, Prozess- und Ergebnisqualität unterteilt sind, sowie Standards mit Anweisungen für Trivialitäten, wie, „Öffnen Sie das Fenster" gehören in die Anfangszeit des Qualitätsmanagements in der Altenpflege und sollten aktualisiert werden.

Regeln Sie wiederkehrende Standardsituation und risikobelastete Tätigkeiten als Arbeitserleichterung. Vermeiden Sie zu viele Vorschriften und zu detaillierte Arbeitsanweisungen. Nicht jeder mögliche Sonderfall muss beschreiben werden, um die Mitarbeiter nicht unnötig einzuschränken oder zu gängeln, sondern Ihnen Zeit und Raum zum Denken und fachlichem Handeln zu geben.

Dies gilt ebenso für Formulare, fassen Sie Inhalte zusammen, so genügt zur Erfassung und Bearbeitung von Beschwerden, Verbesserungsvorschlägen und Lob ein einziges Formular. Der Verweis auf mitgeltende Unterlagen und Formulare am Ende eines Handbuchkapitels dient als Querverweis zu bereits erstellten Kapiteln. So ersparen Sie sich doppelte Dokumentationen, sorgen für ein schlankes Qualitätshandbuch und machen den Bezug der Kapitel und Prozesse zu einander durch Verweise deutlich.

> **Praxistipp**
>
> Beschreiben Sie im Qualitätshandbuch nur Inhalte, die gesetzlich vorgeschrieben sind und/oder die Sie wirklich umsetzen. Wenn Sie z. B. die Nutzung eines Reitersystems beschreiben, dieses aber im Arbeitsalltag nicht umgesetzt wird, führt dies zu einem Mangel bei einer externen Prüfung. Sie haben die Wahl entweder die Regelung im Qualitätshandbuch zu verändern oder das Reitersystem nachweislich einzuführen.

Bei der Bestimmung des Umfangs helfen Ihnen folgende Fragen:
- Wie gut sind Ihre Mitarbeiter qualifiziert? Je qualifizierter der Mitarbeiter umso weniger muss schriftlich geregelt werden.
- Wie viele Schnittstellen gibt es? Je mehr Schnittstellen umso höher ist der Regelungsbedarf.
- Wie viele Probleme, Fehler oder Verluste gibt es? Was gut funktioniert, muss nicht unbedingt schriftlich geregelt werden.
- Welche externen Forderungen (Gesetze, Leitlinien, Standards) müssen erfüllt werden? Zumindest die gesetzlich geregelten Vorgaben müssen erfüllt werden, hier ist insbesondere die Integration der Anforderungen des aktuellen MDK-Prüfkataloges sinnvoll.
- Soll Ihre Einrichtung zertifiziert werden? Dann müssen zumindest die Normforderungen umgesetzt werden.

> **Praxistipp**
>
> Um pflegefachlich auf dem neuesten Stand zu sein und Haftungsfragen wirksam begegnen zu können, nutzen Sie die Vorgaben der nationalen Expertenstandards, der Hygieneleitlinien des Robert Koch Instituts sowie der Stellungnahmen und Richtlinien des Medizinischen Dienstes des Spitzenverbandes Bund der Krankenkassen e. V. Arbeiten Sie diese Empfehlungen in Ihre Handbuchkapitel ein.

Steuerung der Inhalte des Qualitätshandbuchs

Die Übersicht über alle Inhalte des Qualitätshandbuchs behalten Sie ebenfalls mithilfe einer Dokumentenmatrix. Die folgende Matrix bietet den Vorteil die Revisionsdaten aller Dokumente konzentriert darzustellen, dies erleichtert es dem Qualitätsmanagementbeauftragten alle Überprüfungstermine im Blick zu halten.

Zudem bietet Sie einen Verweis zur DIN ISO 9001:2008 sowie zur MDK-Anleitung und stellt dadurch sicher, dass alle notwendigen Anforderungen auch im Qualitätshandbuch zu finden sind. Die zu diesem Inhaltsverzeichnis passende Prozesslandschaft zur Beschreibung der Wechselwirkung der Prozesse finden Sie im Kapitel „Prozessmanagement". Sie können diese Muster als Vorlagen für Ihr einrichtungsinternes QM-System nutzen.

Muster: Qualitätshandbuch Inhaltsverzeichnis/Referenztabelle					
Bezeichnung	Version	Datum	Revision	DIN ISO 9001:2008	MDK- Anleitung stationär
Allgemeines					
Deckblatt, Ausgabeliste	3	27.01.13	27.01.16		
Inhaltsverzeichnis/Referenztabelle	8	27.01.13	27.01.14	2, 4.1	
Vorwort/ Selbstverpflichtung der Leitung	2	27.01.13	27.01.16	5.1, 5.2	5.2
Anwendungsbereich(e)				1	
Prozesslandkarte	4	27.01.13	27.01.16	4.2.2	
Abkürzungen, Symbole, Begriffe	2	27.01.13	27.01.16	3, 7, 5.3	

Muster: Qualitätshandbuch Inhaltsverzeichnis/Referenztabelle

Bezeichnung	Version	Datum	Revision	DIN ISO 9001:2008	MDK- Anleitung stationär
Führungsprozesse - Unternehmensführung					
Leitbild	2	27.01.13	27.01.16	5.1, 5.2, 5.3,	1.5
Qualitätspolitik, -ziele	2	27.01.13	27.01.16	4.2.1, 5.1, 5.3, .5.4.1	6.6
Unternehmensplanung	2	27.01.13	27.01.16	5.4	6.6
Leistungsbeschreibung	6	27.01.13	27.01.16	7.2.3	1.4, 1.9, 1.10, 2.1, 2.2, 2.3, 2.4 5.1, 5.2
Managementbewertung	2	27.01.13	27.01.16	5.6	--
Kooperationen	3	27.01.13	27.01.16	7.2.3, 7.4	1.11, 5.2
Entwicklung neuer Leistungsangebote	Ausschluss	5.4, 7.3	--		
Führungsprozesse – Personalmanagement					
Organigramm	4	...		5.51	1.5, 3.1, 4.3, 6.1
Personalplanung				6.1, 6.2.1	3.8
Stellen, Funktions-/Aufgabenbeschreibung				5.5.1, 5.5.2	3.1, 4.2, 6.1
Aus-,Fort- und Weiterbildung/ Personalentwicklung				6.2.1, 6.2.2, 5.5.3	6.8, 6.9, 6.10
Einarbeitung von neuen Mitarbeitern				6.2.1, 6.2.2	6.11
Ehrenamtliche Mitarbeiter				6.1, 6.2.1	--
Führungsprozesse – Qualitäts- & Risikomanagement					
Qualitätsmanagementsystem (KVP)	3			4.1, 4.2.2, 5.2, 5.5.2, 5.6.1, 8.5.1	5.2, 5.3, 5.6, 6.1, 6.2, 6.4, 6.5, 6.6
Lenkung von Dokumenten und Aufzeichnungen				4.2.1, 4.2.3, 4.2.4	--
Interne Audits				8.2.2	6.4, 6.5, 6.6 9 - 16
Externe Qualitätsprüfungen				8.1, 8.2.3, 8.2.4	3.1
Kundenzufriedenheitsanalyse				8.2.1	--
Beschwerdemanagement				7.2.3, 8.4, 8.5.1, 8.5.2	6.14

Muster: Qualitätshandbuch Inhaltsverzeichnis/Referenztabelle					
Bezeichnung	Version	Datum	Revision	DIN ISO 9001:2008	MDK- Anleitung stationär
Fehlermanagement				8.3, 8.4, 8.5.1, 8.5.2, 8.5.3	--
Korrektur- und Vorbeugungsmaßnahmen				8.5.2, 8.5.3	--
Risikomanagement				4.2.1, 4.2.3, 4.2.4	--
Führungsprozesse – Sicherheit					
Umgang mit Kundeneigentum				7.5.4	z. T. 2.2
Datenschutz und Datensicherheit				4.2.4	z. T. 2.2
Arbeitsschutz				5.1, 6.4	--
Brandschutz				5.1, 6.4	--
Wartung und Instandhaltung, inkl. Medizinprodukte				5.1, 6.3, 7.6	--
Hygiene- und Infektionsmanagement				6.4	8.2, 8.3, 8.4
Gebäude- und Geländesicherheit				5.1, 6.4	2.1
Kernprozesse – Einzug & Integration					
Erstkontakt, Erstgespräch				7.2.1, 7.2.2, 7.2.3	14.1
Aufnahme				7.1, 7.2.1, 7.2.2, 7.2.3	2.5
Kernprozesse – Pflege					
Pflegeleitbild				5.2, 5.3	1.5
Pflegekonzept				4.1, 4.2.1, 5.1, 5.2	z. T. 4.1, 5.2, 5.3
Pflegeprozess, Pflegeplanung				7.1, 7.2.1, 7.2.2, 7.2.3	5.2, 6.3, 6.4, 14 ff., 16 ff.
Pflegedokumentation				4.2.3, 4.2.4, 7.5.3	5.2, 6.3, 6.4, 7.1, 7.2, 7.2 , 14 ff., 16 ff.
Pflegestandards				7.1, 7.5.1	6.3, 6,4, 14.9, 16 ff., 15.4 – 15.6
Mitwirkung bei ärztlicher Diagnostik und Therapie				7.1, 7.5.1, 7.5.3	15.1- 15.2
Umgang mit Medikamenten				7.5.5	15.3

Muster: Qualitätshandbuch Inhaltsverzeichnis/Referenztabelle

Bezeichnung	Version	Datum	Revision	DIN ISO 9001:2008	MDK- Anleitung stationär
Umgang bei freiheitseinschränkenden Maßnahmen				5.2, 7.2.3	16.12
Umgang mit Notfallsituationen				7.1	6.13
Pflegevisite				7.5.2, 8.2.3, 8.2.4, 8.4, 8.5.1	6.4, 14.8
Pflegestufenmanagement				6.1, 6.2.1, 6.3, 7.5.1	6.4
Kernprozesse – Hauswirtschaft					
Verpflegung				5.2, 6.3, 7.1, 7.5.1, 7.5.5	5.5, 9.1 - 9.6
Reinigung				6.3, 6.4, 7.1, 7.5.1	5.5
Wäscheversorgung				5.2, 6.3, 7.1, 7.5.1	2.2, 5.5
Wohnraumgestaltung				5.2, 6.3	2.2, 5.5
Kernprozesse – Beratung & Soziale Betreuung					
Soziale Betreuung				5.2, 6.1, 6.3, 7.1, 7.2.3, 7.5.1	5.4, 10.1 – 10.6, 14.7, 16.10 – 16.11
Beratung				5.2, 6.1, 7.1, 7.2.3, 7.5.1	10.7
Angehörigenarbeit				5.2, 7.2.3	10.1
Kernprozesse –-Überleitung & Abschied					
Pflegeüberleitung				4.2.3, 4.2.4, 7.5.1	14.15
Umgang mit Sterben und Tod				6.1, 6.2.1, 6.3, 7.5.1	6.4
Unterstützungsprozesse – Informationsmanagement					
Interne Kommunikation				5.51	1.5, 3.1, 4.3, 6.1
Öffentlichkeitsarbeit				7.2.3	10.6
IT & EDV-Systeme				--	--
Unterstützungsprozesse – Verwaltung					
Kundenverwaltung				--	1.6, 1.7, 1.8
Personalverwaltung				7.1, 7.2	--
Finanz- & Rechnungswesen				--	--

Muster: Qualitätshandbuch Inhaltsverzeichnis/Referenztabelle					
Bezeichnung	Version	Datum	Revision	DIN ISO 9001:2008	MDK- Anleitung stationär
Vertragswesen				--	1.10, 1.11
Controlling				8.2.3, 8.4	5.2, 5.3, 5.6, 6.1, 6.2, 6.4, 6.5, 6.6
Unterstützungsprozesse – Beschaffung, Lagerung & Entsorgung					
Beschaffung und Lagerung				7.4, 7.5.5	15.3
Unterstützungsprozesse – Logistik (nur ambulant oder Tagespflege)					
Logistik & Fuhrpark				7.5.1	
Die Überprüfung der Revisionstermine im Rahmen der jährlichen Revision ist erfolgt, wo keine Änderung notwendig waren, wurde ein neuer Revisionstermin in einem Jahr angesetzt Revision (Unterschrift/Datum):			Qualitätsmanagementbeauftragter		
Freigabe (Unterschrift/ Datum):			Geschäftsführer		

Praxistipp

Mithilfe einer Freigabeliste unter der gesamten aktuellen Dokumentenmatrix des Qualitätshandbuchs können Sie sich die Freigabe auf jedem einzelnen Dokument ersparen und alle aktuellen Dokumente in einem Schritt freigeben. In den EDV-Programmen zu Handbuchlenkung können Sie die Freigabewege festlegen und digital steuern lassen.

Qualitätswerkzeuge

„Wer uns vor nutzlosen Wegen warnt, leistet uns einen ebenso guten Dienst wie derjenige, der uns den Weg anzeigt". (Heinrich Heine)

Qualitätswerkzeuge sind Techniken, die Ihnen eine gezielte und systematische Planung, Durchführung und Unterstützung Ihrer Maßnahmen, Prozesse und Qualitätszirkel ermöglichen. Die durch die Qualitätswerkzeuge gewonnenen Fakten, Daten und Zahlen erleichtern eine nachvollziehbare Entscheidungsfindung und dienen Ihnen zur Erfassung und Analyse von Fehlern und Problemen. Die Voraussetzung dafür ist, dass Sie eine dem Bedarf entsprechende Methode auswählen und korrekt anwenden. Die Qualitätswerkzeuge lassen sich in numerische und nicht numerische Techniken unterteilen.

> **Praxistipp**
>
> Machen Sie sich mit einigen nicht numerischen (z. B. Mind Mapping) und numerischen Techniken (z. B. Radardiagramm, Histogramm) soweit vertraut, dass Sie diese gezielt einsetzen können.

Numerische Qualitätstechniken

numerisch (Daten in Zahlenform)
Umsatzzahlen, Fehlerquoten, Bearbeitungszeiten usw.

Beispiele:

Fehlersammelkarte

Zur schnellen Erfassung von Fehlerart und Fehleranzahl innerhalb eines bestimmten Zeitraumes stellt die Fehlersammelkarte eine geeignete Methode dar. Nachdem Sie die Fehlerart bestimmt haben, legen Sie den Zeitraum für die Erfassung fest (z. B. Tag, Woche, Monat, Quartal oder Jahr). Nun können Sie die erfassten Daten eintragen und in geeigneten Intervallen auswerten. Bei der Bewertung der Ergebnisse sollten Sie die Fehler kategorisieren, beispielsweise als systematische oder zufällige Fehler, kritische oder unkritische Fehler und als Auslöser für Korrekturmaßnahmen nutzen. Das folgende Beispiel erläutert die Ausführung anhand einer quartalsmäßigen Überprüfung von Dokumentationsmappen.

Prüfung der Dokumentationsmappen				
Fehlerarten	Januar	Februar	März	Gesamt
Handzeichen fehlt	IIII	II	III	9
Biographieblatt unvollständig	II	III	I	6
Zusammenfassung im Berichteblatt fehlt	III	I	II	6
Pflegeplanung unvollständig	II	I	II	5
…				
Summe Fehler	11	7	8	26
Anzahl geprüfter Mappen	15	12	14	41

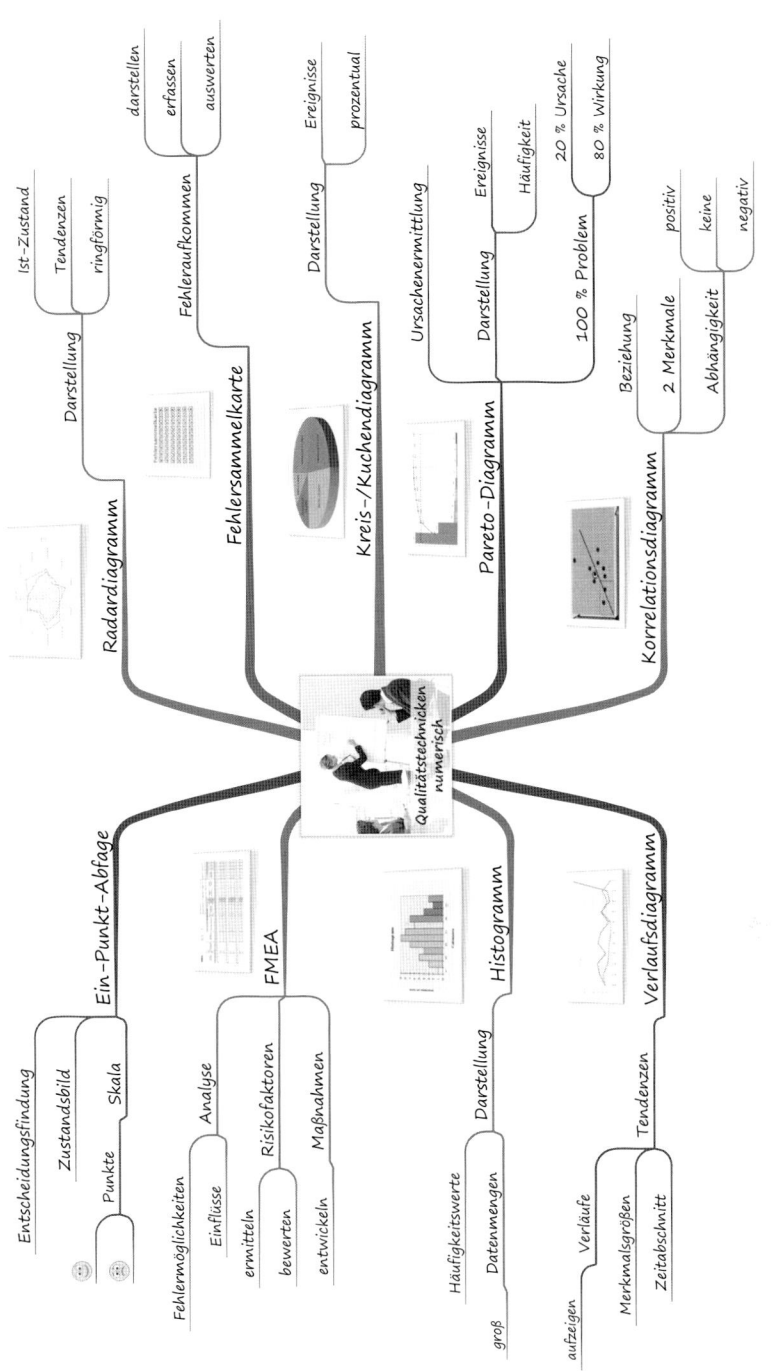

Histogramm

Das Histogramm ermöglicht es Ihnen – in Form eines Säulendiagramms – große Datenmengen darzustellen, die zu diesem Zweck zuvor zu Gruppen zusammengefasst werden. Die Höhe einer Säule im Histogramm entspricht der Anzahl der Daten innerhalb einer Gruppe. Zur Vorbereitung nutzen Sie u. a. Datentabellen und Strichlisten.

Korrelationsdiagramm

Um eine Ursache-Wirkungs-Beziehung zwischen zwei, als Wertepaar gemessenen, Merkmalen zu überprüfen, wird häufig ein Korrelationsdiagramm eingesetzt. Dieses wird auch als Streudiagramm bezeichnet und stellt die Abhängigkeit (Korrelation) zweier Merkmale dar. Die Datenpaare werden in Form einer Punktwolke in das Diagramm eingetragen. Aus der sich ergebenden Form können Sie ersehen, ob es sich um eine positive, keine oder eine negative Korrelation handelt.

Pareto-Diagramm

Um herauszufinden, welche Ursachen den größten Einfluss haben und diese in Form eines Säulendiagramms darzustellen, bietet sich das Pareto-Diagramm an. Der Grundgedanke dieses Diagramms liegt im 80/20-Prinzip, das besagt, dass 20 Prozent des Aufwandes oder der Bemühungen zu 80 Prozent der Erträge und Ergebnisse führen. Dieses Prinzip wurde bereits 1897 von dem italienischen Ökonomen Vilfredo Pareto entdeckt.

Nichtnumerische Qualitätstechniken

nicht numerisch (Daten, die nicht zahlenmäßig definiert sind)
Informationen, Ideen, Meinungen, Fehlerarten usw.

Beispiele:

Brainstorming

Beim Brainstorming werden zu einer gezielten Fragestellung möglichst viele Ideen zusammengetragen. Die Durchführung ist Ihnen sicherlich bekannt. Entweder erfolgt die Ideensammlung durch eine Kartenabfrage oder der Moderator steht vor der Gruppe und schreibt die ihm zugerufenen Schlüsselwörter auf ein Flipchart. Grundlegend gilt, dass keine Idee bewertet oder kritisiert wird, sondern dass die Quantität und Qualität aller Ideen zielführend ist.

> **Praxistipp**
>
> Ergebnisse eines Brainstomings können Sie mithilfe eines Verwandschaftsdiagramms oder eines Mind Maps® weiterbearbeiten, gewichten, gruppieren, strukturieren und kategorisieren.

Fischgrät- oder Ishikawadiagramm

Bei diesem Diagramm geht man davon aus, dass eine Wirkung nicht nur von einer einzigen Ursache ausgeht. Anhand von Oberbegriffen wie Mensch, Methode, Maschine, Material, versucht man die Entstehungsursachen zu ermitteln (siehe Kapitel „Kaizen": 7 M-Checkliste). Diese Begriffe können bei Bedarf auch ausgetauscht oder ergänzt werden (z. B. Mitwelt, Management usw.). Die vorgegebene Struktur erleichtert den thematischen Zugang, die vielfältigen Einflussfaktoren werden sichtbar.

Sie können durch die grafische Visualisierung prüfen, ob alle Ursachen erfasst wurden, diese priorisieren, gezielt bearbeiten und die Umsetzung evaluieren. Dies öffnet den Blick für kreative und systematische Lösungswege und bildet gerade in Qualitätszirkeln eine fabelhafte Diskussionsgrundlage. Das unterstehende Mind Map® ist ein Beispiel für ein im Qualitätszirkel erarbeitetes Ishikawa-Mind Map®, das als Einstieg in die Überarbeitung der Vorgaben zur Pflegedokumentation erstellt wurde.

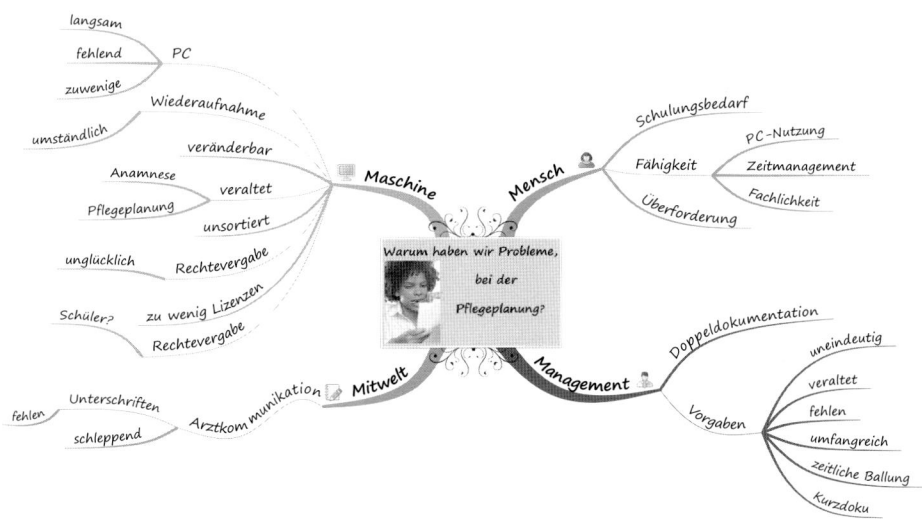

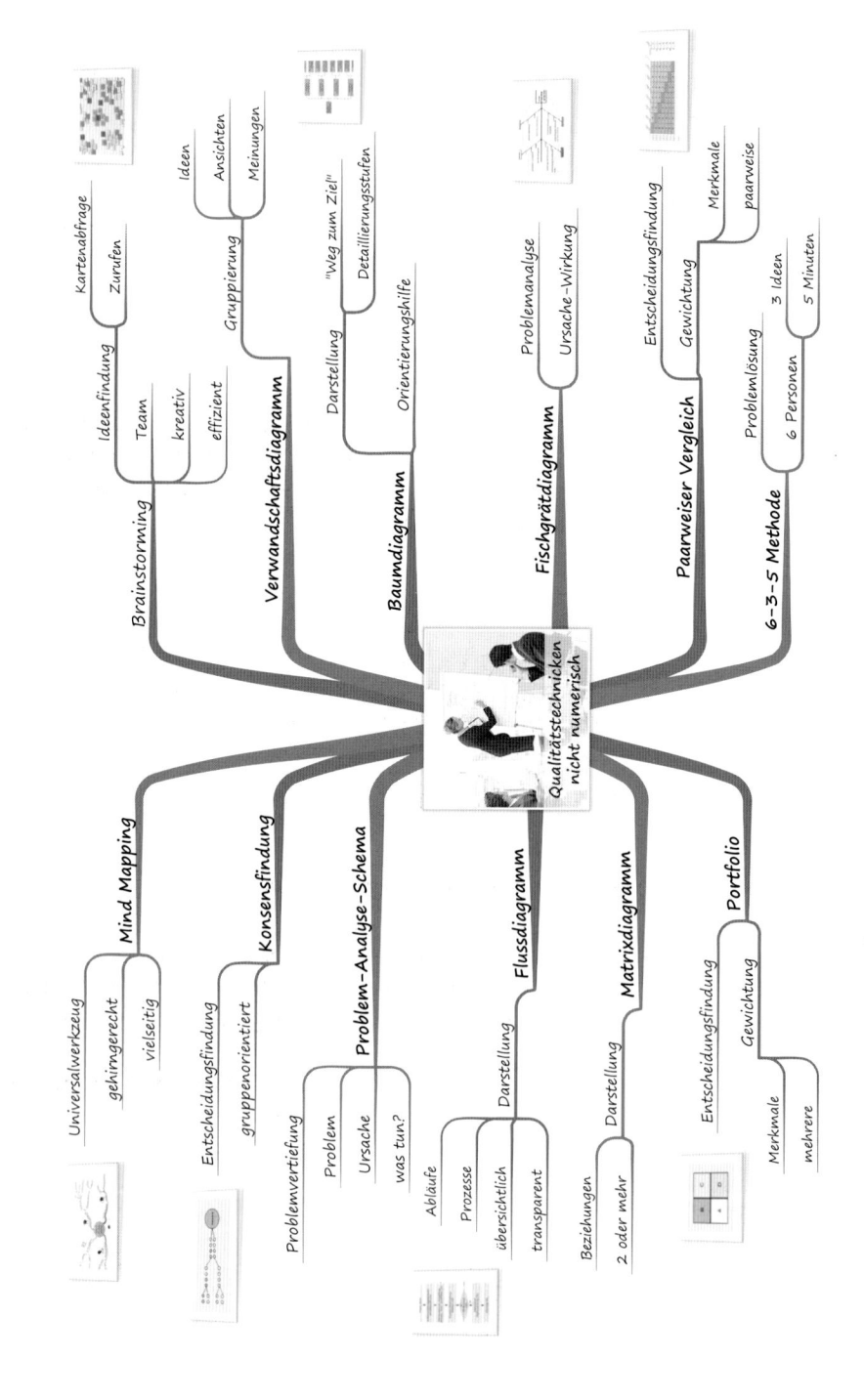

Praxistipp

Die Oberbegriffe des Fischgrätdiagramms können in einem Mind Maps® als Hauptäste angelegt werden, die Entstehungsursachen den Teilästen zugeordnet werden und per „Brainstorming-Modus" schnell und einfach während eines Qualitätszirkels gemeinsam erstellt und im Anschluss daran dem Protokoll beigefügt und ausgedruckt werden.

Matrix

Das Matrixdiagramm ist sicherlich das meist genutzte Qualitätswerkzeug. Sie können damit die Beziehungen zwischen zwei oder mehreren Themengebieten einfach darstellen und bei Bedarf mithilfe von Symbolen gewichten.

Die folgende Tabelle zeigt Ihnen beispielhaft Einsatzgebiete von Qualitätswerkzeugen im Rahmen der Messung von Kennzahlen auf:

Qualitätswerkzeuge	Einsatzgebiete	Beispiele für die Kennzahlenmessung
Tabelle/Matrix	Beziehung herstellen zwischen Merkmalen von zwei oder mehr Themen, um Lösungen zu finden und diese zu bewerten	• Lieferantenbewertung • Visualisierung von unterschiedlichen Abteilungen
Säulen- und Balkendiagramm	Häufigkeit verschiedener Merkmale und Ereignisse vergleichen, um Rangfolgen zu bestimmen	• Inhaltliche Auswertung der Pflegevisite • Darstellung der Anzahl der Bewohner in verschiedenen Pflegestufen
Kreis-/Kuchendiagramm	Anteile von Daten darstellen, um deren Verteilung im Gesamtergebnis erkennen zu können	• Thematische Verteilung von Beschwerden oder Fehlern • Verteilung der Umsätze
Verlaufskurve/-diagramm	Tendenzen und Entwicklungen über einen bestimmten Zeitraum visualisieren, um Veränderung zu überwachen	• Verteilung von Stürzen nach Uhrzeit • Schmerz- oder Temperaturkurven • Anzahl der Anfragen nach Heimplätzen pro Monat innerhalb eines Jahres
Radardiagramm	Ist- und Sollzustand miteinander in Beziehung setzen, um Mehrfachbewertungen anschaulich nebeneinander anzuzeigen	• Anforderungen an Bewerber oder Stelleninhaber • Ausprägung von Merkmalen bei der Auswahl von Anbietern und Kooperationspartnern
Fehlersammelkarte	Neutrale Erfassung von Fehlern über einen bestimmten Zeitraum, um größere Fehlermengen übersichtlich zu bewerten	• Alle Arten von Fehlern, z. B. beim Umgang mit Medikamenten oder bei der Dokumentation

Qualitäts-werkzeuge	Einsatzgebiete	Beispiele für die Kennzahlenmessung
Pareto-diagramm	Ereignisse entsprechend ihrer Häufigkeit anzeigen, um nach dem Paretoprinzip (80-20 Regel) die Hauptursachen für bestehende Probleme zu ermitteln	• Verteilung von Ursachen für Beschwerden, Reklamationen oder Fehler • Darstellung von Kostenbereichen
Korrelations-diagramm	Zwei Merkmale grafisch ermitteln, um Abhängigkeiten (Korrelationen) bildhaft zu machen	• Schmerzäußerungen nach der nummerischen Rangskala (NRS) im Bezug zur Tageszeit
Histogramm	Klassenverteilung großer Datenmengen aufzeichnen, um die Verteilung von Messwerten zu erkennen	• Auswertung von Befragungsergebnissen zur Bewohner- und Angehörigenzufriedenheit

Praxistipp

Wenn Sie sich mit den Qualitätstechniken näher vertraut machen wollen, nutzen Sie die im Fachhandel erhältlichen Ratgeber und Power Books, die in kompakter Form sämtliche Qualitätstechniken vorstellen.

Intelligente QM-Führungsinstrumente

Zur Aufrechterhaltung, Einschätzung und Bewertung des bestehenden Qualitätsmanagementsystems benötigt Ihre Einrichtung intelligente Führungsinstrumente, mit denen die Leistungsfähigkeit der Struktur, Prozesse und Ergebnisse auf Grundlage von Daten beurteilt werden kann. Mithilfe dieser Fakten können Sie Ziele, Korrekturen und Verbesserungsmaßnahmen festlegen und steuern.

Audit und Managementbewertung sind typische Führungsinstrumente aus der Normenwelt der DIN EN ISO 9000 ff., Selbstbewertung und Benchmarking unterstützen Sie bei der Weiterentwicklung eines umfassenden Qualitätsmanagements.

Audits

Absolut unerlässlich für die Aufrechterhaltung und ständige Verbesserung des QM-Systems eines Unternehmens ist die Durchführung von Audits. Regelungen, Standards und Anweisungen zu erarbeiten und einzuführen, sichert noch keinen nachhaltigen Erfolg. Durch die Auditierung wird das Ergebnis der Umsetzung überprüft und sichergestellt. So erhalten Sie einen Überblick zum Stand und zur Wirksamkeit des QM-Systems Ihrer Einrichtung – im Vergleich zu den hinterlegten Anforderungen – sowie eine Vielzahl von Verbesserungsmöglichkeiten, die zur Qualitätsentwicklung eingesetzt werden können.

Der Begriff „Audit" stammt vom lateinischen Wort „Audire" = „hören" ab und bedeutet: „er hört". Dies beschreibt die Rolle des Auditors als „der Hörende" sehr treffend. Seine Aufgabe während des Audits ist das Zuhören, Erfragen und Erfassen von qualitätsrelevanten Informationen. Keinesfalls ist ein Audit eine Plattform für Selbstdarstellung oder Monologe des Auditors. Im Gegenteil, er sollte die Auditteilnehmer sachlich und freundlich bei ihren Äußerungen und Erläuterungen unterstützen, Wertschätzung und Vertrauen vermitteln und die bereits geleistete Arbeit respektieren.

Normforderungen

Audits können sowohl intern als auch extern erfolgen und zur Auditierung von Prozessen, Produkten, Dienstleistungen sowie des ganzen QM-Systems genutzt werden.

Der Begriff Audit wird in der DIN EN ISO 9000:2005 definiert als ein „systematischer, unabhängiger und dokumentierter Prozess zur Erlangung von Auditnachweisen und zu deren objektiver Auswertung, um zu ermitteln, inwieweit Auditkriterien erfüllt sind."

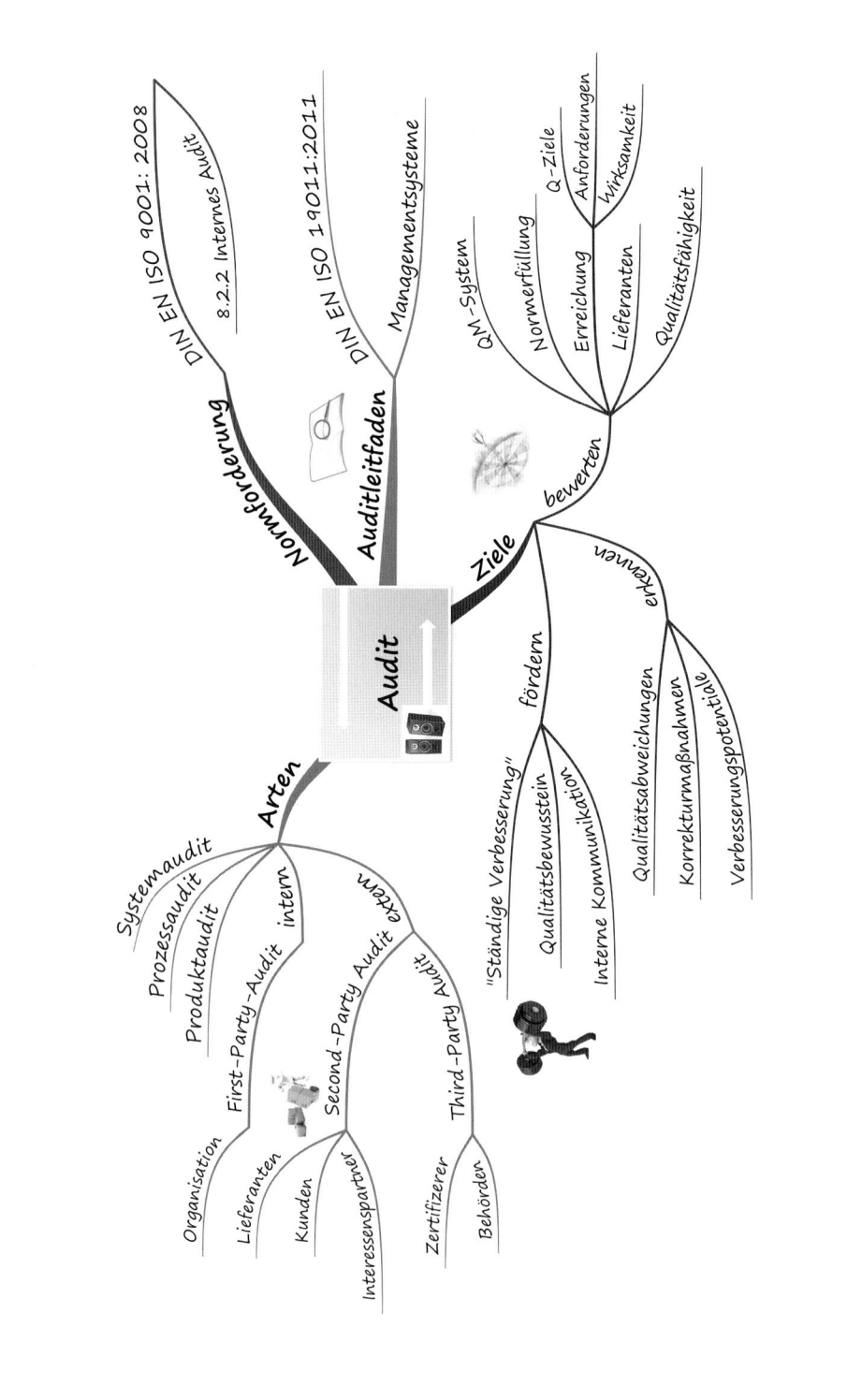

Mit der DIN ISO 19011:2011, einem anerkannten Regelwerk zur Durchführung von Audits, erhalten Sie einen Leitfaden für Audits von Managementsystemen jeglicher Art. Für Zertifizierungsaudits gelten die Vorgaben der DIN ISO/IEC 17021:2011.

Auditprinzipien

Nach der DIN ISO 19011 stützt sich erfolgreiche Auditierung auf sechs Prinzipien.

Diese beziehen sich zum einen auf den Auditor:
- Integrität als Grundlage seines Berufsbildes.
- Verpflichtung zur sachlichen, d. h. wahrheitsgemäßen und genauen Darstellung.
- Angemessene berufliche Sorgfalt und Urteilsvermögen beim Auditieren.

Die weiteren Prinzipien beziehen sich auf die Auditdurchführung:
- Vertraulichkeit, als Sicherheit beim Umgang mit sensiblen oder geheimen Informationen.
- Unabhängigkeit, als Grundlage für Unparteilichkeit und Objektivität der Durchführung und der Ergebnisse.
- Nachweisorientierung, als eine systematische Vorgehensweise, um zu rationalen, zuverlässigen und nachvollziehbaren Schlussfolgerungen zu gelangen.

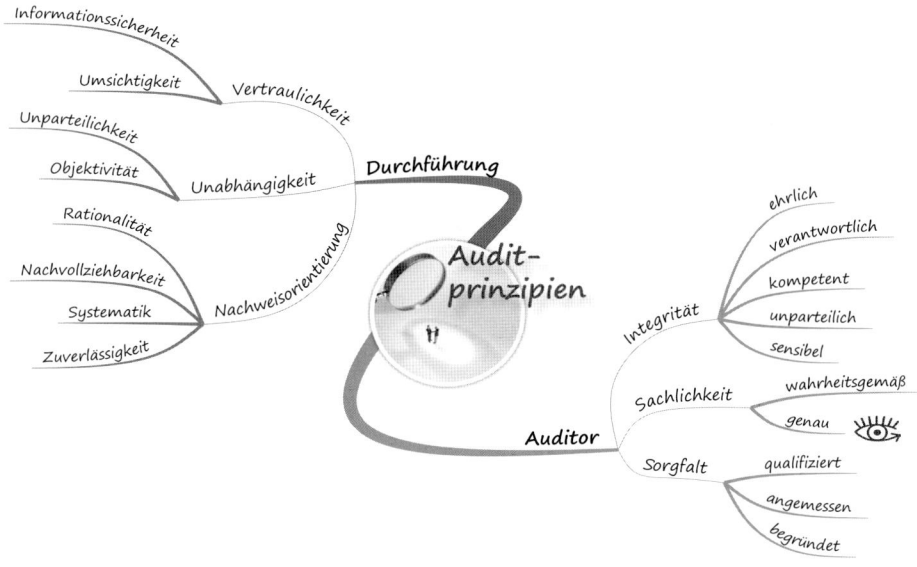

Erst die Einhaltung dieser Prinzipien machen Audits zu einem wirksamen Werkzeug, welches es den Auditoren ermöglicht unter gleichartigen Bedingungen, unabhängig von einander, zu übereinstimmenden Schlussfolgerungen zu gelangen.

Interne und externe Audits und Prüfungen

Interne Audits – auch **First-Party Audits** genannt – werden durch Ihre Einrichtung selbst oder in Ihrem Auftrag durchgeführt. Die DIN EN ISO 9001:2008 fordert im Abschnitt 8.2.2 die geplante und regelmäßige Durchführung von internen Audits. In diesen wird überprüft, ob die Anforderungen der Norm und die Organisation des QM-Systems wirksam erfüllt sind und aufrechterhalten werden. Zusätzlich fordert die Norm, dass in einem schriftlichen Verfahren dargelegt wird, wie Verantwortung, Planung, Durchführung und Berichterstattung von Audits in Ihrer Einrichtung geregelt sind, auch die Aufzeichnungen über die Umsetzung der Audits müssen gelenkt werden.

Ein durchgeführtes internes Systemaudit ist eine Voraussetzung für ein externes Zertifizierungsaudit und die anschließende Zertifizierung eines Unternehmens. Audits sind jedoch auch unabhängig von Normforderungen und Zertifizierungen sinnvoll, um in periodischen Abständen die Aktualität der qualitätsbezogenen Regelungen Ihrer Einrichtung zu überprüfen und sicherzustellen.

Interne Audits sind vor allem Verbesserungsgespräche, in denen gemeinsam nach Entwicklungsmöglichkeiten gesucht wird. Hierbei können die Audittätigkeiten auf die ganze Organisation oder nur auf Teilbereiche bezogen werden. Mithilfe von Auditergebnissen erhält die Geschäftsleitung eine sachliche Basis zur Findung von Entscheidungen sowie zur Entwicklung von systematischen Verbesserungs- und Korrekturmaßnahmen. Audits sind auch ein Werkzeug zur Förderung der bereichsübergreifenden Kommunikation, da Probleme an Schnittstellen aufgedeckt und bearbeitet werden können.

> **Praxistipp**
>
> Der Qualitätsmanagementbeauftragte Ihrer Einrichtung und weitere Personen, die für die Steuerung der Audits verantwortlich sind, sollten dazu durch geeignete Fortbildung qualifiziert sein. Je nach Einrichtungsgröße ist die Schulung von zusätzlichen internen Auditoren oder der Einbezug von externen Prüfern sinnvoll.

Externe Audits sind zum einen **Second-Party-Audits** durch Lieferanten, Kunden oder andere Interessenspartner und dienen zumeist der Auswahl und Bewertung von Lieferanten.

Zum anderen zählen **Third-Party Audits** durch Zertifizierungsstellen oder Behörden zu den extern Auditformen. Im Rahmen dieser Soll-Ist-Vergleiche legt Ihre Einrichtung nach außen dar, ob die Ausführungen in Prospekt, Konzept und Qualitätshandbuch, auch wirklich gelebt und umgesetzt werden und den vorgegebenen Anforderungen und Mindeststandards entsprechen.

Bei allen Audits muss die Unabhängigkeit der Auditoren vom auditierten Unternehmensbereich gewährleistet werden, bei internen Audits sollte möglichst nicht der eigene Arbeitsbereich oder Vorgesetzte auditiert werden. Auch ist es sinnvoll einen Feldexperten mit – Spezialkenntnissen für den auditierten Bereich – und einen Generalisten – mit breitem allgemeinem Fachwissen – zusammen arbeiten zu lassen, um sowohl Übersichtskompetenz als auch tiefes Verständnis für den auditierten Bereich sicherzustellen.

> **Praxistipp**
>
> Wenn sich das QM-System Ihrer Einrichtung im Aufbau oder Umbruch befindet, ist ein Systemaudit möglicherweise (noch) nicht sinnvoll. Eine Auditierung von Teilbereichen, z. B. im Prozess Pflegedokumentation, kann Ihrer Einrichtung aber wertvolle Impulse geben.

Interne Audits sind auch eine gute Vorbereitung für alle Arten von externen **Begehungen und Überprüfungen,** die durch verschiedene Kontrollinstanzen und Behörden erfolgen.

So prüfen uns u. a.
- die Heimaufsicht (Einhaltung des Heimgesetzes),
- das Gesundheitsamt (Hygienerichtlinien und Infektionsschutz),
- der Medizinische Dienst der Krankenkassen im Auftrag der Pflegekassen (Qualität der Pflege, Pflegeeinstufung der Bewohner),
- die Lebensmittelüberwachung, Tierschutz und Veterinärwesen (Lebensmittelhygiene),
- die Brandschutzdienststelle und Bauaufsicht (bauaufsichtliche und sicherheitstechnische Voraussetzung),
- die Berufsgenossenschaften (Unfallverhütungsvorschriften),
- das staatliche Amt für Arbeitsschutz und Sicherheitstechnik (Arbeitsschutzbedingungen
- die oberste Landesgesundheitsbehörde (Umsetzung der Medizinprodukte-Betreiber-Verordnung).

Das Vorspielen falscher Tatsachen ist bei Audits nicht hilfreich. Mitarbeiter sind in Prüfungssituationen oftmals nicht in der Lage eine Fassade aufrechtzuerhalten. Einem geübten Auditor fallen Ungereimtheiten oder Unwahrheiten meist auf und bewirken Misstrauen oder Unmut. In einer Auditsituation ist es Erfolg versprechender selbstkritisch und offen zu Fehlern zu stehen, als zu versuchen diese zu vertuschen.

Viele Mitarbeiter sind unsicher in Audits und Prüfungssituationen. Sie haben Angst vor Wissenslücken oder Blackouts und vermuten, den Fragen der externen Prüfer nicht gewachsen zu sein. Hier vermittelt die Teilnahme und Mitwirkung an internen Audits Praxiserfahrung, Sicherheit und Routine. Den Mitarbeitern wird so deutlich, dass im Audit nicht sie als Person geprüft oder "Schuldige" gesucht werden, sondern das Abläufe, Prozesse, Dienstleistungen bzw. das QM-System beurteilt werden. Wenn Mitarbeiter selbst als interne Auditoren andere Bereiche geprüft haben, wächst das Verständnis für den Prüfer und dessen Fragen. Es gibt aber in jeder Einrichtung Menschen, mit großen Prüfungsängsten und Unsicherheiten. Hier ist es sinnvoller, diese Mitarbeiter externen Auditsituationen nicht auszusetzen.

> **Praxistipp**
>
> Verpacken Sie Auditthemen in ein kleines Quiz oder eine Fragenralley zur kreativen Vorbereitung der Prüfungssituation.

Audittätigkeiten

Sorgfältige Planung und systematisches Vorgehen ist die Voraussetzung für das Gelingen eines Audits, Grundlage ist aber vor allem die wirksame Unterstützung durch die oberste Leitung, um eine genügende Beachtung dieser Tätigkeiten sicherzustellen.

> **Praxistipp**
>
> Um Audits als Führungsinstrument wirksam zu nutzen, hat die oberste Leitung die Verantwortung als Auditauftraggeber zu übernehmen. Dies setzen Sie beispielsweise durch eine Festlegung geeigneter Auditziele, die Unterstützung der Maßnahmenverfolgung und die Wertschätzung von erzielten Fortschritten und Verbesserungen um.

Das nebenstehende Mind Map® differenziert die einzelnen Tätigkeiten im Rahmen der Auditierung.

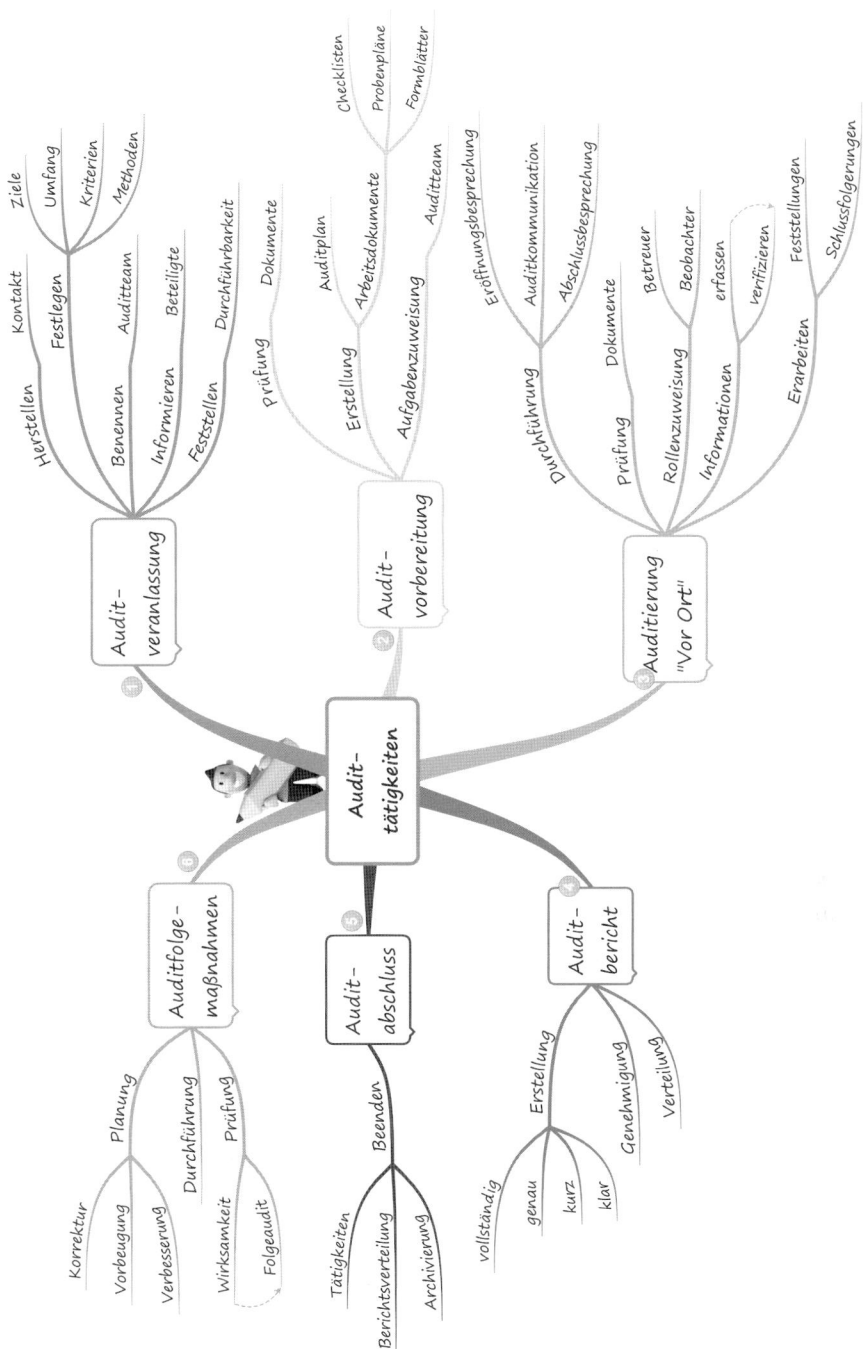

Die Norm beschreibt als typische Audittätigkeiten:
- Veranlassen des Audits
- Vorbereitung auf die Audittätigkeit vor Ort
- Audittätigkeiten vor Ort
- Erstellung, Genehmigung und Verteilung des Auditberichts
- Abschluss des Audits
- Durchführung von Auditfolgemaßnahmen (diese werden im Allgemeinen nicht als Teil des Audits betrachtet).

Praxistipp

Als Auditor sollten Sie sich die im Handbuch beschriebenen Prozesse in der Praxis an einem konkreten Beispiel zeigen lassen. Für einen Nachweis reichen oftmals wenige Stichproben aus, eine grobe Abweichung wird sich so immer zeigen. Für die Stichprobenentnahme sowie weitere Audittätigkeiten und -Methoden gibt Ihnen der Anhang B der DIN EN ISO 19011:2011 zusätzliche Anleitung und Hilfestellung.

Auditdokumente

Sie benötigen für Ihre Audittätigkeiten die folgenden strukturierten Dokumente.

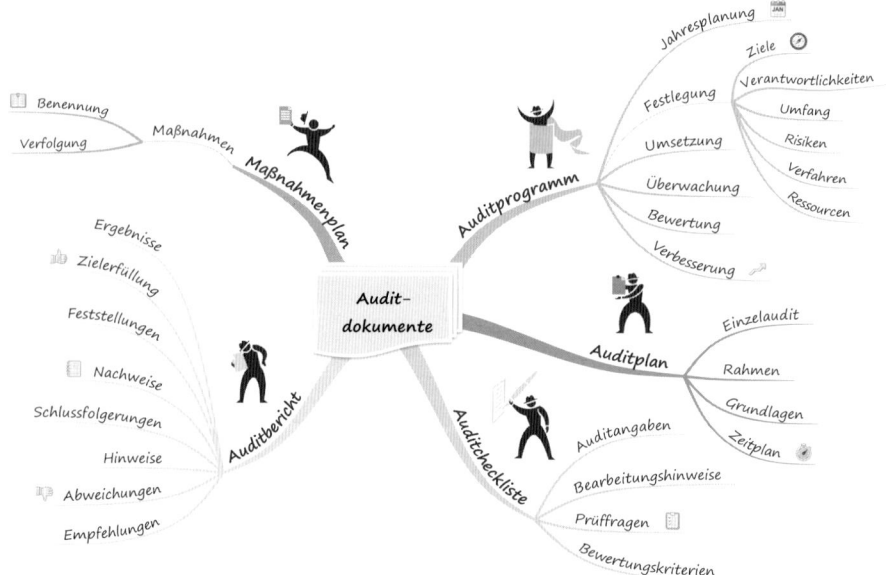

Auditprogramm

Das Auditprogramm ist das Leitungsinstrument zur Lenkung aller Audits in Ihrer Einrichtung. Es beinhaltet die Jahresplanung und gibt den Zeitplan der einzelnen Audits im Laufe des Jahres vor. Es ist sinnvoll, dieses Programm, sowie die weiteren Auditdokumente innerhalb der Steuergruppe abzustimmen und dort die Auditprogrammziele zu bestimmen. Sie können auch andere interne Prüftätigkeiten wie z. B. Hygienebegehungen oder Hauswirtschaftsvisiten über Ihr Auditprogramm mitsteuern und so Doppelprüfungen vermeiden.

Für die Lenkung des Auditprogramms ist eine kompetente Person auszuwählen, die in der Lage ist,
- den Umfang des Auditprogramms angemessen festzulegen,
- die Auditprogrammrisiken zu ermitteln und zu bewerten,
- geeignete Verfahren, Methoden und Ressourcen auszuwählen,
- kompetente Auditteammitglieder zu benennen,
- das Auditprogramm zu bewerten und ggf. zu verbessern.

Auditprogramm „Mustereinrichtung" Jahr: XXXX							
Auditziele:							
Auditumfang:							
Auditgrundlagen:							
Zeitplanung:							
Kapitel/ Thema/ Normpunkt	Auditor	Auditierter Bereich/ Ansprechpartner	Termin/ Datum	Durch-geführt	Nach-audit/ Termin	Durch-geführt	
Pflegekonzept	Frau Würz	Alle Wohnbereiche Frau Eisentraut	KW 10/06				
...	...	...	...	...	...	...	

Auditplan

Im Auditplan finden Sie Informationen zum Ablauf des einzelnen Audits. In der Regel sind dies Angaben zu
- Auditzielen,
- Auditrahmen (Standorte, Bereiche, Prozesse, Ansprechpartner, Auditoren, Datum/Zeit/Ort),
- Auditgrundlagen (Qualitätsziele, Normengrundlagen, QM-Handbuch und QM-Verfahrensanweisungen),
- Zeitplan (inkl. Uhrzeiten, Ansprechpartnern, Bemerkungen, z. B. zu Inhalten und benötigten Dokumenten und Aufzeichnungen).

Der Auditplan steckt die zeitlichen Rahmenbedingungen zur Durchführung des Audits ab und nennt die verantwortlichen Ansprechpartner des Organisationsbereichs. Den Auditoren bleibt es jedoch vorbehalten, bei Bedarf vor Ort zeitliche Änderungen vorzunehmen bzw. weitere als die im Plan genannten Ansprechpartner des Organisationsbereiches zu befragen.

> **Praxistipp**
>
> Als Auditor sollten Sie den Auditplan mit der Einrichtung und den Bereichen abstimmen. Bei einem Audit unterstützen Sie die Vorbereitung für ungeübte Mitarbeiter durch eine Auflistung der benötigten Dokumente und Aufzeichnungen im Auditplan.

Auditcheckliste

In der Auditcheckliste befinden sich die eigentlichen Prüfungsfragen. Sie haben die Möglichkeit, eine eigene Auditcheckliste zu erarbeiten. Hierbei gelten folgende Regeln:
- Verwenden Sie zumeist offene Fragen mit hinterlegten Bewertungskriterien.
- Nutzen Sie nur wenige geschlossenen Fragen für Ja-Nein Entscheidungen.
- Sprechen Sie in den Auditfragen die Sprache der Einrichtung.
- Formulieren Sie kurze und verständliche Fragen.
- Gebrauchen Sie Beispiele, um Fragen zu verdeutlichen.
- Gestalten Sie die Checkliste so, dass Auditfeststellungen direkt dort dokumentiert werden können.
- Arbeiten Sie die jeweiligen Norm- und Gesetzesforderungen ein.

Unseres Erachtens ist es aber effektiver, zeitsparender und in Bezug auf die Erfüllung von Normen und Gesetzten sicherer, vorgefertigte Auditchecklisten zu verwenden.

Die Prüfanleitung für die Qualitätsprüfungen des MDK ist eine ideale Auditcheckliste für den Pflegebereich. Ein Audit mithilfe dieser Prüfanleitung sichert die Konformität mit den rechtlichen Vorgaben des Sozialgesetzbuches XI (SGB XI) und bereitet die Mitarbeiter gleichzeitig auf den „Ernstfall" vor. Der zweite Teil der Anleitung beinhaltet auch gleichzeitig Tipps zu den notwendigen Dokumenten, Prozessen und Ergebnissen und hilft Ihnen sowohl bei der Beantwortung der Fragen wie auch bei der Bewertung.

Zur umfassenden Überprüfung aller Bereiche Ihres Unternehmens ist es sinnvoll, die zu Ihrem QM-System passende Auditcheckliste eines branchenspezifischen Siegels oder Zertifikates zu verwenden. Empfehlenswert ist z. B. die Auditcheckliste „QM für Pflegeeinrichtungen" der Firma EQ Zert, die in Dateiform und mit zusätzlichen Arbeitshilfen erhältlich ist und alle Anforderungen der MDK-Prüfungen enthält.

Als Auditor machen Sie sich vor dem Audit mit der Auditcheckliste vertraut. Bei der Prüfung der Dokumente und während der Prüfung „vor Ort" füllen Sie diese möglichst umfassend aus. Die Checkliste dient als Grundlage für den Auditbericht und verbleibt beim Auditor.

Typische Inhalte einer Auditcheckliste sind:
- Angaben zum Audit (Einrichtung, Leistungen, auditierter Bereich, Anzahl der Mitarbeiter im Bereich, Ansprechpartner, Auditoren, Auditgrundlagen, Zeitraum des Audits…)
- Hinweise zur Bearbeitung (Bewertungsvorgaben, Legende…)
- Fragenteil (Fragen sowie freie Spalten für Angaben zu Regelungen, Feststellungen, eingesehenen Nachweisen, Empfehlungen, Hinweisen, kritischen und unkritischen Abweichungen …)

Beispiel Auditcheckliste						
Nr.	Auditfragen	Regelungen	B	Festlegungen	B	E
1	Dient ein Leitbild als Grundlage der Arbeit der Mitarbeiter im Pflegebereich und wie ist dieses entstanden? Kriterien: ein Leitbild (z. B. Pflegeleitbild) dient als Grundlage, die Mitarbeiter des Bereichs waren an der Erstellung beteiligt.					
2	…					
Legende: B = Bewertung E = Entscheid		(0= nicht erfüllt, 1 = teilweise erfüllt, 2 = akzeptabel, 4 = erfüllt, nr = nicht relevant) (ok = in Ordnung, uA = unkritische Abweichung, kA = kritische Abweichung)				

Auditbericht

Im Auditbericht werden zum Abschluss der Audittätigkeiten die Ergebnisse dokumentiert. Der Bericht geht der obersten Leitung zu und diese entscheidet über die Verteilung in der Einrichtung. Der Auditbericht ist die Grundlage für die Durchführung der angeregten Verbesserungsmaßnahmen.

Der Auditbericht beinhaltet Aussagen zu:
- Auditzielen
- Auditrahmen (Standorte, Bereiche, Prozesse, Ansprechpartner, Auditoren, Datum/Zeit/Ort),
- Auditgrundlagen (Qualitätsziele, Normengrundlagen, QM-Handbuch und QM-Verfahrensanweisungen),
- Angaben, in wie weit Auditkriterien und Ziele erfüllt wurden
- Auditschlussfolgerungen
- Auditfeststellungen und Nachweisen
- Hinweisen, Abweichungen und Empfehlungen

Zusätzlich können weitere Angaben gemacht werden, z.B.:
- Zusammenfassung (Auditprozess, Auditschlussfolgerungen und -feststellungen)
- Verbesserungsmöglichkeiten und identifizierte bewährte Methoden
- Hinweise zur Vertraulichkeit
- Verteilerliste

Praxistipp

Achten Sie darauf, dass Auditberichte kurz und knapp formuliert sind und zu Verbesserungsmaßnahmen anregen. Zu umfangreiche Berichte, komplizierte Beurteilungsmaßstäbe und Zahlenspielereien schrecken ab und verhindern die Nutzung und Umsetzung der Informationen.

Auch nach einer MDK-Prüfung erhalten Sie einen Auditbericht mit Hinweisen zu Maßnahmen und Empfehlungen. Die Maßnahmen werden mit gesetzlichen Vorgaben hinterlegt und müssen von der Einrichtung im Rahmen eines Maßnahmenplanes nachweislich umgesetzt werden. Die Umsetzung der Empfehlungen dagegen wird nicht durch Pflegekassen auferlegt, diese dienen als Anregung zur kontinuierlichen Verbesserung und können von der Einrichtung umgesetzt werden.

Maßnahmenplan

Mithilfe eines Maßnahmenplans verfolgen Sie die im Bericht angeregten Maßnahmen in Ihrer Einrichtung und stellen die Verfolgung der Korrektur- und Verbesserungsmaßnahmen sicher.

Muster Maßnahmenplan					
Nr.	Maßnahmenbeschreibung	Verantwortung	Terminierung	Status	Ergebnis / Bewertung der Wirksamkeit
1	Überarbeitung des Standards zur Pflegedokumentation	PDL	Bis zur 20. KW	In Bearbeitung	
...	...	...	...	...	...

> **Praxistipp**
>
> Sie können den Maßnahmenplan in den Auditbericht integrieren, separat führen oder in den zentralen Maßnahmenplan der Einrichtung mit aufnehmen. Die Integration aller Einzelpläne in den zentralen Maßnahmenplan ist sehr hilfreich, um die einzelnen Maßnahmen nicht aus den Augen zu verlieren und gemeinsam zu lenken. Die Steuerung kann über Word, Excel oder eine spezielle Software erfolgen.

Managementbewertung

Zielsetzung

Die Managementbewertung ist ein Führungsinstrument der DIN EN ISO 9001:2008, früher hieß diese Bewertung auch Managementreview. Zielsetzung, Eingaben und Ergebnisse werden in Abschnitt 5.6. der Norm beschrieben. Im Rahmen der Bewertung überprüft und beurteilt die oberste Leitung rückwirkend das QM-System der Einrichtung auf der Grundlage von Daten und Fakten. Dies soll in geplanten Abständen zumindest jährlich erfolgen. Die Bewertung kann aber auch öfter stattfinden und sollte in die weiteren Bewertungen Ihres Managementsystems und Ihre Kommunikationsstruktur eingebunden sein.

Zielsetzung ist die Verbesserung der Wirksamkeit des QM-Systems und seiner Prozesse sowie Dienstleistungs- und Produktverbesserung in Bezug auf die Anforderungen der

Kunden und den Ressourcenbedarf. Die oberste Leitung erhält durch die Bewertung einen Überblick über den Stand und die Wirksamkeit des QM-Systems. Anhand der gewonnen Informationen ist es möglich geeignete Maßnahmen zur Weiterentwicklung, zu Planungstätigkeiten und Verbesserungsmöglichkeiten abzuleiten.

Vorbereitung der Eingaben

Die Grundlage zur Eingabe in die Managementbewertung ist die Auswahl und Festlegung der für die Bewertung notwendigen Informationen und Fakten. Zur Vorbereitung ist es erforderlich diese Daten zu ermitteln, auszuwerten und aufzuarbeiten. Dazu ist es sinnvoll ein wirksames Datenanalyse- und Controllingsystem für die gezielte und kontinuierliche Lenkung wichtiger Zahlen, Fakten und Informationen zu installieren. Die Eingaben der Managementbewertung sollten dort als feste Bestandteile integriert werden. Die Verantwortung für die Aufbereitung der Daten zur Vorbereitung sollte eindeutig den jeweiligen Beteiligten zugewiesen werden und über ein Berichtswesen gesteuert werden.

Die Norm schreibt bestimmte Eingaben vor:
- Ergebnisse interner und externer Audits z. B. des MDK, des Gesundheitsamtes oder der Heimaufsicht, aber auch aus Bereichs- und Systemaudits, Pflege- oder Hauswirtschaftsvisiten, Hygiene- und Sicherheitsbegehungen.
- Rückmeldungen von Kunden oder Leistungsempfängern in jeglicher Form z. B. Auswertungen von Kundenbefragungen oder dem Beschwerdemanagement, Wünsche des Bewohnerbeirats oder Ergebnisse der Auswertungen der Eingewöhnungsphase der Bewohner.
- Bewertungsergebnisse von Prozessen und Leistungen, gemessen an den Unternehmenszielen z. B. durch Kennzahlen zur Auslastung oder zu Krankheits- und Fluktuationsquote, durch Ermittlung der Zielerreichungsgrade in den verschiedenen Bereichen und durch Erhebung von Daten in Bezug auf die Mitarbeiterzufriedenheit.
- Stand der Folgemaßnahmen vorangegangener Managementbewertungen, z. B. in Form eines Soll-Ist Abgleichs.
- Status der Umsetzung eingeleiteter Vorbeugungs- und Korrekturmaßnahmen, die sich beispielsweise aus dem Fehler- und Beschwerdemanagement ergeben haben.
- Geplante Änderungsmaßnahmen, die sich auf das QM-System auswirken könnten, z. B. konzeptionelle Änderungen.
- Empfehlungen zur Verbesserung aus weiteren Quellen, z. B. aus der Qualitätszirkelarbeit.

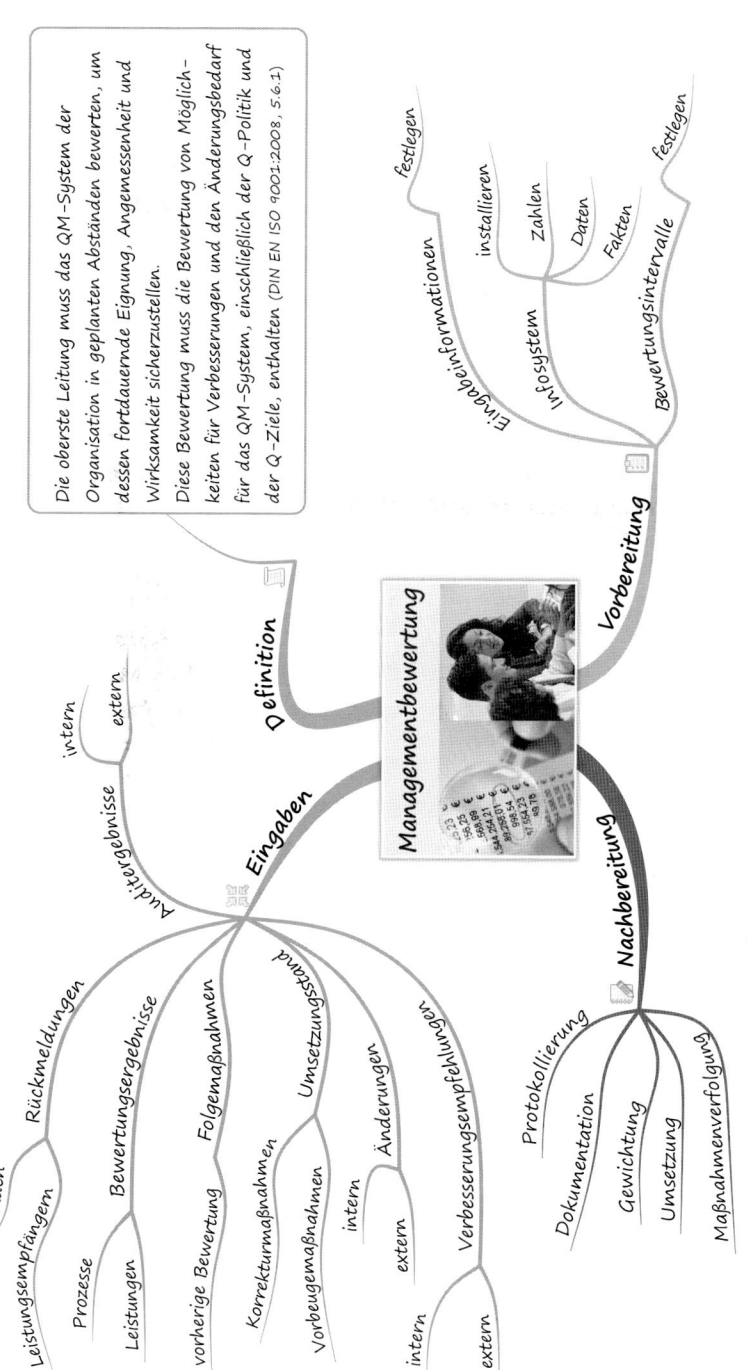

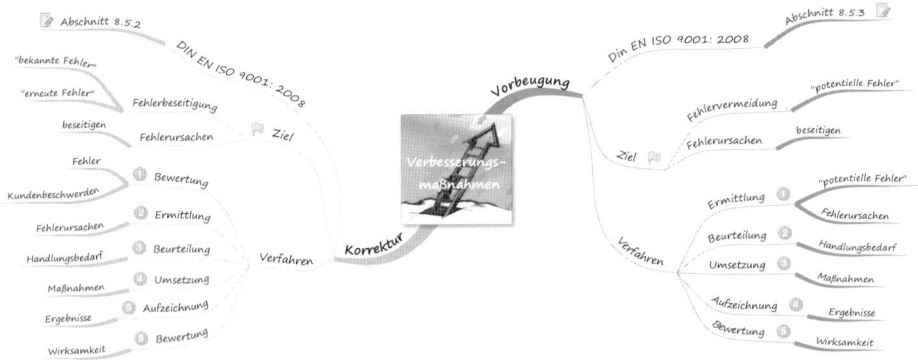

Zusätzlich können Sie noch weitere Informationen als Eingaben verwenden:
- Benchmarking-Ergebnisse
- Wettbewerbs- und Marktanalysen
- Lieferantenbeurteilungen
- Ergebnisse strategischer Partnerschaften
- Vorschläge von Mitarbeitern z. B. aus dem betrieblichen Vorschlagswesen
- Erwartungen aus dem Umfeld der Einrichtung oder von weiteren Interessenspartnern
- Veränderte gesetzliche Vorgaben
- Neue oder aktualisierte Expertenstandards
- Neue Technologien z. B. zur elektronischen Erfassung der Pflegedokumentation
- Politische und gesellschaftliche Veränderungen
- Wirtschaftliche Vorhersagen

Praxistipp

Werten Sie die notwenigen Eingaben vor der Managementbewertung effektiv aus und stellen Sie die Ergebnisse ansprechend dar. So sparen Sie Zeit bei der Durchführung der Managementbewertung und bei der Ermittlung der notwendigen Ziele und Maßnahmen.

Durchführung der Bewertung

Die Bewertung muss von der obersten Leitung vorgenommen werden und kann beispielsweise innerhalb einer Sitzung der Steuergruppe erfolgen, dies dauert bei guter

Vorbereitung ca. zwei bis drei Stunden. Dabei diskutieren Sie die einzelnen Eingaben aus den verschiedenen Bereichen des QM-Systems gemeinsam, gewichten und bewerten diese. So kann beispielsweise anhand der Fortbildungsstatistik und Auswertung der Rückmeldungen der Teilnehmer des letzten Jahres überprüft werden, ob Vorgaben des einrichtungseigenen Fortbildungskonzeptes sowie gesetzliche Vorgaben zu Pflichtfortbildungen erfüllt wurden. Diese Erkenntnisse könnten zu Erweiterungen des kommenden Fortbildungsangebotes oder zur Veränderung der Methoden der Mitarbeitermotivation führen.

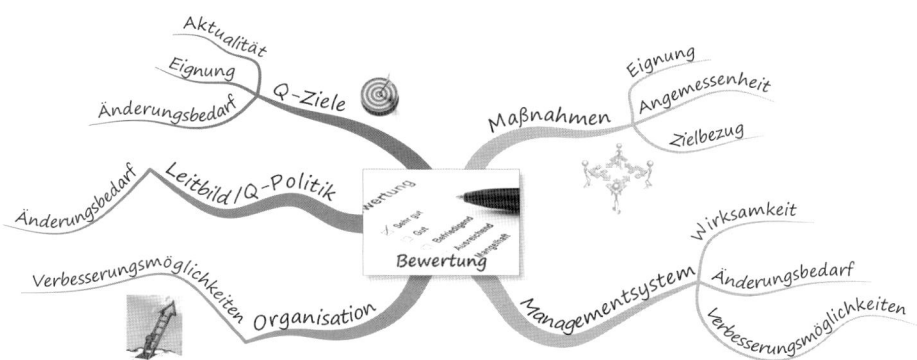

Im Rahmen der Managementbewertung prüfen Sie sowohl die Eignung und Angemessenheit der festgelegten, als auch der realisierten Maßnahmen zur Erreichung der Unternehmensziele und zur Verwirklichung des QM-Systems. Dies gibt Aufschlüsse über die Wirksamkeit des Managementsystems und zeigt Verbesserungsmöglichkeiten für das QM-System und das gesamte Unternehmen auf. Auch Änderungsbedarfe bei Leitbild, Qualitätspolitik und -zielen werden im Rahmen der Bewertung deutlich.

Aufgrund der Bewertung wird über Entwicklungsziele für das Folgejahr entschieden. Als effektives und übersichtliches Arbeitsinstrument zur Ermittlung der Ziele können Sie beispielsweise eine **Balanced Scorecard** nutzen. Die Perspektiven der Balanced Scorecard können Sie strukturiert mithilfe einer Mind Map® erfassen, dabei helfen Ihnen folgende Fragen:

Finanzen
- Auf welche finanziellen Ergebnisse ist unsere Strategie ausgerichtet?
- Was fordern Kapitalgeber und Träger?
- Wie sichern wir uns gegen finanzielle Risiken ab?

Prozesse
- Was müssen wir bei der Prozessgestaltung beachten?
- Wie setzen wir mithilfe der Prozesse unsere Strategie um?
- In welchen Prozessen müssen wir hervorragend sein?

Lernen und Entwicklung
- Wie gewährleisten wir die Kompetenz und Zufriedenheit unserer Mitarbeiter?
- Wie fördern wir die Wertebasis unserer Einrichtung?
- Wie muss unsere Organisation- und Kommunikationsstruktur beschaffen sein?
- Wie stärken wir unsere Fähigkeiten, um ständige Verbesserung voranzutreiben und mit Veränderungen umzugehen?

Kunden
- Wie wollen wir von unseren Kunden wahrgenommen werden?
- Welche Wünsche und Erwartungen haben unsere Kunden?
- Welchen Stellenwert wollen wir bei unseren Kunden erreichen?

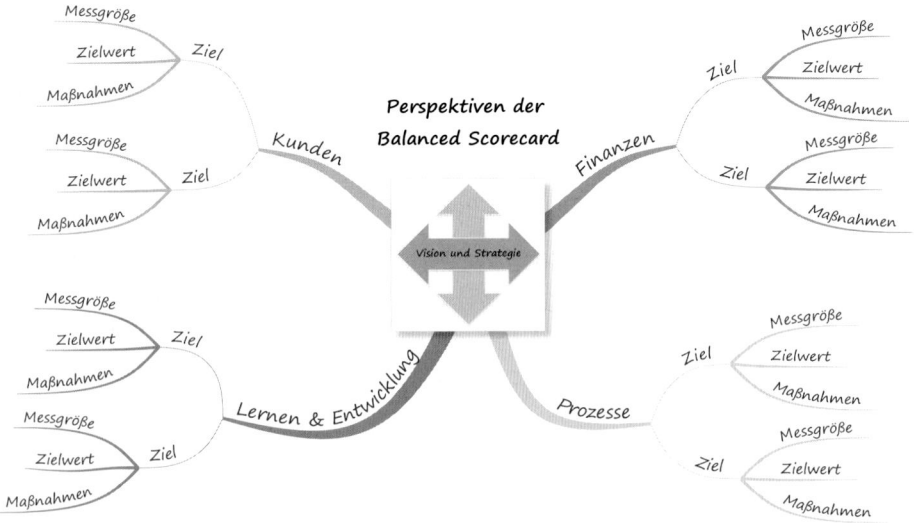

Ergebnisse der Bewertung

Aus den Ergebnissen der Bewertung müssen Entscheidungen und Maßnahmen abgeleitet werden. Zum einen zur Verbesserung der Wirksamkeit des QM-Systems und seiner Prozesse, aber auch zur Produkt- und Dienstleistungsverbesserung in Bezug auf die

Kundenanforderungen und den Bedarf an Ressourcen. Die Durchführung der Managementbewertung und deren Ergebnisse sind zu protokollieren.

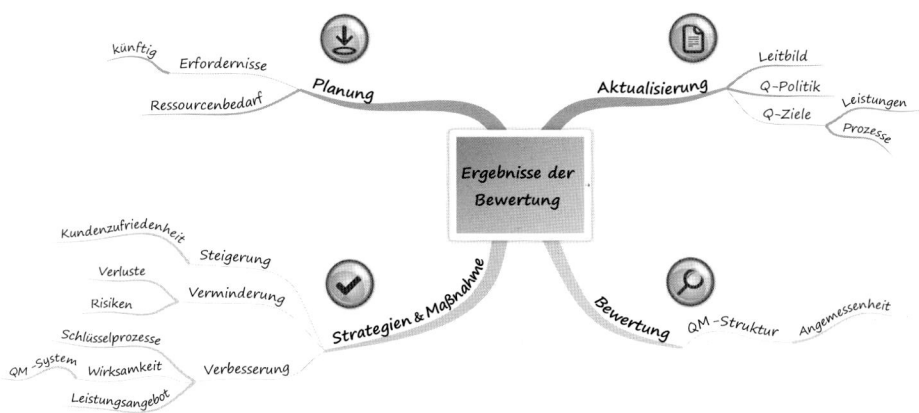

Praxistipp

Benennen Sie Ihre zentralen Ziele sowie die Ziele für die einzelnen Bereiche und dokumentieren Sie die zur Zielerreichung notwendigen Maßnahmen in einem zentralen Maßnahmenplan.

Zentraler Maßnahmenplan für das Jahr 2013 (Ergebnis der Managementbewertung vom 24.01.2013)				
Ziel	Maßnahmen	Verantwortlicher	Beteiligte	Status/Termine/ Bewertung der Wirksamkeit
Verbesserung der Beschwerdebearbeitung mit dem Ziel in diesem Jahr 15 % mehr dokumentierte und bearbeitete Beschwerden zu erreichen	Schulung der Mitarbeiter der einzelnen Arbeitsbereiche im Umgang mit dem Beschwerdebogen (zur Steigerung der Verwendung des Bogens) im Rahmen des Fortbildungsprogramms	Fortbildungsbeauftragter	Alle Mitarbeiter	
	Halbjährliche Auswertung der Beschwerdeprotokolle	Qualitätsmanagementbeauftragter	Heimleiter	
…	…	…	…	

Fehlerquellen

Es gibt bei der Managementbewertung typische Fehlerquellen, die Sie vermeiden sollten, um die Wirksamkeit der Bewertung zu erhöhen. Achten Sie dazu auf die folgenden Hinweise:

- die ermittelten und festgelegten Eingaben sollten geeignet sein das Managementsystem Ihrer Einrichtung umfassend zu bewerten,
- richtungweisende Frühindikatoren sind zu berücksichtigen,
- die Ergebnisse der Bewertung sollten zu Entscheidungen und Maßnahmen führen und nicht nur Feststellungen enthalten,
- die Wirksamkeit der Managementbewertung als Führungsinstrument muss erkannt und genutzt werden,
- die Managementbewertung sollte nicht als Zusatzaufwand für Zertifizierer oder Kapitalgeber verstanden werden, sondern sollte Teil des Managementsystems Ihrer Einrichtung sein.

Selbstbewertung und Benchmarking

„Wenn Du Deinen Feind kennst und Dich selber kennst, brauchst Du das Ergebnis von 100 Schlachten nicht zu fürchten." (Sun Zu)

Selbstbewertung

Selbstbewertung ist eine systematische Analyse der Schwächen und Stärken z. B. mithilfe von umfassenden Checklisten. Die Bewertung wird durch die oberste Leitung initiiert und vorgenommen, dies sollte in regelmäßigen (jährlichen) Abständen erfolgen. Bereiche für Verbesserungen und Innovationen können gefunden, Maßnahmen priorisiert und abgeleitet werden. Sie können also mithilfe einer Selbstbewertung die Leistungen Ihres bestehenden QM-Systems weiter verbessern und in Richtung Total Quality Management entwickeln.

Eine Selbstbewertung erweitert die internen Audits, um immaterielle und umfassende Aspekte, die das gesamte Unternehmen betreffen. Sie stellt nach den Vorgaben der DIN Norm aber keine Alternative zu den objektiven Nachweisen durch interne und externe Audits dar, da die Beantwortung der Fragen ausschließlich die Meinung der Befragten beinhaltet.

Fragebögen als Methode zur Selbstbewertung

Das wichtigste Handwerkszeug für eine schnelle und kostengünstige Durchführung der Selbstbewertung sind bereits bewährte Fragebögen. Sie können einfache Ja/Nein Fragebögen verwenden oder auch aufwändigere Checklisten mit hinterlegten Bewertungsskalen.

Folgende etablierte Fragebögen bieten eine gute Referenz für Einrichtungen der Altenpflege und können auf die gesamte Organisation, das QM-System oder auf Teilbereiche angewendet werden:

- Für das EFQM-Modell gibt es Checklisten, die für die Selbstbewertung genutzt werden können. Die Nutzung dieser Checklisten ist auch als Vorbereitung zur Initiierung der Bewerbung für Qualitätspreise sinnvoll.
- Im Anhang der DIN EN ISO 9004:2009 finden Sie ein Werkzeug zur Selbstbewertung, mit dem Sie den Reifegrad Ihrer Einrichtung anhand von fünf Graden erfassen können. Dieser Leitfaden umfasst alle relevanten Schlüsselelement des QM-Systems sowie die Abschnitte 4 bis 9 der ISO 9004:2009.
- Als Arbeitshilfe zur Selbstreflexion und systematischen Auseinandersetzung mit der Charta der Rechte hilfe- und pflegebedürftiger Menschen können Sie den Leitfaden zur Selbstbewertung nutzen, der auf den Internetseiten der Pflege-Charta kostenfrei heruntergeladen werden kann.
- Hilfreich zur Einschätzung Ihrer Einrichtung in Bezug auf Service Excellence und Kundenbegeisterung sind die in Anhang A der DIN SPEC 77224 veröffentlichten Checklisten zur Selbstbewertung.

Praxistipp

Nutzen Sie, je nach gewähltem QM-System oder Bewertungsanlass, die entsprechende vorgefertigte Checkliste als Vorlage und passen Sie diese an Ihre unternehmensspezifischen Ziele an.

Vorteile der Selbstbewertung mithilfe einer Checkliste sind die schnelle und einfache Anwendung, in die problemlos viele Mitarbeiter einbezogen werden können. Somit erhalten Sie eine Vielzahl von Verbesserungsmöglichkeiten sowie die Möglichkeit eines gezielten, speziell auf Ihre Einrichtung zugeschnittenen Feedbacks innerhalb Ihrer Organisation.

Durch die Nutzung gemeinsamer Checklisten zur Selbstbewertung wird der Vergleich mit Ergebnissen anderer Unternehmen im Rahmen von Benchmarking möglich.

Typische Schritte zur Durchführung einer Selbstbewertung zeigt das folgende Mind Map®.

Praxistipp

Die Resultate der Selbstbewertung können Sie mit den Ergebnissen aus externen Prüfungen, Kundenbefragungen und Audits koppeln und für eine systematische Qualitätsberichterstattung nutzen. Mit einem solchen Qualitätsbericht können Sie nach Innen und Außen darstellen, wie Sie Ihr Qualitätsverständnis umsetzen und so Ihr Einrichtungsprofil über die externen Bewertungen hinaus transparent verdeutlichen. Zudem erhalten Sie ein wertvolles Instrument zur Strategieentwicklung und Förderung der ständigen Verbesserung.

Benchmarking

Benchmarking ist eine Form des systematischen Vergleichens und Messens der eigenen Dienstleistungen und Prozesse mit den besten Wettbewerbern oder anerkannten Marktführern. Stärken und Schwächen eines Unternehmens werden mithilfe eines Referenzwertes, dem Benchmark gemessen und für Vergleiche genutzt. Es geht hierbei um die Identifikation von besten Praktiken, die nach erfolgter Anpassung ins eigene Unternehmen übertragen werden können und zur Formulierung von Zielen und Maßnahmen zur Leistungssteigerung führen.

Benchmarking – Begriffliche Grundlagen	
Bench	Sitzbank, Werkbank
Mark	Bewerten, Markierung (auf einer Werkbank oder eine bekannte Position in der Landvermessung)
Benchmark	Referenzpunkt einer gemessenen Bestleistung
Definition	Suche nach Lösungen, die auf den besten Methoden und Verfahren basieren und ein Unternehmen zu Spitzenleistungen führen
Ergänzung	Benchmarking ist der kontinuierliche Prozess, Produkte, Dienstleistungen und Praktiken zu messen, gegen den stärksten Mitbewerber oder diejenige Firmen, die als besser angesehen werden

Entwicklung des Benchmarking

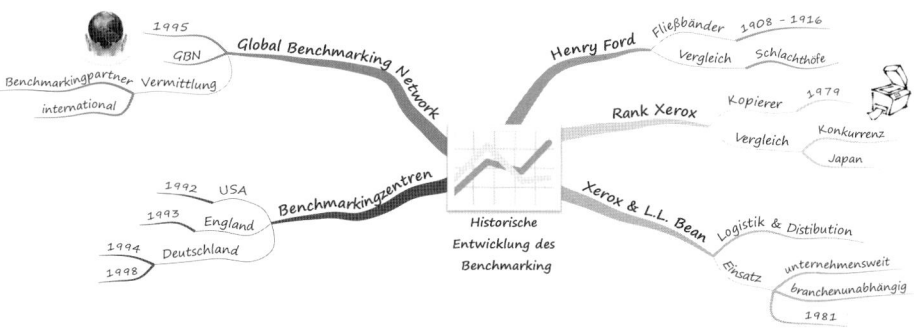

Dem visionären aber auch eigenwilligen Unternehmer Henry Ford wird eine der ersten Umsetzungen der für ein branchenübergreifendes Benchmarking typischen Vorgehensweise zugeschrieben. So soll er bei einem Besuch in den Schlachthöfen von Chicago, wo Rinder- und Schweinehälften mit Einschienenhängebahnen von Arbeiter zu Arbeiter transportiert wurden, auf die Idee gekommen sein, Autos am laufenden Band zu produzieren und Fließbänder in der Automobilindustrie einzuführen.

Benchmarking als Begriff wurde 1979 durch die Firma Rank Xerox geprägt, als diese Prozesse zur Herstellung von Kopieren mit der deutlich günstigeren japanischen Konkurrenz verglich und als Ergebnis radikale und erfolgreiche neue Ziele formulierte. 1981 wurde von Xerox das erste erfolgreiche branchenunabhängige Benchmarkingprojekt mit einem Unternehmen aus den Bereichen Logistik und Distribution umgesetzt.

Seit Anfang der 90er Jahre stieg, da die Teilnahme an Qualitätspreisen teilweise Benchmarking voraussetzt, die Nachfrage nach Benchmarkingprojekten in den USA und der westlichen Welt. Dies führte zur Gründung von nationalen und internationalen Benchmarkingzentren.

Einen branchspezifischen Benchmarkingansatz für die Altenpflege bietet beispielweise die BFS Service GmbH an, dort wird ein Bogen mit Fragen zu Pflege und Betreuung, Speisenversorgung, Gebäudereinigung, Wäschereinigung, Verwaltung und technischem Dienst bereitgestellt. Für jeden Leistungsbereich werden Leistungsindikatoren und die Kosten abgefragt, die über einen Benchmarkingserver mit den Ergebnissen anderer Einrichtungen verglichen werden können. Weitere Benchmarkingprojekte für das Gesundheitswesen gibt es zur Anwendung der Pflege-Charta und zum EFQM-Benchmarking.

Benchmarkingformen

Im Rahmen von Benchmarking können Sie einzelne Produkte, Dienstleistungen, Prozesse, das Gesamtkonzept oder auch bestimmte Leistungsgrößen, wie die Kundenzufriedenheit oder die Auslastung Ihres Unternehmens beleuchten.

Intern
Die einfachste Form des Benchmarking ist das interne Benchmarking, da Informationen innerhalb des Unternehmens problemlos für den Vergleich von Prozessen oder Funktionen beschafft werden können. So können Sie beispielsweise die Ergebnisse der Wohnbereiche innerhalb einer Einrichtung miteinander vergleichen, oder auch gleichartige Bereiche in verschiedenen Einrichtungen desselben Trägers. Der Informationsgewinn wird aber durch Ihre eigenen internen Strukturen und Fähigkeiten begrenzt.

Extern
Für ein externes, konkurrenzbezogenes Benchmarking könnten sich beispielsweise Altenpflegeeinrichtungen in einer Stadt miteinander vergleichen. Die daraus gewonnen Daten sind zwar vergleichbar, führen aber im besten Fall „nur" zu einem Gleichziehen mit der Konkurrenz. Diese Art der Datensammlung gestaltet sich zudem durch die Wettbewerbssituation untereinander oftmals etwas schwierig.

Durch ein branchenorientiertes Benchmarking mit Anbietern aus anderen Städten oder Bundesländern, bzw. mit anderen Anbietern aus dem Gesundheitswesen, wie ambulanten Diensten oder Krankenhäusern entgehen Sie den Problemen der direkten Konkurrenzsituation. Hierbei gibt es aber häufig Probleme bei der Vergleichbarkeit der Systeme, Dienstleistungen und Prozesse.

Bahnbrechende Neuerung und Spitzenleistung finden Sie eher beim Benchmarking mit branchenfremden Unternehmen. Hier sind jedoch die Auswahl und das Aufspüren geeigneter Unternehmen schwieriger. Es geht darum vergleichbare Dienstleitungen oder Prozesse zu bestimmen und zu messen, z. B. die hauseigene Gestaltung der Wäscheversorgung mit der Umsetzung des Wäschekreislaufs durch eine Großwäscherei.

> **Praxistipp**
>
> Beginnen Sie mit einem internen Benchmarking, um Widerstände gegen die Methode abzubauen sowie Elemente und Nutzen für ein externes Benchmarking deutlich zu machen.

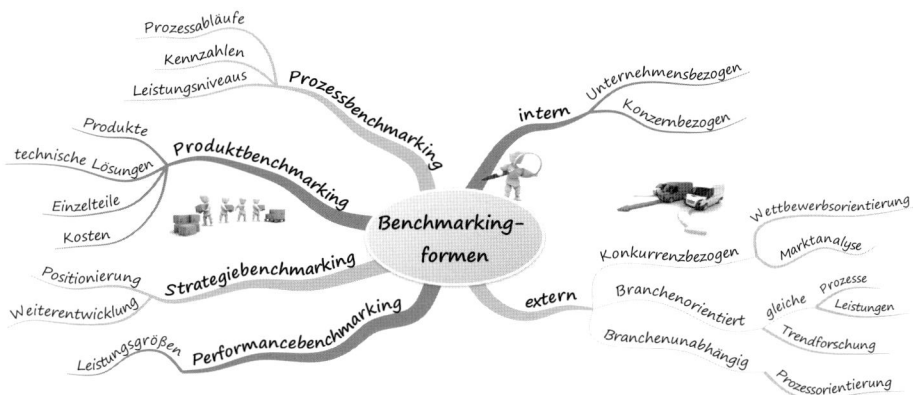

Was macht Benchmarking erfolgreich?

Die Elemente des Benchmarkingprozesses sichern den Erfolg der Methode. Nach Festlegung der grundlegenden Zielsetzung, können Sie verschiedenste Möglichkeiten zur Analyse von Unternehmen und Geschäftsabläufen nutzen, beispielsweise eine Selbstbewertung oder die Befragung von Kunden und Mitarbeitern. Die bei der Analyse gewonnen Daten zu Stärken und Schwächen verwenden Sie anhand von Referenzwerten, objektiv und systematisch zum Leistungsvergleich mit dem Benchmarkingpartner. So haben Sie die Chance beste Praktiken zu identifizieren und diese durch geeignete

Ziele und Maßnahmen in Ihrem Unternehmen zu etablieren. Dies verbessert Ihre Unternehmensstruktur sowie den Unternehmenserfolg und ermöglicht die Integration von Unternehmenszielen und Visionen.

Eine nicht zu unterschätzende Erfolgsquelle sind Erfahrungen und Erkenntnisse die Mitarbeiter Ihres Unternehmens im Rahmen der Aktivitäten erlangen. Die Einbindung in Benchmarkingteams und -zirkel fördert die Motivation und bewirkt ein verbessertes Verständnis für die eigenen Prozessabläufe.

Fazit

Benchmarking ist eine moderne und hilfreiche Managementmethode, die aber nach wie vor in Deutschland noch nicht flächendeckend verbreitet ist. Auch im Bereich der Altenpflege befindet sich die Benchmarkingidee weiterhin im Anfangsstadium und etabliert sich nur langsam über geförderte Projekte und die steigende Teilnahme von Einrichtungen an EFQM-Qualitätspreisen. Problematisch bei der Umsetzung von Benchmarkingprojekten sind die relativ hohen Kosten, die Schwierigkeiten beim Austausch sensibler Daten und der Auswahl von vergleichbaren Partnern.

Eine wichtige Aufgabe ist weiterhin die Sammlung und Streuung von Benchmarkingergebnissen, damit zum einen Benchmarkingpartner an eine breitere Datenbasis gelangen und zum anderen die Öffentlichkeit über die nutzbringenden Wirkungen erfolgreicher Benchmarkingprozesse informiert wird. Wenn Sie sich für ein externes Benchmarking interessieren, empfiehlt sich der Einstieg in eines der bereits laufenden Projekte, sowie die Unterstützung durch einen erfahrenen Fachberater für den Bereich der Altenpflege.

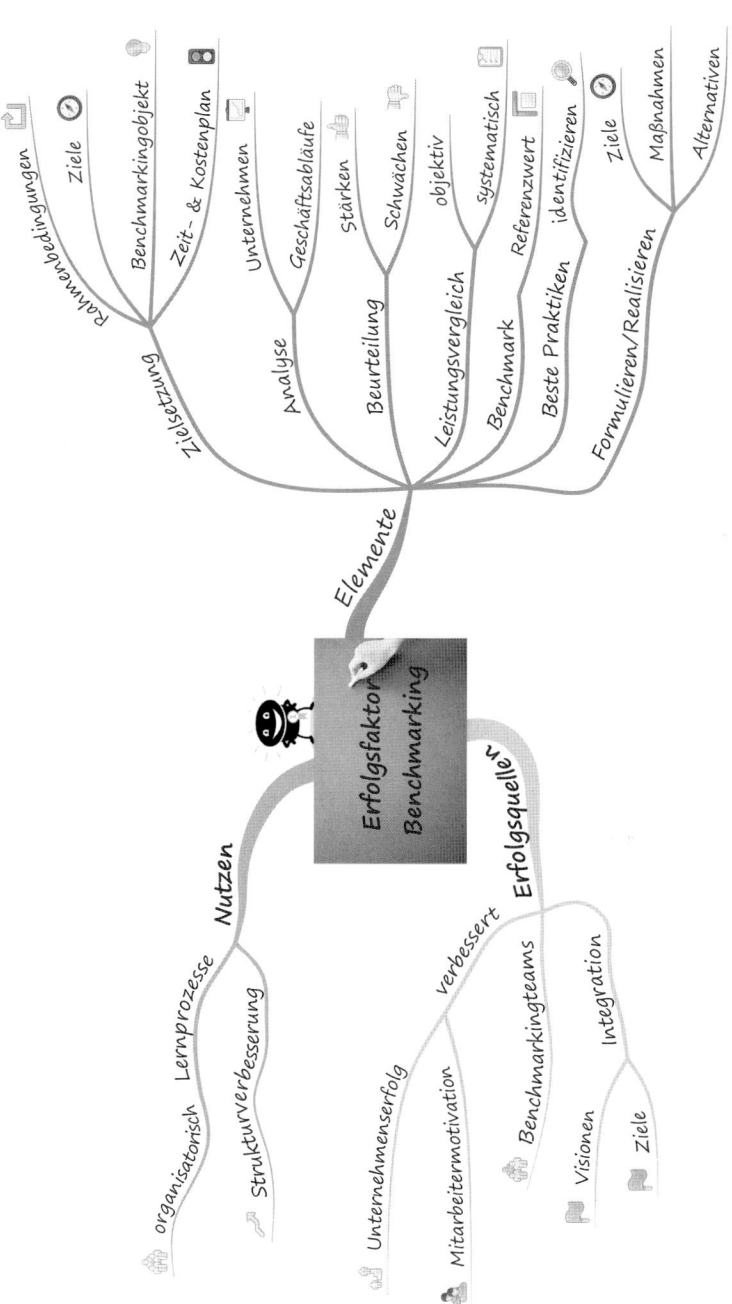

Qualitätsphilosophien

Die Grundlage für die Umsetzung von Qualitätsmanagementsystemen liefern uns die in Japan entstandenen Qualitätsphilosophien. Sie sollen das Mitarbeiterverhalten und die Unternehmenskultur durch Denk- und Verhaltensnormen positiv prägen. Diese Denkmodelle bieten keine eindeutig definierten Vorgehensweisen, sondern basieren auf einer qualitätsaktivierenden Haltung und Arbeitsmentalität.

Wir stellen Ihnen den amerikanischen Qualitätspionier William Deming vor, dessen Qualitätsansätze über den PDCA-Zyklus sogar in die MDK-Anleitung eingeflossen sind. Mit dem Kaizen zeigen wir Ihnen eine aus Japan stammende, prozessorientierte Denkweise und Geisteshaltung auf, die auf dem Prinzip der kontinuierlichen Verbesserung beruht. Als dritte Qualitätsphilosophie gehen wir auf das Total Quality Management ein, dass die umfassendste aller Qualitätsstrategien beschreibt.

Es gibt weitere interessante Qualitätspioniere, ohne deren engagierte Arbeit die Entstehung des modernen Qualitätsmanagements nicht möglich gewesen wäre, beispielsweise:
- Walter Andrew Shewhart, der die Anwendung statistischer Methoden entscheidend beeinflusst hat und die Control Chart entwickelte,
- Kauro Ishikawa, der die Methode der Qualitätszirkelarbeit und die sieben Qualitätstechniken begründete,
- Genichi Taguchi, der sich mit qualitätsbedingten Verlusten befasste,
- Taiicho Ohno und Shigeo Shingo, die für das Toyota Production System (TPS) stehen und sich unter anderem mit Vermeidung von Verschwendung (7 Muda) und Fehlern (Poka Yoke) auseinander gesetzt haben,
- Philip B. Crosby, der 14 Managementregeln mit der Zielsetzung „Null Fehler" zu erreichen beschrieben hat.

> **Praxistipp**
>
> Wenn Sie sich für diese Persönlichkeiten und Ihre Errungenschaften interessieren und Ihr Wissen vertiefen möchten, können wir Ihnen die Lektüre des Buches „Grundlagen Qualitätsmanagement" von Hans-Dieter Zollondz als wissenschaftlich fundiertes und anregend geschriebenes Kompendium empfehlen.

Demings Management-Programm

„Wenn Japan kann, warum wir nicht" (William E. Deming)

Der Amerikaner William E. Deming zählt zu den Begründern der weltweiten Qualitätsbewegung und war in den 50er Jahren maßgeblich am Wiederaufbau der japanischen Wirtschaft beteiligt. Dort entwickelte er, auf der Grundlage seiner zutiefst am Menschen orientierten und religiösen Haltung, eine aus verschiedenen Bestandteilen bestehende Unternehmensphilosophie. Demings Lehren revolutionierten die Qualität, Produktivität und Kundenorientierung der japanischen Volkswirtschaft.

Seine Ideen zum Prinzip der ständigen Verbesserung beeinflussten die japanische Kaizen-Philosophie. Ihm zu Ehren wird seit 1951 jährlich der japanische Deming Preis als „Deming Applications Prize" oder „Deming Prize For Individuals" für die erfolgreiche Umsetzung von umfassenden Qualitätskonzepten verliehen. Unter dem Namen „Demings Management-Programm" erlangte seine Unternehmensphilosophie seit den 80er Jahren auch in der westlichen Welt Anerkennung und Aufmerksamkeit.

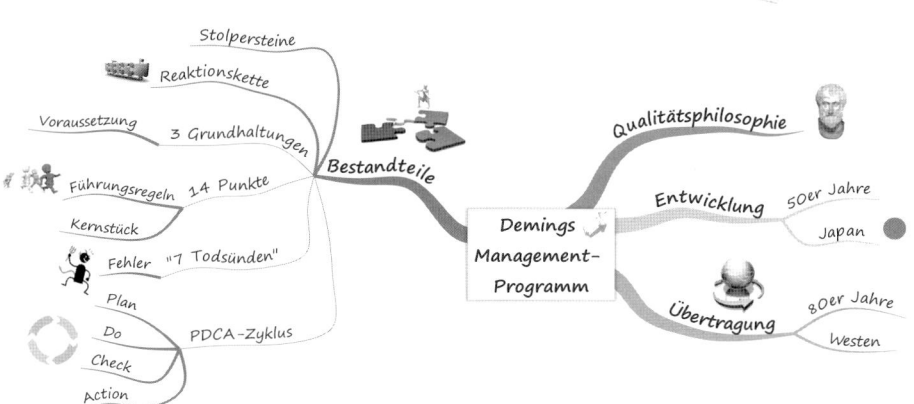

Die Grundaussagen von Deming sind in einigen Punkten nicht neu und ebenso simpel wie einleuchtend. Sie revolutionierten jedoch durch die effektive Zusammenstellung das bisherige betriebsorganisatorische Denken, und lenken den Blick auf den Produktionsprozess als zusammengehörendes System.

Für den Historiker und Pulizerpreisgewinner Daniel J. Boorstin, ist Demings Management-Programm der Auslöser für die letzte, der neun markantesten Trendwenden, der vergangenen zwei Jahrtausende. Die Reihe der Trendwenden beginnt mit Apostel Paulus, der in der Mitte des ersten Jahrhunderts das Evangelium von Jesus Christus in das Römische Reich hinaustrug. Sie endet mit William E. Deming, dessen revolutionäre Gedanken zur Qualität von Produkten und Dienstleistungen die Kräfteverhältnisse in der Weltwirtschaft neu ordneten.

> „Dr. Deming wird von der Nachwelt als diejenige Persönlichkeit anerkannt werden, welche die Weltwirtschaft des 20. Jahrhunderts am stärksten beeinflusst hat."
> (John Witney)

In Deutschland und insbesondere im Dienstleistungsbereich haben nach wie vor nur wenige Unternehmen und Einrichtungen Demings Philosophien umfassend in ihrer Unternehmensstrategie verankert. Uns ist es aber ein Anliegen, Ihnen diese inspirierende und auf die soziale Verantwortung von Unternehmen abzielende Philosophie vorzustellen. Sie ist, obwohl schon in den 50er Jahren entstanden, noch heute aktuell. Vertiefende Informationen zu Demings Lebenswerk, dessen Verbreitung und Wirkungen finden Sie auf der übersichtlichen und informativen Internetseite www.deming.ch.

Praxistipp

Lassen Sie sich bei der Umsetzung der Qualitätsaufgaben von einer der Qualitätsphilosophien leiten und inspirieren. So setzen Sie nicht nur Techniken und Gesetze um, sondern transportieren auch menschliche Kompetenz und Wertschätzung in Ihre Einrichtung.

Grundhaltungen

> „Sie können keine Qualität installieren, Sie können bestenfalls daran arbeiten."
> (William E. Deming)

Deming hat seine Qualitätsphilosophie in drei Grundhaltungen eingebettet, die Sie unbedingt bei der Umsetzung in die Praxis beachten sollten.

Die drei Grundhaltungen — William E. Deming

1. Jede Aktivität kann als Prozess gesehen und immer weiter verbessert werden.
2. Problemlösungen allein genügen nicht, fundamentale Veränderungen sind erforderlich.
3. Die oberste Leitung muss handeln, es reicht nicht aus, dass sie nur die Verantwortung übernimmt.

Diese Überzeugungen und den von Deming propagierten Gesinnungswandel (Paradigmenwechsel) finden Sie anschaulich in den folgenden Aussagen wieder.

Paradigmen

1. Zusammenarbeit statt Konkurrenz
2. Alle gewinnen durch Zusammenarbeit
3. Du arbeitest für den Kunden und nicht für den Chef
4. In 94% aller Fälle ist das System und nicht der Einzelne für einen Fehler verantwortlich
5. Es gibt immer Raum für Verbesserungen
6. Gute Bestandteile führen nicht zwingend auch zu einem guten System
7. Inspektionen garantieren keine Qualität
8. Gute Finanzabschlüsse sind kein Maß für langfristigen Erfolg
9. Ein Diplom bedeutet nicht das Ende der Ausbildung

Demings 14 Punkte

„Es ist die Aufgabe des Chefs, seinen Mitarbeitern zu helfen"   *(William E. Deming)*

Die Quintessenz der Demingschen Philosophie sind seine „14 Punkte" genannten Regeln für die Unternehmensführung. Die ursprünglich zehn Punkte (angelehnt an die „Zehn Gebote") wurden von Deming mehrfach erweitert, behielten jedoch in ihrem Grundgehalt immer die gleiche Aussagekraft. Je intensiver und länger Sie sich mit den „14 Punkten" befassen, desto mehr werden Sie deren umfassenden Inhalt zu schätzen wissen.

Regel 1: Nachhaltige Geschäftspolitik
Schaffen Sie eine auf andauernde Verbesserung der Produkte und Dienstleistungen ausgerichtete Geschäftspolitik mit dem Ziel, konkurrenzfähig zu bleiben und neue Arbeitsplätze zu schaffen.

Regel 2: Neue Denkweise
Überdenken Sie Ihre Management-Philosophie. Das Management muss sich seiner Verantwortung bewusst werden und die damit verbundene Führungsaufgabe wahrnehmen.

Regel 3: Lückenlose Kontrollen
Die Abhängigkeit von Kontrollen zur Verbesserung der Qualität muss aufhören. Insbesondere werden lückenlose Inspektionen dann überflüssig, wenn Qualität durch kontrollierte Prozesse in die Produkte und Dienstleistungen eingebaut wird.

Regel 4: Beschaffung allein auf Grund des Preises
Beenden Sie die Praxis, Aufträge allein dem billigsten Anbieter zu erteilen. Berücksichtigen Sie die Gesamtkosten, die sich aus den Kosten für die Beschaffung und den Gebrauch zusammensetzen. Suchen Sie stattdessen langfristige Lieferantenbeziehungen, welche auf gegenseitigem Vertrauen und gegenseitiger Loyalität beruhen.

Regel 5: Andauernde Verbesserung des Systems
Suchen Sie unablässig nach weiteren Verbesserungen des Systems, um die Qualität der Produkte und Dienstleistungen zu erhöhen, die Produktivität zu steigern und gleichzeitig die Kosten zu senken.

Regel 6: Training on the Job
Betreiben Sie Ausbildung am Arbeitsplatz.

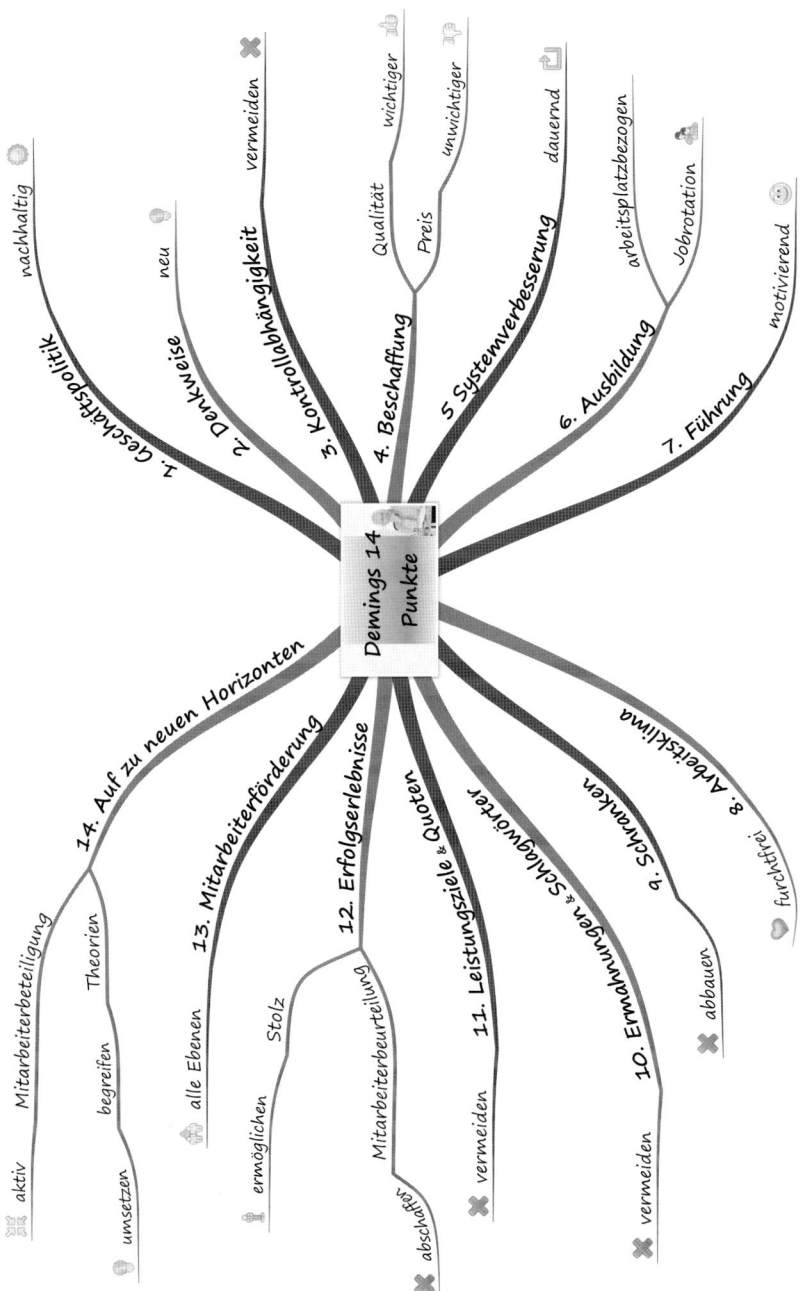

Qualitätsphilosophien

Regel 7: Motivierende Führung
Sorgen Sie für eine motivierende Führung, die den Mitarbeitern hilft, bessere Arbeit zu leisten.

Regel 8: Furchtfreies Arbeitsklima
Sorgen Sie für ein von gegenseitigem Vertrauen geprägtes Arbeitsklima.

Regel 9: Interne Schranken
Reißen Sie die Schranken zwischen den Abteilungen nieder. Die Mitarbeiter in allen Bereichen der Einrichtung müssen als Team zusammenarbeiten.

Regel 10: Schlagwörter
Vermeiden Sie Schlagwörter, Ermahnungen und willkürliche Vorgaben für die Mitarbeiter.

Regel 11: Quoten und Leistungsziele
Vermeiden Sie Quoten für die Mitarbeiter und Leistungsziele für das Management.

Regel 12: Erfolgserlebnisse
Schaffen Sie die Voraussetzungen für Erfolgserlebnisse der Mitarbeiter. Verzichten Sie auf die jährliche Mitarbeiterbeurteilung.

Regel 13: Mitarbeiterförderung
Betreiben Sie wirkungsvolle Programme zur Schulung und Förderung der Mitarbeiter.

Regel 14: Aufbruch zu neuen Horizonten
Stellen Sie die aktive Beteiligung jedes Mitarbeiters an der Gestaltung der Firma sicher. Übernehmen Sie Methoden und Verfahren anderer erst dann, wenn sämtliche Grundlagen und Voraussetzungen bekannt sind und verstanden werden.

Jede dieser praxistauglichen Regeln ist für sich wichtig, Punkt 10 „Vermeide Ermahnungen und Schlagwörter" liegt uns besonders am Herzen:
Deming vertritt die 94/6-Regel, wonach 94 % der Fehler dem Management und nur 6 % den Ausführenden zuzuordnen sind. Die Erfahrung und zahlreiche empirische Untersuchungen bestätigen diese Regel. Darum sind Parolen, Schlagwörter oder Ermahnungen eher eine Beleidigung für jeden engagierten Mitarbeiter und lösen oftmals Empörung und Frustration aus.

> **Praxistipp**
>
> Überprüfen Sie die Aushänge in Ihrer Einrichtung und sorgen für die Entfernung von Aufrufen und Ermahnung. Belassen Sie nur die wichtigen bzw. gesetzlich vorgeschriebenen Hinweise.

Die Demingsche Reaktionskette

Ein entscheidender Grundstein für Demings-Management-Programm ist die Demingsche Reaktionskette. Diese führt die Sicherheit der Arbeitsplätze ursächlich auf das Vorhandensein von Qualität zurück und macht Demings Ideen transparent. Laut Deming senken Qualitätsverbesserungen die Kosten, da weniger Fehler und Nacharbeiten entstehen und Ressourcen besser genutzt werden. Dies verbessert die Produktivität und führt zu einer Sicherung der Marktanteile durch wettbewerbsfähige Preise, sichert somit die Existenz des Unternehmens und der Arbeitsplätze.

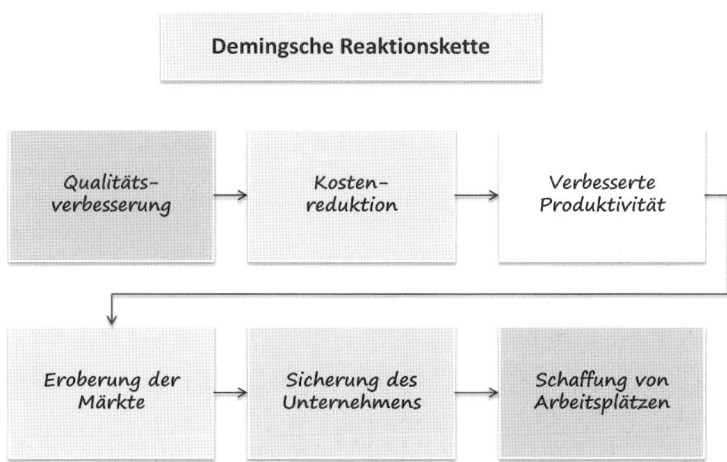

„Sieben Todsünden"

Die folgenden sieben Hindernisse – teilweise auch die „sieben tödlichen Krankheiten" benannt – können die andauernde Verbesserung Ihrer Einrichtung erschweren oder zum Scheitern Ihres gesamten Qualitätsmanagementprogramms führen:

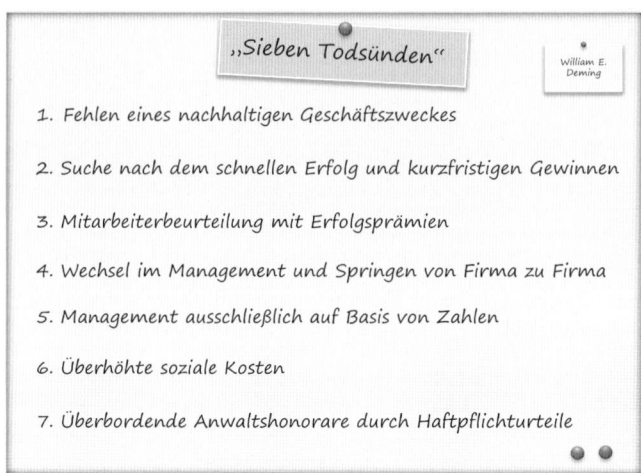

Zum Punkt 3 „Mitarbeiterbeurteilung mit Erfolgsprämien" ist anzumerken, dass mittlerweile anhand von umfassenden Untersuchungen (z. B. von Alfie Kohn in seinem Buch, „Punished by Rewards") gezeigt wurde, dass Anreize durch Prämiensysteme bestenfalls kurzfristig positive Wirkungen zeigen, langfristig aber immer unwirksam oder sogar schädlich sind. Trotzdem zählen diese nach wie vor zum ABC der zeitgemäßen Unternehmensführung.

Die Mitarbeiter haben ein Anrecht auf Förderung. Mitarbeitergespräche sollten Kenntnisse, Erfahrungen, besondere Begabungen, persönliche Wünsche und Erfahrungen aufzeigen oder verdeutlichen, wer sich außerhalb des Systems befindet und dadurch entweder besondere Aufmerksamkeit oder eine andere Aufgabe benötigt.

„Stolpersteine"

„Qualität und Produktivität verbessern sich nicht, indem wir härter arbeiten, sondern indem wir das Richtige tun!" (William E. Deming)

Stolpersteine verlangsamen den Prozess der Umsetzung eines Qualitätsmanagementsystems. Diese liegen in der Regel immer dann vor, wenn versucht wird zu schnell zu Ergebnissen zu kommen. Nach Deming gibt es für Qualität kein schnelles Erfolgsrezept. Qualitätsverbesserungen sind immer die Folge andauernder Bemühungen und nicht das Produkt eines Prozesses mit dem Namen „Qualität".

Der PDCA-Zyklus und das Prinzip der ständigen Verbesserung

Ständige Verbesserung ist nicht nur eine Methode, sondern eine prozessorientierte Denkweise. Diese sollte Ihr tägliches Arbeitsleben durchziehen und als Geisteshaltung verstanden werden. Dieses Prinzip ist in Deutschland auch unter dem Begriff Kontinuierlicher Verbesserungsprozess (KVP) bekannt.

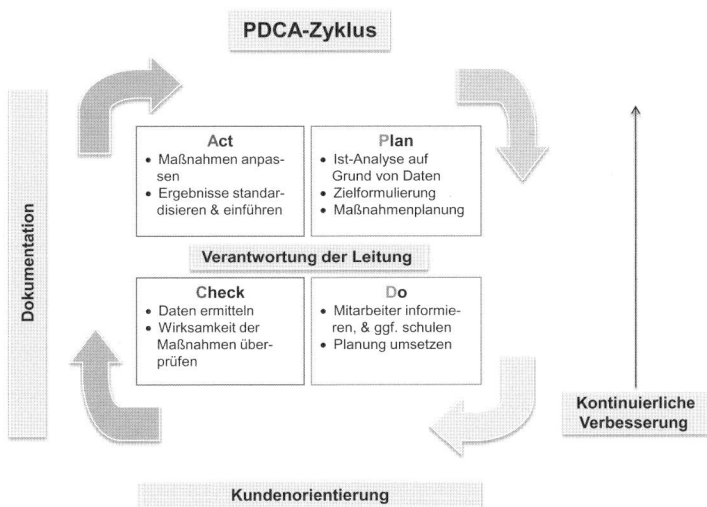

Der PDCA-Zyklus ist die Basis der ständigen Verbesserung. Dieser Kreislauf wird auch als Plan-Do-Check-Act-Zyklus oder Deming-Kreis bezeichnet. Ursprünglich stammt dieser jedoch von Demings Lehrer Walter A. Shewhart, der ihn als PDSA-Zyklus (Plan-Do-Study-Act) entwickelte.

Basierend auf Demings Grundhaltung sollen Sie auch hierbei jeden Vorgang als Prozess betrachten und schrittweise verbessern. Wenn Sie den PDCA-Zyklus verwenden, entwickeln Sie zunächst einen Plan, in dem Sie die wichtigsten Ergebnisse, Hindernisse und Veränderungen beachten (plan). Danach führen Sie den Plan in einem Probelauf in kleinem Maßstab durch (do). Anschließend tragen Sie sämtliche Ergebnisse zusammen und überprüfen diese in einem Soll/Ist Vergleich (check). Im vierten Schritt arbeiten Sie die Ergebnisse dann in einen Veränderungs- oder Aktionsplan ein (act), um so die Grundlage für den nächsten Durchlauf zu schaffen.

Je öfter Sie den Prozess durchlaufen, umso besser können Sie diesen lenken. Sie grenzen das Problem immer weiter ein und das Wissen aller Anwender steigt. Trotz der Einteilung in vier Schritte ist der PDCA-Zyklus als Kreis ohne Anfangs- und Endpunkt zu verstehen, es gibt keinen festgelegten Beginn, da Verbesserung kontinuierlich anzustreben ist.

> **Praxistipp**
>
> Wenden Sie die Schritte des PDCA-Zyklus immer an, wenn Sie Prozesse in Ihrer Einrichtung verbessern möchten.

In der MDK-Anleitung wird die Umsetzung des PDCA-Zyklus wie folgt beschrieben:

> *„Ein kontinuierlicher Qualitätsverbesserungsprozess beginnt mit der Formulierung des zu erreichenden bzw. erwarteten Qualitätsniveaus in Form von Zielen. Im Anschluss daran erfolgt die Planung, Umsetzung und Evaluation in der Praxis. Je nach Ergebnis der Evaluation werden die Maßnahmen und ggf. die Ziele angepasst."*
> *(Medizinischer Dienst des Spitzenverbandes Bund der Krankenkassen e.V. (MDS) 2009, S. 107)*

Das Prinzip findet sich beispielsweise in der Qualitätszirkelarbeit wieder, wie folgende Tabelle schematisch zeigt:

PDCA-Zyklus	Inhalt des Qualitätszirkels
PLAN	• Definition von Thema, Ziel und Teilnehmern • Bestimmung des Ist-Zustandes • Diskussion und Erarbeitung von Verbesserungsvorschlägen • Erarbeiten von konkreten Lösungsvorschlägen und Regelungen
Do	• Durchführung eines Probelaufs
Check	• Überprüfung der Ergebnisse des Probelaufs, ggf. Anpassung
ACT	• Beschluss der Maßnahmen durch oberste Leitung • Einbindung ins QM-Handbuch, Information aller Beteiligten • Umsetzung der Maßnahmen

Das folgende Beispiel zur Sturzprophylaxe zeigt Ihnen, wie effektiv Sie den Deming-Kreis einsetzen können:

Plan: Im ersten Schritt erarbeiten Sie mithilfe des Expertenstandards eine Ist-Analyse, der bislang bestehenden Regelungen und Maßnahmen zur Sturzprophylaxe. Daraus resultierend formulieren Sie Ziele zur Erreichung des gewünschten Qualitätsniveaus. In einer Arbeitsgruppe entwickeln Sie geeignete Maßnahmen, wie zum Beispiel die Beseitigung von Stolperkanten, die Anpassung der Lichtverhältnisse, die Einführung eines Kraft-Balance Trainings oder den Einsatz von Hüftprotektoren. Diese formulieren Sie idealerweise unter Benennung der verantwortlichen Mitarbeiter und der dazu notwendigen Ressourcen als Standard für Ihr Qualitätsmanagementhandbuch.

Do: Nun folgt im zweiten Schritt, die Erprobung der beschriebenen Regelungen in einem Bereich Ihrer Einrichtung. Diese Ergebnisse werden z. B. in den Bewohnerdokumentationen, in Übergabeprotokollen oder Fallbesprechungen protokolliert.

Check: Nach einem festgelegten Zeitabschnitt überprüfen Sie die erzielten Ergebnisse, z. B. durch ein Prozessaudit oder eine Dokumentationsprüfung. Wichtig ist hier auch die Erhebung der Ergebnisqualität z. B. mithilfe der im Expertenstandard vorgegebenen Kennzahlen oder im Rahmen einer Bewohner- und Angehörigenbefragung.

Act: Aufgrund der gewonnen Erkenntnisse passen Sie den Standard an und erstellen Maßnahmenpläne zur Umsetzung in der gesamten Einrichtung.

Als Werkzeuge zur Umsetzung und zum Nachweis des PDCA-Zyklus gegenüber Prüfbehörden können Sie unter anderem die folgenden Qualitätsinstrumente nutzen:
- Jährliche Managementbewertung bzw. Jahreszielplanung/Ist-Analyse durch die oberste Leitung
- Protokolle der Qualitätszirkelarbeit und der Steuergruppe

- Maßnahmenpläne
- Versionsstand der Regelungen und Formulare im QM-Handbuch (z. B. als Matrix im Inhaltsverzeichnis).

Unsere liebsten Deming-Zitate

Theorie & Wissen
- „Ohne Theorie gibt es kein Wissen."
- „Wissen lässt sich nicht installieren."
- „Wir sollten uns von der Theorie, nicht von Zahlen leiten lassen."
- „Wenn Sie nicht die richtigen Fragen stellen können, werden Sie nie etwas Neues entdecken."
- „Jeder kann irgendetwas vorhersagen."
- „Größte Anstrengungen sind nie Ersatz für Wissen."
- „Sie geben Ihr Bestes. Wie können Sie das wissen?"
- „Wer in dieser Welt bleibt, wird nie eine andere kennen lernen."
- „Das größte Problem der meisten Ausbildungskurse besteht darin, dass diese falsches Wissen vermitteln."
- „Ist Erfahrung nützlich? Nein, nicht wenn wir die falschen Dinge tun."

Prozesse
- „Sie sollten nicht an den Prozessen herumfummeln."
- „Dinge geschehen nicht über Nacht. Im Geschäft gibt es keinen Instant-Pudding."
- „Sie können keine Qualität in ein Produkt hineinprüfen. Die Qualität ist schon drin."
- „Qualitätsverbesserungen führen zwangsläufig zu einer Verbesserung der Produktivität."
- „Sie können keine Zielsetzung verwirklichen, wenn Sie nicht die richtige Methode dazu besitzen."
- „Wir sollten an den Prozessen selbst, und nicht am Resultat der Prozesse arbeiten."
- „Wir können entweder etwas gegen unsere Probleme unternehmen oder alles beim Alten lassen."
- „Sie können nicht definieren was es heißt, rechtzeitig zu sein."

Kunden & Kooperationspartner
- „Unsere Kunden sollten sich über unsere Produkte und Dienstleistungen freuen können."
- „Bitten wir unsere Lieferanten, uns bei der Lösung unserer Probleme zu helfen."
- „Die Beziehungen mit den Lieferanten müssen vom Streben nach andauernden Verbesserungen geprägt sein."

Management & Führung

- „Es ist die Aufgabe des Managements, das System zu optimieren."
- „Kräfte der Zerstörung: Schulnoten, Bonussysteme, Leistungslöhne, Businesspläne, Leistungsvorgaben."
- „Es ist die Verpflichtung des Chefs, unermüdlich an seinen Führungsmethoden zu arbeiten."
- „In einer Atmosphäre der Furcht entstehen falsche Zahlen."
- „Ein System muss geführt werden. Es kann sich nicht selber führen."
- „Ein Chef ist ein Coach, kein Richter."
- „Niemand sollte mit Daten umgehen, ohne ihre Entstehung zu kennen."
- „Jeder Manager ist in einem wachsenden Markt erfolgreich."
- „Veränderung entsteht durch Führung."
- „Einem Menschen, der seine Grenzen kennt, können Sie vertrauen."
- „Management nach Resultaten ist gleichbedeutend mit Fahren durch den Rückspiegel."
- „Lückenlose Inspektionen garantieren Ungemach."
- „Konkurrenz sollte nicht nach größeren Marktanteilen, sondern nach einem größeren Markt streben."

Mitarbeiter

- „Wenn Sie die Mitarbeiter einer Firma zerstören, dann bleibt Ihnen nicht mehr viel übrig."
- „Die Beurteilung der Leute macht die Menschen nicht besser."
- „Durch Zusammenarbeit gewinnen alle."
- „Innovation entsteht nur durch Menschen, die an ihrer Arbeit Freude haben."
- „Warum geben wir unseren Mitarbeitern nicht die Möglichkeit, stolz auf ihre Leistungen zu sein?"
- „Es ist nicht nötig, vergangene Sünden zu beichten."
- „Jeder Mensch soll nach seinem Beitrag zum Erfolg des Ganzen, nicht nach seinen individuellen Leistungen beurteilt werden."
- „Veränderung kann nur durch den Menschen entstehen. Sie lässt sich nicht mit Geld kaufen."
- „Beliebige zwei Menschen haben verschiedene Vorstellungen über das, was wichtig ist."
- „Wir wissen wohl, was wir ihm gesagt haben, aber nicht, was er gehört hat."

Kaizen

„Gute Menschen stärken sich unablässig."   *(Konfuzius)*

Kaizen (Veränderung zum Besseren) ist die vielleicht bedeutendste japanische Lebens- und Arbeitsphilosophie und bezeichnet die kontinuierliche Verbesserung unter Einbezug aller Arbeitsbereiche, Mitarbeiter und der Geschäftsführung. Innovationen stehen dabei nicht im Vordergrund, sondern das Streben nach Detailverbesserungen und Standardisierung. Verschwendung soll in jedem Fall durch aufeinander abgestimmte Prozesse vermieden werden.

Kaizen hat innerhalb der QM-Bewegung – als ein Teil des Total Quality Managements – einen hohen Stellenwert erlangt und Elemente wie Qualitätszirkelarbeit, Prozesskontrollen und PDCA-Zyklus maßgeblich geprägt. In Europa wurden die Vorgaben des Kaizen unter dem Begriff kontinuierlicher Verbesserungsprozess (KVP) eingeführt.

Kai= Veränderung   Zen= zum Besseren

Kaizen ist geprägt vom Gedanken bewährte Produkte oder Dienstleistungen schrittweise zu perfektionieren. Masaaki Imai – ein Pionier der Qualitätssicherung und weltweit erfolgreicher Managementberater – nimmt für sich in Anspruch, Qualitätswerkzeuge, Theorien und Managementphilosophien konzeptionell gebündelt und unter dem Begriff Kaizen zusammengefast zu haben. Masaaki Imai ist der Überzeugung, dass Menschen das instinktive Streben nach Selbstverbesserung in sich tragen und somit das Konzept des Kaizen nicht nur in Japan sondern auch weltweit anwendbar ist, wobei natürlich der Einfluss kultureller Faktoren einbezogen werden muss, da prozessorientiertes Denken einen unterschiedlichen Stellenwert besitzt. Er beschreibt Kaizen als einen humanistischen Ansatz, da jeder Mitarbeiter einbezogen wird und zur Verbesserung seines Arbeitsplatzes beiträgt.

Ursprung

„Suche nicht nach der perfekten Lösung, sondern nach der Einfachsten."
(Grundregel im Kaizen)

Viele der japanischen Unternehmen waren durch die Kriegsniederlage nach dem zweiten Weltkrieg sehr geschwächt und mussten sich nahezu neu aufstellen, so dass jeder Tag Fortschritte nach sich zog. Zu diesem Zeitpunkt zeigte auch Amerika wieder Interesse, das zerstörte Japan wirtschaftlich aufzubauen. Die amerikanischen Managementexperten regten an, Qualitätskontrollen einzuführen und die unterbezahlten Arbeiter durch die Gründung von Gewerkschaften zu stärken.

Trotz dieser ersten Maßnahmen verbesserte sich die wirtschaftliche Situation aber nur langsam. Stellvertretend für den Neubeginn sei an dieser Stelle der große Automobilhersteller Toyota benannt, der finanziell starke Einbußen hatte. So beschloss die Unternehmensführung Mitarbeiter zu entlassen. Die neu gegründeten Gewerkschaften setzten sich für den Erhalt der Arbeitsplätze ein und sorgten dafür, dass ein Kompromiss geschlossen wurde. Der Betrieb durfte fünfzehn Prozent der Mitarbeiter entlassen, musste sich jedoch dazu bereit erklären, den verbleibenden 85 Prozent der Arbeiter eine lebenslange Beschäftigung und eine nach Beschäftigungsdauer gestaffelte Entlohnung anzubieten. Da die Mitarbeiter somit langfristig im Betrieb blieben, wurde es für Toyota unumgänglich diese ständig weiter zu schulen und mit den nötigen Kompetenzen auszurüsten.

Das sich langsam aufbauende Konzept des Kaizen, erwies sich auch in diesem Fall als die passende Methode, da die Überzeugung von der Wertigkeit einer nie endenden Verbesserung in der japanischen Mentalität und Tradition tief verankert war. Einen weiteren Grundstein zur Philosophie des Kaizen legte Sakichi Toyoda der Gründervater von Toyota mit seinem unermüdlichen Drang zur kontinuierlichen Verbesserung. So konnte Toyota, wie auch ein großer Teil der anderen japanischen Konzerne, durch umfassende Qualitätsentwicklung günstiger produzieren und gleichzeitig die Kundenzufriedenheit steigern und somit langfristig hohe Anteile auf dem Weltmarkt erzielen.

Die Japaner zeigten ein immer größer werdendes Interesse die Qualität ihrer Arbeit zu verbessern. Das Subkomitee für Qualitätskontrolle wurde in den späten vierziger Jahren innerhalb der „Union of Japanese Scientists and Engineers" (JUSE) gegründet. Die Erfahrungen des Komitees schlugen sich in der Herausgabe der Zeitschrift „Statistical Quality Control" nieder, die im März 1950 erstmalig erschien.

Parallel dazu wurde der amerikanische Qualitätsmanagementpionier William E. Deming eingeladen ein einwöchiges Seminar zum Thema „statistische Qualitätskontrolle" abzuhalten. Das große Interesse, das ihm entgegengebracht wurde, veranlasste Deming zu weiteren Aufenthalten in Japan. Insbesondere der von Deming präsentierte PDCA-Zyklus passte gut in das in der japanischen Mentalität verwurzelte Bestreben nach nie endender Verbesserung.

Weitere Impulse steuerte Joseph M. Juran, ein Landsmann Demings bei, der 1954 ebenfalls in einem JUSE-Seminar, die Qualitätskontrolle (QC) aus Sicht der Managementperspektive betrachtete und als Instrumentarium zur gesamten Leistungsverbesserung erklärte. Im Jahre 1956 wurde im Japanischen Rundfunk ein Kurs über Qualitätskontrolle ausgestrahlt. 1960 wurde das Q-Zeichen formal eingeführt, die ersten QC-Zirkel nahmen ihre Arbeit auf und ein „Monat der Qualität" wurde ausgerufen. Im Laufe der Zeit hat sich die Qualitätskontrolle hin zur TQC (Umfassenden Qualitätskontrolle) weiterentwickelt und ist zum Synonym für das Kaizen geworden.

„Es soll kein Tag ohne irgendeine Verbesserung im Unternehmen vergehen."
(Masaaki Imai)

Der Kaizen-Schirm

Die Pfeiler des Kaizen werden häufig als Kaizen-Schirm dargestellt.

Einige der wichtigsten Grundlagen des Kaizen werden nachfolgend aufgeführt und finden sich mittlerweile in ähnlicher Form in fast allen QM-Systemen wieder.

- Total Quality Control (TQC)
  Diese Strategie umfasst die Qualitätskontrolle sämtlicher Produkte und Prozesse, die das Unternehmen herstellt bzw. ausführt und orientiert sich an den Kundenbedürfnissen.

- Total Productive Maintenance (TPM)
  Die Anwendung des Systems der vollständigen, produktiven und vorbeugenden Instandhaltung unter Einbeziehung jedes Mitarbeiters.

- Prozessorientierung
  Jede Aktivität kann als Prozess gesehen werden, muss analysiert, überwacht und verbessert werden. Ziele der Prozessoptimierung sind die Steigerung von Qualität, Geschwindigkeit, Wirtschaftlichkeit, Flexibilität, Innovation und Motivation, durch die Vermeidung von Verschwendung und die Steigerung der Wertschöpfung.

- Standardisierung (PDCA Zyklus)
  Hiermit ist die Steuerung der Prozesse und Schnittstellen mithilfe der vier Phasen des PDCA-Zyklus nach William E. Deming gemeint: Plan/Do/Check/Aktion. Ziel kann

beispielsweise eine Standardisierung der Lagerung und Bestellung von gemeinsam genutzten Materialien sein, um Fehlzeiten, abgelaufene Mindesthaltbarkeitsdaten oder Suchzeiten zu vermeiden.

- Kunden-Lieferantenbeziehung
  Hiermit ist die notwendige Kommunikation zwischen internen Kunden (z. B. Abteilungen) und externen Kunden (z. B. Lieferanten) an den Schnittstellen der Bereiche und Prozesse gemeint.

- Just-in-Time (JiT)
  Das Prinzip der Just-in-Time Produktion ist ein logistikorientiertes Steuerungskonzept zur zeitgenauen Materialver- und entsorgung. Das Ziel hierbei ist, die richtigen Teile, am richtigen Ort, in der richtigen Menge, zum richtigen Zeitpunkt und in der richtigen Qualität vorzuhalten.

Dieses Mind Map macht Sie mit einigen weiteren Begriffen japanischen Ursprungs vertraut.

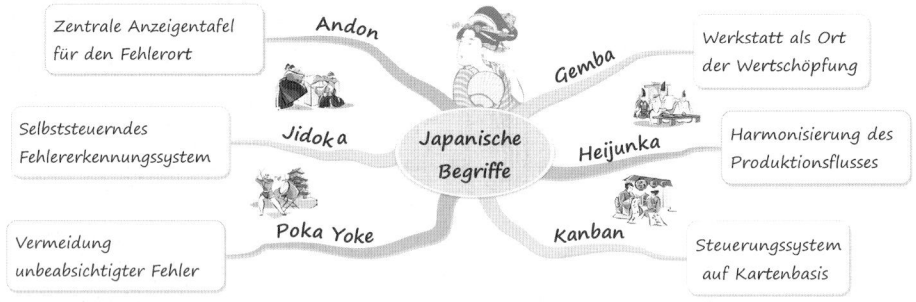

Steuerung mit Kanban

Kanban ist ein auf Karten basierendes Instrument zur Steuerung des Material- und Informationsflusses. Auf den Karten werden Anweisungen notiert, die in bestimmten Situationen, bespielweise bei der Materialbestellung, als Arbeitsanleitung dienen. Für die Steuerung der Karten können Kanbantafeln genutzt werden.

Wir haben schon viele von Mitarbeitern gestaltete Plantafeln gesehen, die sehr hilfreich und effektiv Arbeitsprozesse lenken und unterstützen. Beispielweise zur Steuerung der Prüf- und Wartungstätigkeiten in der Haustechnik, zur Lenkung der Belegung freier Plätze im Rahmen der Heimaufnahme, zur übersichtlichen Bearbeitung der Pflegevisiten sowie zur Planung und Umsetzung der Angebote in der sozialen Betreuung oder der Aufgaben in der Wäscherei.

Ein Beispiel aus unserem Arbeitsbereich ist diese Plantafel, die zur Steuerung der täglichen Leistung der direkten und indirekten Pflege sowie zur Umsetzung der Bezugspflege in den Wohnbereichen des Agaplesion Bethesda Seniorenzentrums in Wuppertal genutzt wird. Sie wurde von der Pflegedienstleiterin Sr. Leni Gsell und den Mitarbeitern gemeinsam selbst gestaltet und wird vom Pflegeteam täglich eigenverantwortlich gesteckt.

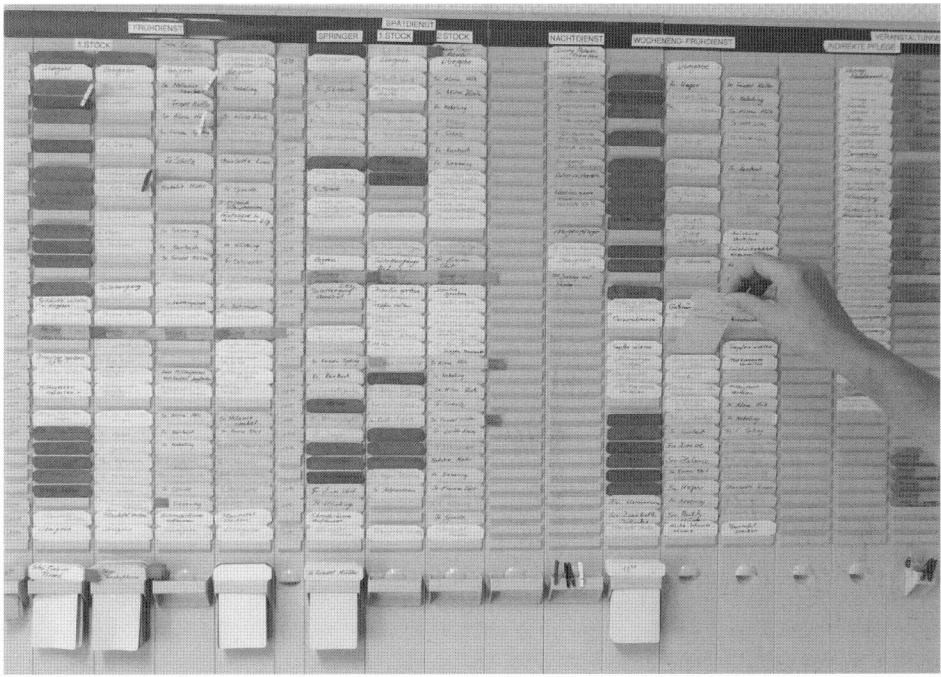

Plantafel im Agaplesion Bethesda Seniorenzentrum in Wuppertal

Dies führt unter anderem zu Zeitersparnis, Strukturierung, Orientierung und Effektivität bei der täglichen Planungstätigkeit, sowie zu einer Stärkung der Eigenverantwortlichkeit der Mitarbeiter und einem optimierten Personaleinsatz. Die Bezugspflege wird mithilfe der Plantafel durchgehend umgesetzt, dies ermöglicht eine kontinuierliche und vertrauensvolle Pflegebeziehungen zwischen Bewohnern und Pflegenden.

Fehlhandlungen vermeiden mit Poka Yoke

Poka Yoke ist ein Ansatz, um unbeabsichtigte Fehler im Produkt oder während der Dienstleistungserbringung, die aus menschlichen Fehlhandlungen herrühren, direkt im Prozess zu vermeiden. Die Grundidee des Qualitätsingenieurs Shigeo Shingo stammt aus der japanischen Autoindustrie und beruht darauf, dass kein Mensch immer fehlerfrei arbeiten kann. Zur Fehlervermeidung werden Prüfmethoden, Auslöse- und Regulierfunktionen angewandt.

„Hartes" Poka Yoke versucht menschliche Fehler durch preisgünstige technische Vorkehrungen oder Einrichtungen zu vermeiden. Ein Beispiel dafür ist der TAE-Stecker für den Telefonanschluss, der sich nicht verkehrt herum einstecken lässt.

„Weiches" Poka Yoke arbeitet mit einfachen Vorkehrungen, wie z. B. Farben, Formen, Hinweistönen, Leuchten, Vibrationsalarm, oder sequenziellen Prozessabläufen (weniger Prozessschritte, Varianten oder Funktionen), um Fehlhandlungen zu entdecken und den Mitarbeiter auf Fehler hinzuweisen. Bekannt sind hier beispielsweise Farbkodierungen an Lautsprecherboxen und den zugehörigen Steckern, so dass diese über den optischen Hinweis direkt richtig zugeordnet werden können.

Die Anwendung von Poka Yoke kann auch in unserem Bereich sehr hilfreich sein, beispielsweise um Mitarbeitern, das Herausnehmen des richtigen Produktes aus einem eindeutig sortierten Materialschrank zu erleichtern, oder die richtige Medikamentengabe durch farbkodierte Hilfsmittel sicherzustellen.

Ein weiteres Beispiel für Poka Yoke im Gesundheitswesen sind Verbindungssysteme für enterale Ernährung, die mit speziell geformten Konnektoren arbeiten. Diese stellen sicher, dass nur enterale Nahrungsbehältnisse mit enteralen Überleitungsgeräten verbunden werden können und Fehlanschlüsse zu anderen (intravenösen) Systemen verhindert werden. Dies steigert die Sicherheit von Behandlung und Pflege.

Praxistipp

Wenn Sie sich für Poka Yoke interessieren, gibt es praxisorientierte Umsetzungshilfen – beispielsweise im „Workbook Poka Yoke, Null-Fehler sind machbar" aus dem TQU Verlag – mit deren Hilfe Sie gemeinsam im Team kreativ werden und Lösungsmöglichkeiten zur Fehlervermeidung finden, bewerten und umsetzen können.

Managementvergleich

„Einer der auffälligsten Unterschiede zwischen dem Westen und Japan ist der zwischen Selbstzufriedenheit und übersteigertem Selbstbewusstsein im Westen und den Gefühlen der Ängstlichkeit und Unvollkommenheit in Japan." (Quelle unbekannt)

Durch die Übernahme und Anpassung ausländischer Technologien, bei gleichzeitiger Produktivitätserhöhung durch ein landesweites Programm zur Qualitätsverbesserung, hat Japan den Status einer wirtschaftlichen Weltmacht erreicht.

Der kontinuierliche Prozess der kleinen Schritte des Kaizen wird besonders deutlich, vergleicht man ihn mit dem im Westen favorisierten Innovationsmodell.

Checklisten

Sehr interessant und für unsere Verhältnisse eher etwas ungewöhnlich wirken die im Kaizen verwendeten Checklisten. Aber manches wird Ihnen auch bekannt vorkommen. So stellt die 7 M-Checkliste (auch als 5 M-Checkliste bekannt) die Grundlage des Ischikawa-Diagramms (Fischgrätdiagramm) dar, die 7 W-Checkliste findet sich zum Beispiel in den Fragen zur Leitbilderstellung wieder.

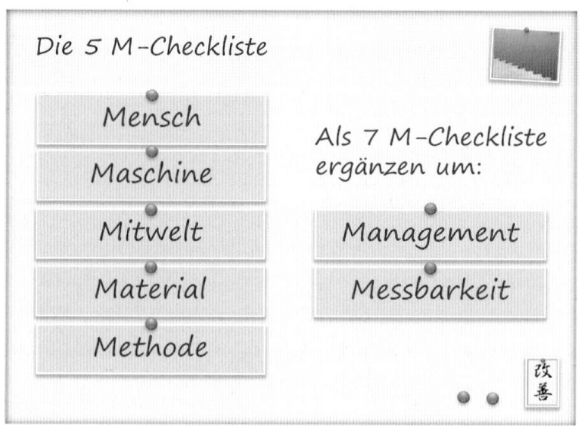

Die Zahl Sieben hat in der japanische Mythologie und Religion eine besondere Bedeutung (Die „Sieben Übel", die „Sieben Tugenden", die „Sieben Glücksgötter", die „Sieben Weisen", …). Die Kaizen Checklisten sind in dieser Tradition zu sehen, die Anzahl der Kriterien kann aber immer auch abgewandelt werden, je nach Problem und Anwendungsgebiet.

Die 5 S-Checkliste bezieht sich in erster Linie auf den Arbeitsplatz, als den Ort an dem die wertschöpfenden Prozesse des Unternehmens stattfinden. Sie beschreibt in fünf Schritten die Instandhaltung von Produktionsmitteln und die Verantwortung des Mitarbeiters für seinen Arbeitsplatz.

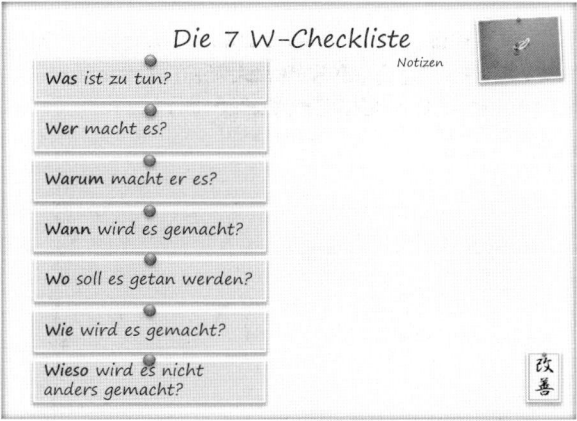

Praxistipp

Mit 5S –Kampagnen können Sie die Selbstorganisation des Arbeitsplatzes und das Bewusstsein für Verschwendung im Team anregen. Ergebnisse können saubere und sortierte Materiallager sein, in denen die Mitarbeiter selbst für die stetige Beibehaltung des gefunden Ordnungssystems sorgen. Anregungen zu 5 S-Kampagnen und weiteren Kaizen Methoden finden Sie im Internet unter dem Titel „Kaizen macht schlau", auf den Webseiten des Kaizen Institute (de.kaizen.com).

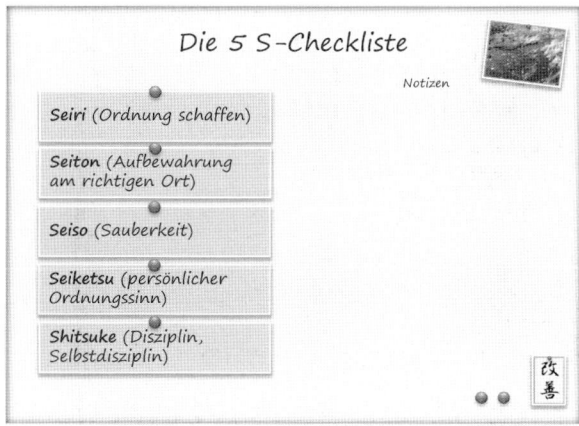

Die drei Mu stellen die Basis für die Vermeidung von Verschwendung und Verlusten innerhalb der ständigen Verbesserung dar und sind zu vermeiden. Im Rahmen von Kaizen-Checkpoint-Systemen werden diese an verschiedenen Prüfpunkten angezeigt, und beispielsweise auf Methoden, Materialien, Mitarbeiter, Technik, Umlauf, Platz oder die Art zu denken angewandt.

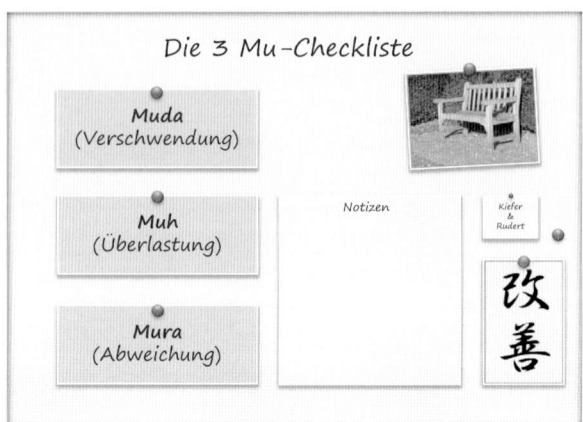

Die Werkzeuge zur Problemlösung

Die von Kaoru Ishikawa in den 50er Jahren für die Qualitätszirkelarbeit benannten „Elementaren Werkzeuge der Qualitätssicherung", sowie die Ende der 80er Jahre im Auftrag der Union of Japanese Scientists and Engineers (JUSE) zusammengestellten Managementwerkzeuge „Neue Sieben" fanden Eingang in das Kaizen.

Sind genügend Daten vorhanden, um ein bestimmtes Problem zu analysieren, können die „Sieben Elementaren Werkzeuge"(Q 7) eingesetzt werden. Stehen nicht alle zur Problemlösung notwendigen Daten zur Verfügung, sind die „Neuen Sieben" (M 7) das geeignete Managementwerkzeug.

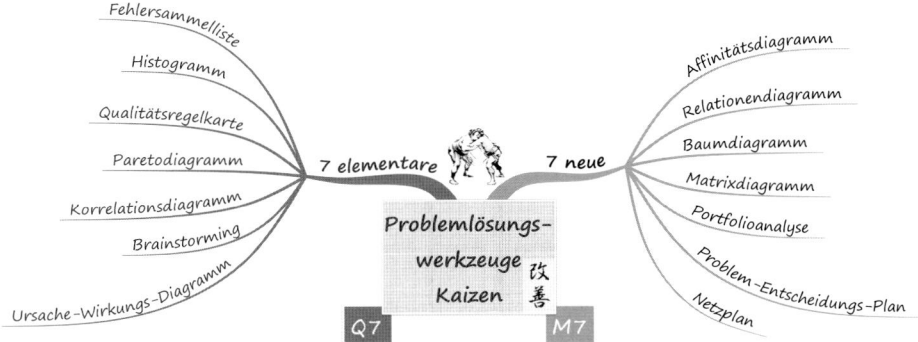

Auswirkungen

Professor Yoshinobu Nayatani von der Electronics Communication University in Osaka beschreibt die Auswirkungen von Kaizen und TQC-Management wie folgt:

1. Menschen begreifen viel schneller, worum es geht.
2. Der Planungsphase wird höhere Aufmerksamkeit entgegen gebracht.
3. Menschen werden ermutigt, prozessorientiert zu denken.
4. Menschen konzentrieren sich auf die wichtigen Dinge.
5. Jeder wirkt am Aufbau des neuen Systems mit.

Die Philosophie des Kaizen hat uns in der Gestaltung unserer eigenen Arbeit sowie im Privatleben, beeinflusst und bereichert. So ist der Gedanke der ständigen Verbesserung für uns nicht ein mühevoller Weg oder eine zusätzliche Belastung, sondern ein Ansporn eingefahrene Abläufe zu überdenken und neue Impulse einzubringen. Natürlich sollte man anderseits auch erkennen und akzeptieren, dass manches keiner Verbesserung bedarf, da es gut ist, so wie es ist.

Praxistipp

Gestalten Sie ein Mind Map®, in dem Sie die Abläufe auflisten, die Sie im beruflichen oder privaten Bereich verbessern, vereinfachen oder standardisieren möchten.

Total Quality Management (TQM)

„Qualität beginnt im Kopf" (Carl F. W. Borgward)

Der Begriff TQM tauchte Mitte der 80er Jahre in der fachlichen Diskussion auf und wird in Deutschland auch heute noch genutzt. Die Basis dieser Philosophie findet sich in den Prinzipien von William E. Deming und Joseph M. Juran, die in den 50er Jahren in Japan Verbreitung fanden.

Total Quality Management, als Führungsmethode, stellt Qualität, Zufriedenstellung der Kunden sowie langfristigen Geschäftserfolg in den Mittelpunkt aller Tätigkeiten und erweitert die bisherigen Qualitätsphilosophien um das Erreichen aller geschäftlichen Ziele:
- durch die verstärkte Einbeziehung und Mitwirkung der Mitarbeiter aller Hierarchiestufen
- und den Nutzen für Gesellschaft und Umwelt.

Der »Nutzen für die Gesellschaft« bedeutet die Erfüllung, der an die Organisation gestellten Forderungen der Öffentlichkeit. Informationen zu diesen Anforderungen finden Sie in Veröffentlichungen zur Marktforschung. Im Falle der Altenpflege erwarten Menschen, die sich grundsätzlich vorstellen können, einmal in ein Pflegeheim umzuziehen dort unter anderem ein eigenes, sauberes Zimmer, einen privaten Bereich um sich zurückzuziehen und genügend Personal, das Rücksicht auf die Wünsche und individuellen Gewohnheiten der Bewohner nimmt. Im Sinne des TQM-Gedankens erkennen und bewerten Sie diese Forderungen und beziehen Sie in ihre Qualitätsplanung ein.

Somit wird die TQM-Philosophie zur umfassendsten Qualitätsstrategie, die alle Bereiche vom Kunden, über die Mitarbeiter und Lieferanten, bis hin zur Gesellschaft einbindet. Verbreitung in Europa fand der TQM-Gedanke durch das EFQM Excellence Modell, aber auch mithilfe der DIN EN ISO 9004: 2009 können Sie den TQM-Ansatz umsetzen.

Bei der Einführung der TQM-Philosophie in Ihrer Einrichtung sind die drei Grundpfeiler Total, Quality und Management gleichwertig und langfristig in das Unternehmenskonzept einzubinden. Zusammen bilden diese:
- den umfassenden Charakter der TQM-Philosophie (Total),
- den Bereich Qualität (Quality),
- und den Führungsaspekt (Management).

Alle drei Bereiche unterliegen dem Prinzip der ständigen Verbesserung.

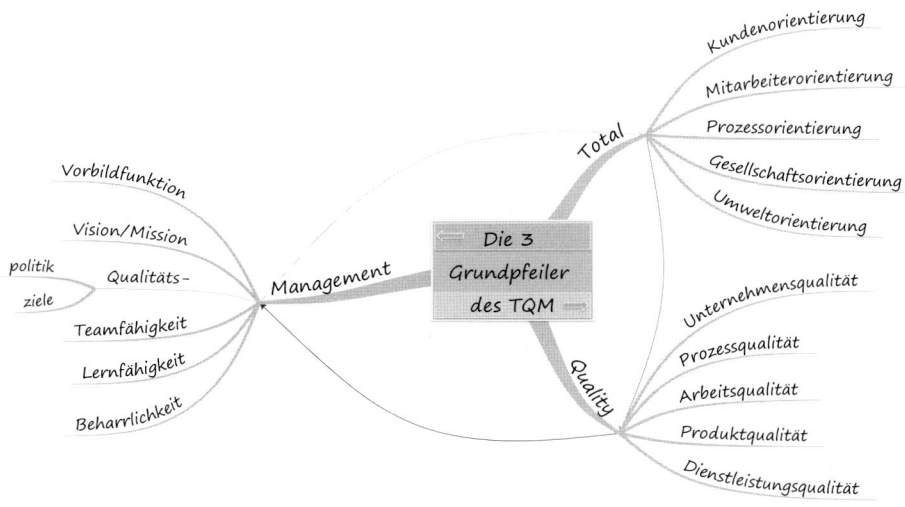

Praxistipp

Wenn Sie den TQM-Gedanken in Ihrer Einrichtung umsetzen, brauchen Sie Informationen über die Erwartungen, die die Kunden und die Gesellschaft an Sie stellen. Hilfsmittel zur Erfassung dieser Ansprüche sind Kundenbefragungen und Marktanalysen.

Voraussetzung für den Erfolg dieser Philosophie ist zum einen, dass die oberste Leitung in Ihrer Einrichtung überzeugend und nachhaltig führt, zum anderen, dass die Mitarbeiter aller Stellen und Hierarchiestufen der Organisation ausgebildet und geschult sind. Es ist nicht damit getan, dass die Unternehmensleitung voll hinter den Maßnahmen steht, sie muss vorangehen und die Initiative ergreifen. Den Umsetzungsgrad des TQM-Gedankens in Ihrer Einrichtung können Sie z. B. durch eine Selbstbewertung mithilfe des EFQM-Excellence Modells oder die Teilnahme an Wettbewerben um einen Qualitätspreis (wie z. B. den deutschen Ludwig-Erhard-Preis) ermitteln.

Total Quality Management besteht aus zwei großen Bereichen, zum einen aus Methoden und Verfahren, zum anderen aus Verhaltensweisen und Einstellungen. Die folgenden Aussagen zeigen Ihnen stichwortartig einige besonders wichtige Elemente der TQM-Philosophie:

- Konsequente Prozessorientierung
- Prinzip der ständigen Verbesserung z. B. durch regelmäßige Audits
- Bereitstellung der notwendigen Mittel und Ressourcen
- Umfassende Kundenorientierung
- Kundenwünsche als Maßstab für Dienstleistungsqualität
- Partnerschaftliche Kooperation mit allen Lieferanten
- Konzentration auf direkt kundenbezogene Prozesse
- Nachhaltige Fehlervermeidung
- Förderung von Verbesserungsaktivitäten
- Einbezug von Humanität und sozialen Gedanken
- Wertschätzender Umgang mit allen Mitarbeitern
- Information, Einbindung und Beteiligung der Mitarbeiter aller Hierarchiestufen, z. B. im Rahmen der Qualitätszirkelarbeit und Teamarbeit
- Ständige Kommunikation
- Personalentwicklung, Fort- und Weiterbildung der Mitarbeiter
- Anerkennung guter Leistungen
- Verwendung moderner Qualitätswerkzeuge und Führungsinstrumente
- Langfristige Ausrichtung der Qualitätsbemühungen
- Qualitätsmanagement als Führungsaufgabe mit visionären Elementen, Qualitätspolitik und Zielen
- Transparentes und straffes Management, dass die unterstellten Mitarbeiter in Entscheidungen einbezieht
- Einbindung in den bestehende Unternehmensaufbau
- Lenkung durch eine TQM-Steuerungsgruppe
- Einsetzen eines TQM-Beauftragten.

Anhang

Schlusswort

„Qualität ist Wahrheit". Diese Definition von Theodor Heuss gilt auch für die vorliegende Auflage des Buches. Vieles hat sich in den letzten Jahren geändert. Neue Expertenstandards wurden entwickelt, wir mussten uns mit Pflegenoten auseinander setzen und das Wohlbefinden unserer Bewohner messen. Wir haben auch gelernt uns gegenüber den erhöhten Anforderungen zu positionieren und die Auseinandersetzungen über Wertungen zur Qualität nicht zu scheuen. Aber nach wie vor bleibt ein gut funktionierendes Qualitätsmanagementsystem, das von Mitarbeitern und Leitung gleichermaßen getragen wird, unerlässlich und gibt allen Beteiligten Halt und Sicherheit.

Unsere Absicht bei der kompletten Überarbeitung des Buches bestand darin, den aktuellen und modernen Stand des Qualitätsmanagement darzustellen und zu diskutieren. Im Vordergrund standen wieder Praxisnähe und die Verwendung von zahlreichen Mind Maps® und Grafiken, die Ihnen nun auch in Farbe als Download zur Verfügung stehen. Sie sollen Ihnen helfen, das Qualitätsmanagement und seine Werkzeuge in seiner Vielseitigkeit und Struktur verständlicher zu machen und Ihnen Anregungen und Hilfsmittel an die Hand geben, Ihr Qualitätsmanagement aufzubauen, zu überprüfen, zu positionieren und zu präsentieren.

Dieses Buch soll Sie erneut ansprechen und einladen, den Qualitätsweg mit mehr Freude zu verfolgen und den vorhandenen Spielraum für Fantasie, Kreativität und Wertschätzung zu nutzen.

Ihr Autorenteam

Bettina Rudert & Bernd Kiefer

„Als ich die Mind Maps® erfand, träumte ich ursprünglich davon, ein Denkwerkzeug zu schaffen, das folgenden Anforderungen gerecht würde: Es sollte von jedermann mühelos anwendbar sein, es sollte für Tausende verschiedener Situationen geeignet sein und es sollte in allen Lebensbereichen hilfreich sein. Mit anderen Worten: Ich brauchte ein Denkwerkzeug, das auf das Leben selbst anwendbar war. Es musste dem Einzelnen auch ermöglichen, sich auf seine ureigenste Weise auszudrücken, und es musste vor allen Dingen Spaß machen!" (Buzan 2004, S. 117)

Danksagung

Wir danken ...

Prof. Dr. Gerhard W. Brück, Tony Buzan, Sandra Ebner, Sabine Ekhoff, Siegfried Huhn, Sr. Leni Gsell, Karla Kämmer, Prof. Dr. Hans-Georg Nehen, Annette Klede, Ralf Kraemer, Prof. Dr. Siegfried Krause, Sandra Masemann, Barbara Messer, Dr. Sabine Prüfer, Paul Schran, Birger Schlürmann, Jörg Tomann, Prof. Dr. Wolfgang Stark, Martin Szemkus, Prof. Dr. Reinhard Tausch, Olaf Trinath, Erika und Dr. Michael von Waldthausen, Dr. Klaus Wingenfeld, Michael Wipp und allen anderen wunderbaren Menschen, mit denen wir zusammenarbeiten, uns treffen und austauschen dürfen.

Unser besonderer Dank gilt den Mitarbeitern des Vincentz Verlages für die jahrelange Zusammenarbeit, Wertschätzung und Unterstützung unserer Ideen, sowie unseren Familien und Freunden für ihr Interesse und Verständnis.

Nimm nicht das Leben ernst, sondern die Menschen, die dir darin begegnen.
(Bernd Kiefer)

Autoren

Bettina Rudert, Jahrgang 1965

Diplom-Sozialarbeiterin, Geronto-Sozialtherapeutin, TQM-Managerin® (zertifiziert), Doktorandin an der Universität Duisburg-Essen, freiberufliche Dozentin und Autorin

Seit 2013	Zentrales Qualitätsmanagement (Stiftung mit den Bereichen Leben im Alter, Menschen mit Behinderungen, Seelische Gesundheit, Ausbildung, Forschung und Lehre)
Seit 2010	freiberufliche Beraterin
2008 – 2010	Leitung Stabsstelle Qualitätsmanagement (Pflegeheime, Krankenhaus)
2001 – 2008	Qualitätsmanagerin für mehrere stationäre Einrichtungen
1998 – 2001	Fachbereich Offene Altenhilfe, Sozialberatung & ambulante Dienste
1991 – 1997	Sozialer Dienst, Altenwohn- und Pflegeheim

Bernd Kiefer, Jahrgang 1960

Diplom-Sozialarbeiter, Geronto-Sozialtherapeut, Qualitätsmanager (zertifiziert), Doktorand an der Universität Duisburg-Essen, freiberuflicher Dozent und Autor

Seit 2006	Stabsstelle Qualitätsmanagement/Leitung Sozialer Dienst
2000 – 2006	Geschäftsführender Heimleiter/Qualitätsmanagementbeauftragter
1998 – 2000	Personalentwicklungsagentur/Beratungsstelle Pflege
1991 – 1997	Therapieleitung, Gerontopsychiatrie

Gemeinsame Fortbildungstätigkeit:

seit 2001   Lehraufträge an verschiedenen Universitäten und Fachhochschulen
seit 1992   Fachdozenten für Fort- und Weiterbildung in der Altenarbeit

Bücher

- Qualitätsmanagement. Mit Mind Maps® einfach und effektiv. 2. Auflage, Vincentz 2013
- Die TTB-Fühlschnur. Materialen zur wertschätzenden Kurzzeitaktivierung. Hannover: Vincentz März 2009
- Der therapeutische Tischbesuch. Powerbock. Vincentz 2007
- Mind Maps in der Altenpflege. Mühelos lernen, planen und präsentieren. Vincentz 2003

Kontakt: Internet: www.kiefer-rudert-mind.de
E-Mail: info@kiefer-rudert-mind.de

Literatur

Anderson, John R.; Funke, Joachim (2007): Kognitive Psychologie. Unter Mitarbeit von Joachim Grabowski und Ralf Graf. 6. Aufl. Berlin [u. a.]: Spektrum, Akad. Verl.

Bailly, Hans W.; Below, Fritz von (2010): Die ISO 9001:2008 – Interpretation der Anforderungen. Interpretation der Anforderungen der DIN EN ISO 9001:2008-12 unter Berücksichtigung der ISO 9004:2009. 6. Aufl. Köln: TÜV Media GmbH

Berufsgenossenschaft für Gesundheitsdienst und Wohlfahrtspflege -BGW (Hg.) (2007): Ratgeber Leitbildentwicklung. Hamburg

Bobzien, Monika; Stark, Wolfgang; Straus, Florian (1996): Qualitätsmanagement. 1. Aufl. Alling: Sandmann

Bruhn, Manfred (2011): Qualitätsmanagement für Dienstleistungen. Grundlagen, Konzepte, Methoden. 8. Aufl. Berlin [u. a.]: Springer

Buzan, Tony (2004): Das kleine Mind-Map-Buch. Eine Denkhilfe die Ihr Leben verändert. 5. Aufl. München: Goldmann (16656)

Buzan, Tony; Buzan, Barry (2011): Das Mind-Map-Buch. Die beste Methode zur Steigerung Ihres geistigen Potenzials. 7. Aufl. München: Mvg-Verl

Buzan, Tony; Griffiths, Chris; Harrison, James (2010): Mind Maps® for business. Revolutionise your business thinking and practice. 1. Aufl. Harlow, England, New York: Pearson/BBC Active

Buzan, Tony; North, Vanda (1997): Der Schlüssel für deinen Lernerfolg. Train your brain! 1. Aufl. Wien

Deming, William Edwards (2000): Out of the crisis. 1. Aufl. Cambridge, Mass. [u. a.]: MIT Press

Diakonisches Institut für Qualitätsentwicklung (Hg.) (2012): Handreichung Managementbewertung und Kennzahlen. Berlin.

DIN Deutsches Institut für Normung e.V. (Hg.) (2006): Qualitätsmanagement und Statistik. Begriffe, Normen. 4. Aufl., Stand der abgedr. Normen: Februar 2006. Berlin: Beuth (DIN-Taschenbuch, 223)

DIN Deutsches Institut für Normung e.V. (Hg.) (2012): Qualitätsmanagement. QM-Systeme und -Verfahren. 8. Aufl., Stand der abgedr. Normen: Dezember 2011. Berlin: Beuth (226)

DIN Deutsches Institut für Normung e.V. (Hg.) (2013): Kundenzufriedenheit. Erreichen, Messen, Verbessern Normtexte, Erläuterungen, Fallbeispiel. 2. Aufl. Berlin: Beuth

Donabedian, Avedis (2003): An introduction to quality assurance in health care. New York: Oxford University Press

EFQM (2012): EFQM Excellence Modell. EFQM Model 2013. Brüssel: EFQM u. a.

Füermann, Timo; Dammasch, Carsten (2008): Prozessmanagement. Anleitung zur ständigen Prozessverbesserung. 3. Aufl. München: Hanser

Garvin, David A. (1988): Managing quality. The Strategic and Competitive Edge. 5. Aufl. New York: Free Press

Graf, Pedro; Spengler, Maria (2008): Leitbild- und Konzeptentwicklung. 5. Aufl. Augsburg: Ziel

Hauer, Johannes; Schmidt, Erika; Farin-Glattacker, Erik; Jäckel, Wilfried H. (2011): Qualitätssiegel und Zertifikate in der Langzeitpflege. Erarbeitung einer systematischen Übersicht zu Qualitätssiegeln und Zertifizierungsverfahren in Deutschland. Hg. v. Zentrum für Qualität in der Pflege

Illison, Markus; Kerner, Jürgen G. (2009): Praxisleitfaden Qualitätsmanagement in Pflegeeinrichtungen. 5. Aufl. Stuttgart: Steinbeis- Edition

Imai, Masaaki (2002): Kaizen. Der Schlüssel zum Erfolg im Wettbewerb. 2. Aufl. Frankfurt/M: Ullstein

Kallmeyer, Wolfgang Dr.-Ing; Kretschmar, Sonja C. (2012): Die ISO 19011:2011. Audits erfolgreich vorbereiten und durchführen. 1. Aufl. Köln: TÜV Media GmbH TÜV Rheinland Group

Kamiske, Gerd F.; Brauer, Jörg-Peter (2008): ABC des Qualitätsmanagements. 3. Aufl. München: Hanser

Kämmer, Karla (Hg.) (2008): Pflegemanagement in Altenpflegeeinrichtungen. 5. Aufl. Hannover: Schlütersche

Kerner, Jürgen G.; Michi, Michael (2006): Praxisleitfaden Qualitätsverbesserung. Strategien & Werkzeuge. 9. Aufl. Stuttgart: Steinbeis-Edition

Kiefer, Bernd; Rudert, Bettina (2003): Mind Maps® in der Altenpflege. Mühelos lernen, planen und präsentieren. Hannover: Vincentz Network

Kiessling, Waldemar F.; Babel, Florian (2007): Corporate identity. Strategie nachhaltiger Unternehmensführung ; Strategien, Tools, Materialien. 3. Aufl. Augsburg: ZIEL

König, Jutta (2010): Der MDK – Mit dem Gutachter eine Sprache sprechen. 7. Aufl. Hannover: Schlüter

Medizinischer Dienst des Spitzenverbandes Bund der Krankenkassen e.V. (MDS) (Hg.) (2009): Qualitätsprüfungs-Richtlinien – MDK-Anleitung – Transparenzvereinbarung. Grundlagen der MDK-Qualitätsprüfungen in der stationären Pflege. Essen

Preißner, Andreas (2008): Balanced Scorecard anwenden. Kennzahlengestützte Unternehmensführung. 3. Aufl. München: Hanser

Schmidt, Simone (2010): Das QM-Handbuch. Qualitätsmanagement für die ambulante Pflege. 1. Aufl.: Springer-Verlag

Siebert, Gunnar; Kempf, Stefan; Maßalski, Oliver (2008): Benchmarking. Leitfaden für die Praxis. 3. Aufl. München: Hanser

Sommerhoff, Benedikt (2012): Entwicklung eines Transformationskonzeptes für den Beruf Qualitätsmanager. Zugl.: Wuppertal, Univ., Diss., 2012. Aachen: Shaker

Standard Systeme (Hg.) (2012): Formulierungshilfen 2013 für die Pflegeprozessplanung nach den AEDL. mit Evaluationskalender 2013. Hamburg: Standard Systeme

Stauss, Bernd; Seidel, Wolfgang (2007): Beschwerdemanagement. Unzufriedene Kunden als profitable Zielgruppe. 4. Aufl. München: Hanser

Theden, Philipp; Colsman, Hubertus (2005, korrigierter Nachdruck 2010): Qualitätstechniken. Werkzeuge zur Problemlösung und ständigen Verbesserung. 4. Aufl. München: Hanser

Tinnefeldt, Gerhard (2005): Beschwerdemanagement in der Altenpflege. Leitfaden und Musterhandbuch für die Praxis. Hannover: Kunz

Zollondz, Hans-Dieter (2011): Grundlagen Qualitätsmanagement. Einführung in Geschichte, Begriffe, Systeme und Konzepte. 3. Aufl. München: Oldenbourg

Software

Gestaltung von Mind Maps®
- CreativeMindMAP von Data Becker
- MindManager von Mindjet
- IMindMap von Thinkbuzan (mit diesem entstanden die Mind Maps® dieses Buches)

Gestaltung von Flussdiagrammen
- Microsoft Powerpoint (mit diesem entstanden die Grafiken dieses Buches)
- Diagramm Designer von Data Becker (im Paket mit Creative Mind Map erhältlich)
- iGrafx FlowCharter von iGrafx
- Microsoft Visio
- Smart Draw von SmartDraw Software
- ViFlow von ViCon

Online QM-Handbücher
- MMS PRO von Vorest
- Nexus/Curator von Nexus
- Orgavision von Orgavision
- RoXtra von Rossmanith
- ViFlow von ViCon

Ausgewählte Links

- biggerplate.com (Englischsprachige Sammlung von MindMapping®-Vorlagen)
- deming.ch (Österreichische Seite über William E. Deming)
- denkeler-qm.de (Informationen zum Qualitätsmanagement und Qualitätspreisen)
- de.kaizen.com (Internationales Kaizen Institute)
- diakonie-dqe.de (Diakonisches Institut für Qualitätsentwicklung)
- dgq.de (Deutsche Gesellschaft für Qualität e.V.)
- dnqp.de (Deutsches Netzwerk für Qualitätsentwicklung in der Pflege)
- drawmeanidea.com (englischsprachige Webseite mit vielen kreativen und innovativen Mind Mapping® Ideen)
- ilep.de (Ludwig Erhard Preis)
- kiefer-rudert-mind.de (Webseite der Autoren)
- mds-ev.de (Medizinischer Dienst des Spitzenverbandes Bund der Krankenkassen e.V.)
- qz-online.de (Portal für Qualitätsmanagement)
- qualitaetentwickeln.de (QM für Dienstleister im Gesundheits- und Sozialwesen)
- qualitaetsleitbild.de (Initiative „Qualitätsleitbild für Deutschland" der DGQ)
- pflege-charta.de (Informationen und Arbeitsmaterialien zur Pflege-Charta)
- thinkbuzan.com (Information zu Tony Buzan, Mind Mapping® und iMind Map®)
- tqu.de (TQU Unternehmen für Qualität mit Innovation)
- vincentz.net (Vincentz-Network mit aktuellen Informationen zur Altenpflege)
- woordle.net (kostenlose Internetseite zur Generierung von Word Clouds)

Abkürzungen

BGB	Bürgerliches Gesetzbuch
BGW	Berufsgenossenschaft für Gesundheitsdienste und Wohlfahrtspflege
BOL	Beauftragter der Obersten Leitung
CAQ	Computer unterstütztes Qualitätsmanagement (Computer Aided Quality)
DAkkS	Deutsche Akkreditierungsstelle GmbH
DAP	Deming Application Prize
DGQ	Deutsche Gesellschaft für Qualität e. V.

DIN EN ISO	Deutsches Institut für Normung/Deutsche Industrie-Norm (DIN) Europäische Norm (EN) International Organisation für Standardisation/Internationale Norm (ISO)
EFQM	Europäische Organisation zur Verbreitung des Excellence Gedankens
EEA	EFQM Excellence Award
GAP	Englisch: Lücke
GF	Geschäftsführung
HeimBSG	Heimbewohnerschutzgesetz
HL	Heimleitung
ILEP	Initiative Ludwig-Erhard-Preis e.V.
IMS	Integriertes Managementsystem
JiT	Just-in-Time
JUSE	Union of Japanese Scientists and Engeneers
KVP	Kontinuierlicher Verbesserungsprozess
LEP	Ludwig-Erhard-Preis
LoE	Levels of Excellence
MBNQA	Malcom Baldridge National Quality Award
MDK	Medizinischer Dienst der Krankenversicherung
MDS	Medizinischer Dienst der Spitzenverbände der Krankenkassen e.V.
MPG	Medizinprodukte-Gesetz
MUG (stationär)	Maßstäbe und Grundsätze für die Qualität und die Qualitätssicherung sowie für die Entwicklung eines einrichtungsinternen Qualitätsmanagements nach § 113 SGB XI in der vollstationären Pflege
PDCA-Zyklus	Plan-Do-Check-Act-Zyklus
PDL	Pflegedienstleitung
PQsG	Pflege-Qualitätssicherungsgesetz
Q	Qualität
QC	Quality Control = Qualitätskontrolle
QM	Qualitätsmanagement
QMB	Qualitätsmanagementbeauftragter
QMH	Qualitätsmanagementhandbuch
RKI	Robert Koch Institut
SD	Sozialer Dienst
SGB	Sozialgesetzbuch
TPM	Total Produktive Maintenance
TPS	Toyota Production System
TQM	Total Quality Management
TÜV	Technischer Überwachungs-Verein
UQM	Umfassendes Qualitätsmanagement

Stichworte

Audit   47, 61, 63, 67, 193, **243**
Aufbewahrungsfristen   220, **228**
Aufzeichnungen   43, **215, 219, 226**
Aufnahme eines Bewohners   **180**

Balanced Scorecard   **259**
Benchmarking   71, 243, **262**
Beschwerdemanagement   79, **80**
Brainstorming   30, 201, **238**

CAQ-System   **225**
Corporate Communications   **99**, 102
Corporate Behavior   **99**, 102
Corporate Design   **99**, 241
Corporate Identity **95**

Demings Management-Programm   28, 52, 197, **271**, 285, 287, 296
DIN EN ISO Normenreihe   27, 30, 31, 34, 50, **58**, **65**, 241, 231, **243**
Dokumentation   43, **213**
Donabedian   **23**, 75

EFQM Excellence Modell   30, 32, **48**, 296
EFQM Kriterienmodell   45, **55**
Ergebnisqualität   **23**, 67, 71, 229

Fehler   47, 71, **188**, 190, 191, 216, 235, 238, 241, 273, 276, 290
Fehlermanagement   71, **188**
Fehlersammelkarte   30, 47, 188, **236**, 241
Fischgrätdiagramm   191, **239**, 291
Flussdiagramm   15, 176, **178**, 306
Fortbildung   109, **181**, 259
Formular   214, 219, 223, **226**, 230

Ishikawadiagramm   88, 191, 201 **239**, 291

Kanban   **288**
Kaizen   28, 185, 198, 270, **284 ff.**
Kennzahlen   **127**, 190, 193, 241
Kennzahlensysteme   47, 127, **132**
Kommunikation (intern)   44, 45, 99, 102 108, **140, 151**, 203
Kommunikationsmatrix   **151**
Kontinuierliche Verbesserung   28, 38, 47, 50, 167, 270, **279, 284 ff.**
Korrekturmaßnamen   44, 47, 215, 216, **256**
Kundenbefragung   79, **89**
Kundenbegriff   **73**
Kundenorientierung   38, **73**, 99, 109
Kummerkasten   **83**

Leitbild   43, 71, 73, **95**, 112, 117, 122, 223

Garvin   **20**
GAP-Modell   **26**
Grundkonzepte der Excellence   48, **49**

Levels of Excellence   32, **52**, 55

Managementbewertung   31, 44, 68, 71, 215, 243, **255 ff.**
Maßnahmenplan   43, 63, **254, 261**, 279
Marktanalyse   79, **93**
Mind Mapping®   **9**, 201, 209, 236, 237
Moderation   103, 105, 194, **198**, 203, 205

Nachhaltigkeit   19, **36**, 49, 115

Organigramm   44, **140**, 146, 156

Pareto-Diagramm   **238**, 242
PDCA-Zyklus   137, 270, **279**, 284, 287
Pflege-Charta   **111**, 263, 266
Pflegeprozess   **149**
Pflegeplanung **123**
Protokoll   14, 44, 151, 199, **206**, 241, 261, 281
Prozesslandschaft   41, **172**, 214, 231
Prozessmanagement   **163**
Prozessorientierung   **165**, 287
Prozessmodell   **40**
Prozessqualität   **23**, 71
Prozessbeschreibung   30, 140, **176**, 221, 223, 226
Poka Yoke   270, **290**

Qualität   **16**
Qualitätsdimensionen   16, **20**
Qualitätshandbuch   43, 71, 145, **213**
Qualitätsklassen   **30**
Qualitätsmanagement   26, 28, 38, 48, **71**, 112, 115, 148, 153, 170
Qualitätsmanagementbeauftragter   44, 141, 148, **153 ff.**
Qualitätsmanagementsysteme   30, **32**, 115
Qualitätsmerkmale   **19**, 25, 26
Qualitätsphilosophien   28, **270**
Qualitätsplanung   112, **115**
Qualitätspolitik   43, 71, 107, **112**, 223
Qualitätspreise   48, **52**, 71, 263, 268
Qualitätssicherung   **26**, 27, 33, 284, 294
Qualitatssiegel   32, **58**, 66
Qualitätsstandards   **30**
Qualitätswerkzeuge   30, 198, **235**, 284, 295
Qualitätsziele   71, 112, 115, **117**, 223

Qualitätszirkel   31, 44, 71, 75, 109, 137, 169, **194**, 223, 239, 280

RADAR-Logik   48, **56**

Schlüsselprozess   **170**, 177
Selbstbewertung   **53**, 60, 71, 76, **262**, 297
Servicequalität   **78**, 81
Stellenbeschreibung   140, **146**, 167, 223
Steuergruppe   103, 169, **203**, 258
Strukturqualität   **23**, 71

Total Quality Management   28, 48, 52, 262, **296 ff.**

Vorbeugungsmaßnahmen   44, 47, 215, 216, **256**
Verschwendung   **185**, 188, 270, 284, 294
Verlustarten   **186**
Verantwortlichkeiten   71, **140**, 223
Verifizierung   45, **132**, 216
Validierung   45, **132**, 216

Wohlbefinden   24, 80, **92**
Wirksamkeit   20, 26, 32, 36, **41**, 44, 255, 259, 261

Zertifizierung   32, 36, **58**, **65**, 71, 157, 246